自 然 文 库
N a t u r e
S e r i e s

The Narrow Edge

A Tiny Bird, an Ancient Carb, and an Epic Journey

绝境

滨鹬与鲎的史诗旅程

〔美〕黛博拉·克莱默 著

Deborah Cramer

施雨洁 译 杨子悠 校

商务印书馆

The Commercial Press

怀着爱与无尽感激
献给艾比、苏珊娜以及丹
感谢朱迪·克莱默
自始至终的长期支持

纪念
彼得·戴维森
保罗·爱泼斯坦
卡罗琳·纽曼
哈丽雅特·韦伯斯特
特雷莎·霍珀·拉钱斯

目录

前言　旅途的开始

　　一个五月的温暖夜晚，午夜前后，我开车外出，去往特拉华湾一片空旷的海滩。海湾附近的凉亭暗暗的，没有人，唯一的光线是洒在海湾里满月的柔光，唯一的声音是海浪轻柔地拍上沙滩的簌簌声。鲎在满潮即将开始前出现在水中。它们的壳暗而斑驳，有些像餐盘那么大。这些史前动物是深海使者，是为了在沙里产卵而来。我以前从没见过这样的场面。我的家在马萨诸塞州的格洛斯特，我曾到家附近的小溪尽头去寻找前来产卵的鲎，它们从不缺席，每次出现都标志着严冬将去、春日将至。但远没有这么多，最多时我找到过6只还是8只鲎。特拉华湾是鲎在全世界最大的聚集地。数千只鲎毫不费力地顺着海水的流动来到这片沙滩上，然后在沙滩上挖出洞穴并钻进去。当潮汐逆转，它们会再次出现，滑进海水，而后消失。要是我更早或更晚一个小时到这里，可能就会错过它们了。

　　次日，更多野生动物聚集到特拉华湾的海滩上：成千上万只迁飞而至的鹬鹬类。它们即将完成一次鸟类的塞伦盖蒂大迁徙，这里是迁徙的鹬鹬在美国东海岸最大的聚集地之一。鸟儿只会在海滩停留短短几周，所以多年来，鸟类学家们似乎并不知道它们要经过这里。鸻鹬类为了鲎的卵而来，遮天蔽日，成群结队，覆盖了沙滩。在这些鸻鹬类中，有几千只是赤褐色的红腹滨鹬（*Calidris canutus*）。它们沿着海岸争先恐后地进食，疯狂地攫取着鲎散布在各处的卵。这些饥肠辘辘的家伙从哪里来？每粒仅针头大小的微型鲎卵如何能够支撑它们抵达遥远的目的地？它们如此争分夺秒：到这以前已经飞越了 7 500 多英里①，而两周后，还有 2 000 多英里仍将继续。

而这，只是它们征途的一半而已。每一年红腹滨鹬都会从地球的一端飞往另一端，然后返回。在好奇心的驱使下，我想跟随它们，去了解它们靠什么来完成如此长距离的旅程，它们沿途选择哪些地点停歇和背后的原因，以及鲎卵对它们的特殊意义。本书就是关于那段旅途的故事。我的旅程始于红腹滨鹬的越冬地——一片位于麦哲伦海峡、人迹罕至的沙滩。当它们开始向北飞去，我跟随它们，到过阿根廷拥挤的度假胜地，到过得克萨斯州的潟湖，到过南卡罗来纳州的狩猎保护区。为了看红腹滨鹬夏天筑巢的地点，我去了位于北极圈福克斯湾南安普敦岛上的一个与世隔绝的营地，有很多饥饿的北极熊住在那里。繁殖季结束后，红腹滨鹬开启返回南美的漫长旅程，我看着它们起飞，从加拿大詹姆斯湾的沼泽边缘飞到浓雾里的明根群岛，再到科德角的一片低洼的海滩，那里邻近的水域正被越来越多的大白鲨光顾，最后抵达离我家不远的海湾。

这段旅程并不轻松。我陪着专注投入的生物学家和观鸟者们跟随

---

① 1 英里 =1.61 公里。——本书中脚注均为译者注。

红腹滨鹬前行，每天在冰雪中穿行 10 到 12 英里。为了统计鸻鹬类的数量，我们曾在倾盆大雨中连续蹲守好几个小时。我们也曾隐藏在刮着海风的沙滩上，希望用网暂时捕捉它们以完成环志。红腹滨鹬的行踪难以捉摸。它们用脂肪存储能量，用羽毛保持温暖，无论多远的地方都能到达。我们也会飞行：从直升机上观察它们；在一艘装有无线电信号接收器的小型螺旋桨飞机上听循声音寻找它们；在丛林飞行员的帮助下从一条结冰的由碎石铺成的狭窄跑道上起飞，在冻原上空跟随它们。我们乘坐过轮船、火车、木轮雪橇、越野车和全地形车，所到之处有的令人欣喜陶醉，有的令人毛骨悚然。我学着使用 12 号猎枪，却发现自己并不擅长射击。

不管是在逆向前行的飓风天，还是在蚊虫密集、短吻鳄栖居的沼泽里，红腹滨鹬都看起来舒适自如。虽然我家住在满是蚊子的湿地，但是在旅程中，我依然遭受了蚊虫的凶猛叮咬。鸟儿在那些地方大快朵颐。在每次长途飞行前，它们会吃掉很多小蛤蜊和鲎卵，让体重翻一倍。我尝过它们的食物，将其作为野外观察时的佐餐"小菜"，搭配野味、饼干和花生酱来吃，然而我的体重下降了。在穿越杳无人烟的荒远之地寻找红腹滨鹬时，我带了指南针、GPS 和无线电，用于记录路线。但鸟儿又有什么装备呢？行至旅程尾声，与出发时的心态相比，我对它们更加肃然起敬。

路线和我设想的不太一样。其中几处海滩上总是挤满了笑鸥和鸻鹬类，那些地方是全世界有名的禽流感高发地，我曾在那里遇到过一位由美国国土安全部资助的研究人员。在另一个州，我曾整整一上午都待在法庭里，而不是在海滩上。由于临时决定绕道预先标注好的路线，我意外探寻到了一些之前很少为人关注、后来被证实很重要的地点，同行的科学家还发现了两处幼鸟的越冬地。这一发现的提出十分关键，美国鱼类及野生动物管理局已经将红腹滨鹬 *rufa* 亚种列入《濒危物种法案》，在可预见的未来，它们可能会更趋近灭绝的危险。沿着迁徙路线，我发现了原因。后来我了解到，鲎对人类而言就像它们对于红腹滨鹬那样重要。跟随着鲎，我到过南卡罗来纳州一处微微闪光的牡蛎沙滩，到过查尔斯顿的一家生物医学公司以及麻省总医院，只为弄清楚一种一年仅在海岸上出现一次的动物将如何影响我的生活以及背后的原因。

我跟随的红腹滨鹬，是这种鸟在全世界的六个亚种之一。红腹滨鹬 *rufa* 亚种是各亚种中最年轻的分支，却有着最长的迁徙路线。它们在途中有很多停歇地，每一处都是火地岛通往北极的阶梯上一个关键的台阶。如果只有几个补给处被破坏，整个飞行旅程还算勉强可以维系。而现在的情况是，一部分停歇点已经受到了破坏，其中一些正在被修复并且有希望取得成功，其他地点正面临着被破坏的危险。红腹滨鹬 *rufa* 亚种的困境是所有红腹滨鹬和千千万万鸻鹬类的困境。要是我们失去了它们，那将意味着什么？

迁徙的鸻鹬类会告诉我们答案。在它们用飞行在地球两极之间划出一条弧线时，在灰斑鸻穿过无垠泥滩时发出的轻柔悦耳的召唤中，在滨鹬们沿着海岸急速腾空时，它们会告诉我们：这个世界是什么样的，它将会成为什么样以及可以是什么样。在一座潮汐拍岸的沼泽岛屿上，在一片月光笼罩的海滩上，在北极夏日寒冷而晴朗的天气里——在任何我们可以完全卸下生活重担的静谧之地，鸟儿在身旁，我们倾

绝境

听它们的诉说，思考着我们是谁以及我们想要成为谁。沿着地球的子午线，我来到红腹滨鹬的众多家园，实地观察它们每天的生活，以及当越来越多的人来到狭窄的海边居住时，它们与人类的生活如何交织。一路下来所发生的故事颠覆了我的想法——关于枪，关于猎人和捕猎，关于人类和野生动物如何共享一片越发拥挤而且每分每秒都被重塑着的海岸，以及当人类世界与自然世界的边界日渐模糊时，自然究竟意味着什么。

我一直热爱科学启迪世界的众多精妙方式。科学使我得以洞悉鸻鹬类和鲎的生命历程，以及正在演变的海岸线，这当中富有美感而又条理清晰。科学可以建议方向，然而仅凭科学却不能修复我们已然破碎的世界。我们可以做出另一种选择。跟随红腹滨鹬，我遇见了很多忘我投入的人，他们年复一年、季复一季地寻找红腹滨鹬，为保护它们在海边的家园而努力着：科学家、观鸟者（birder）和那些爱鸟但并不自称观鸟者的人们，以及高中生、研究生、青年生物学家，还有那些花了三四十年时间关注鸻鹬类、早已到了退休的年纪却依然在继续工作的人们。他们长期守护在红腹滨鹬的迁徙路线上，这条路线包含了至少 12 个国家，那些国家的人们至少说着 5 种语言，红腹滨鹬也因此有了许多不同的名字，在其中一个地方红腹滨鹬甚至没有专属的名字。他们拥有一个共同的梦：恢复一种数量骤然减少的鸟类曾经的兴盛。他们的工作扎根于科学，因爱而萌芽与生发。

在特拉华湾，我曾不止一次将飞越了半个地球的红腹滨鹬捧于手中。这种小鸟拥有敏锐的定位直觉，能够在长达数英里的海岸线上找到食物最丰富的海滩；它以令人震撼的方式，一次又一次地完成了没有间断的长距离飞行；它在环境恶劣的北极孕育自己的下一代。我们人类的政治立场可能有差别，需求与愿望可能会冲突，价值观可能会不一样，但沿着海岸，红腹滨鹬把两块大陆上的人们团结到了一起，我们跟随它们的迁徙路线，渐渐不再在乎我们的边界。每当我松开手，看着红腹滨鹬起飞，总是在心中祈祷它可以季复一季、年复一年地沿着路线，继续找到歇脚地和补给处。所以，放在我们面前的艰难问题是，人类与野生动物是否能够以及如何共享日益脆弱的海岸。从一块大陆的最南端到另一块大陆的最北端，在跨越了近120°纬度的旅程中，我思考着这个问题，同时开始领会波斯诗人哈菲兹的话："所谓的南北半球实际上存在于你心中的赤道背后。"在那里，我们或许能够看到眼前习以为常的景象背后所隐藏的事物。

第一章 "世界的尽头"：
火地岛

　　科学家卡门·埃斯波兹、里卡多·马图斯和他们的团队把全地形车装上了卡车，同时带上了几箱备用汽油。我开车跟随他们驶出了市区。起初我们沿着新铺好的高速路行驶，不久就来到了一条越来越窄、带着车辙、尘土飞扬的碎石子路。我很庆幸自己在启程来智利前的最后一分钟采纳了建议，把租的车升级成了四轮驱动并且换上了新轮胎。出发30分钟后，我们开上了地图中没有标注的道路。车行驶在连绵起伏的山丘上，周围池塘里的火烈鸟正在涉水漫步。一个高乔人正在修理栅栏，他那配着白色厚羊皮马鞍的马儿正吃着干草。在远处有一座房子依山而建，在几棵树之间若隐若现，它的主人是牧场主鲍里斯·斯维塔尼克。斯维塔尼克开车出来迎接我们。我们小心翼翼地沿着小路行驶，以免车轮轧到旁边的牧场。然后我们跟着斯维塔尼克回到主路，驶下一个急坡，接着开上另一条没有标注的道路。这条路平时是被栅栏挡住的。斯维塔尼克拥有一副善良温和的面庞，长相帅气，他身上穿戴的时髦的贝雷帽、套头衫和运动夹克都是上好的羊毛制品。他一边打开栅栏门上的大锁，一边同埃斯波兹和马图斯聊天，然后示意我们往山上开。

我们推开摇摇晃晃的栅栏门，再次开上了路缘模糊的车道，车子颠簸在尖锐的石头和深深的车辙之间。遇上漫不经心地站在路中间吃草的绵羊时，我们就停下来等着。车道盘绕着低矮的山丘蜿蜒了几英里，然后沿着另一排栅栏一直延伸出去。我们在一个看起来和别处没有什么不同的地方停了下来，卸下全地形车，驶离栅栏，开始高速穿越，这里是世界上最宽阔的潮汐滩涂之一。我不知道我们要去哪里，也不知道何时抵达。当马图斯终于减速时，我们已经远离海岸。他把我留在泥滩上，然后轰鸣着返回去接其他人。这片空旷的泥滩延伸至地平线：丝毫看不到潮水的痕迹。在这次旅程和接下来的一年里，我不止一次产生过这种感觉——自己身处遥远的地域，看不懂地标，对身边的同伴也几乎不了解。

相处时间越久，他们越乐于接受我。这些陌生人致力于保护红腹滨鹬——一种知更鸟大小的鸻鹬类，体重和一只咖啡杯差不多。红腹滨鹬里的"红"意思再明显不过了：到了繁殖季，它们胸前的羽毛会变成铁锈红色；而"滨鹬"（knot）的出处和含义则显得稀奇古怪且鲜为人知。伊丽莎白时代的诗人迈克尔·德雷顿把红腹滨鹬和 11 世纪的维京国王克努特（Canute）联系在一起，在他的笔下，红腹滨鹬是"不死的克努特之鸟"。17、18 世纪通行的英语词典也支持了这个看法。其中一本词典对红腹滨鹬的描述是："一种味道鲜美的小型禽类，在英格兰部分地区广为人知，得名于克努特大帝，也因此备受尊重。"

有些历史记录曾经粗略地提到，红腹滨鹬跟随潮汐在滩涂觅食，是在"顺应潮流",而这与克努特大帝的理念完全一致。传说克努特大帝曾将他的宝座放在海边,并命令潮汐退去,而潮水照常上涨,他便以此向那些谄媚之臣证明他并非无所不能——试图阻止潮流是徒劳的。《牛津英语词典》认为这些神话故事"不具有历史依据,甚至没有传统文化基础",并宣称这种鸟的名字起源是未知的。智利人把红腹滨鹬叫作 playero ártico,意思是来自北极的海滩上的鸟。在我一路上所听到的各种名字里,这个是最朗朗上口的。

红腹滨鹬会在火地岛的海滩上生活 5 个月,享受南半球阳光明媚的夏季。秋天到来时,它们会向北开始漫长的飞行,跨越 9 500 英里到达位于北极的繁殖地,每年往返一次,这是人类记录到的最长的鸟类迁徙之一。为了看到它们,我来到这片遥远的海滩。它们每年会在这里待上很长一段时间。然后我跟随它们,沿着海岸线从地球的一端迁徙到另一端。

我在洛马斯湾一片孤绝的海滩上等待着。洛马斯湾是一片宽阔的海湾,位于火地岛的海岸边,是麦哲伦海峡通往大西洋的入口。火地岛是智利人口最稀少的省份之一。结冰的峡湾、陡峭的群山利石和南巴塔哥尼亚冰原——一座绵延 200 英里的冰川——将火地岛和这个国家的其余部分隔开。想要抵达这里,只能通过搭乘飞机、轮船或开长途车穿越阿根廷。卢卡斯·布里奇斯,1874 年在火地岛出生,由传教士父母抚养长大,他把这座自己热爱的岛屿和在岛上生活的原住民写进了回忆录。这本经典著作名为《世界的尽头》(*Uttermost Part of the Earth*)。尽管时隔百年,但这一说法依然贴切。

在这个一月的下午,海滩和道路都很空旷,很有可能绝大多数的下午、上午和晚上都是如此：看不到车，看不到飞机，看不到大船或小船。除了持续不断的呼呼风声外，听不到其他任何声音。一匹肉桂色的原驼跃过了栅栏，沿着海滩奔跑着。此时没有什么将滩涂打搅，沙地广袤，天空开阔，泥滩无垠，潮水退到了距离海滨4英里以外的地方。圣地亚哥圣托马斯大学科学院院长埃斯波兹，在洛马斯湾研究超过十年的博物学家马图斯，来自蓬塔阿雷纳斯的野外研究助理劳拉·特列斯，他们正期待着潮水和在这片岸上觅食的鸻鹬类的到来。

我的眼睛被风吹得流泪，不得不眯起眼睛以缓解刺痛，恐怕只能靠听声音得知鸻鹬类的来临了。埃斯波兹和马图斯戴着护目镜。当潮水涌入，鸻鹬类将在这片43英里长的私人海滩上随处可见。我们之前遇到的牧场主斯维塔尼克，在昨天下午四点钟左右看到过一群。他出生于智利，但他的父亲是一位克罗地亚人，远道而来并在这里安家落户。20世纪30年代，他的父亲漂洋过海来到火地岛拜访其住在智利的克罗地亚伙伴，然后就爱上了这里并留了下来。"这儿有事可做，"斯维塔尼克告诉我，"还有安宁和静谧。"

后来他的父亲开始经营牧场，并在靠近内陆的河边买下了一个大牧场，现在位于通往阿根廷的国际公路附近。斯维塔尼克将它接手，后来卖给了他的哥哥。1994年，他在洛马斯湾买下了第二个牧场。牧场面积有173 000英亩①，他养了5 000只绵羊，经营羊肉和羊毛生意。他回忆自己第一次见到红腹滨鹬的景象时说道："夏天，它们突然就来了——铺天盖地大群的鸟——到了冬天，它们就消失了。它

---

① 1英亩 =4 840 平方码 =4 046.724 平方米。

绝境

们不容易被找到。从我的房子往外看不到它们，况且海滩非常长。在研究者们找到我并提出穿越牧场的请求前，我看到过它们来来去去，但从不知晓它们来自如此遥远的地方，也没有意识到它们不同寻常的重要性。"

与此相反，北半球的鸟类学家们知道这些鸟是从哪里来的，然而多年来，他们却对于它们飞往哪里不太清楚。红腹滨鹬神出鬼没，让那些特意为它们而来、想要进行研究和分类学鉴定的博物学家们难觅行踪。在1831到1836年间，查尔斯·达尔文受托作为博物学家，在"小猎犬号"的菲茨罗伊船长领航下，来到南美洲的海滨水域进行研究。达尔文详细记录了在火地岛和巴塔哥尼亚观察并捕捉到的鸟类，其中提到了鹬类和其他滨鹬，但我并没有从中找到红腹滨鹬。在1886到1889年间，罗伯特·奥利弗·坎宁安受大英海军委托作为"拿索号"上的博物学家，来到麦哲伦海峡进行研究，他观察、射击并射中了很多鸟，然而红腹滨鹬并没有出现于其中。

1904年，理查德·克劳谢船长住在火地岛并为大英博物馆观察和收集鸟类。他为岛西岸的卡莱塔约瑟菲娜牧场和岛东岸的圣巴斯蒂安牧场工作，后者是由火地岛开发公司建立的第一个放羊的牧场。该公司归当地最有权力的家族所有和经营，后来成为了全国规模最大和最有钱的牧场公司，最终拥有700万英亩土地。和坎宁安一样，克劳谢射捕了很多鸟并对它们做了记录。在他的记录中，他对三种鹬、两种蛎鹬、塍鹬和白腰滨鹬进行了分类——依然没有红腹滨鹬。红腹滨鹬当时一定在那里，尽管经过仔细观察，他还是错过了它们。但错过红腹滨鹬的不止他一个人。

20世纪初，有记录提到了红腹滨鹬，但描述相当模糊、令人困惑。史密森尼博物馆的鸟类馆馆长罗伯特·里奇韦和博物馆的助理秘书亚历山大·韦特莫尔曾前往南美洲研究鸟类，两人都提到红腹滨鹬的分布范围向南延伸到火地岛。韦特莫尔总结说，除了在布宜诺斯艾利斯附近，"基本没有观察到红腹滨鹬冬天活动的地方，也就是说对于这一物种的分布依旧知之甚少。"A.W.约翰逊在1965年出版的《智利的鸟》（*The Birds of Chile*）一书里说道，红腹滨鹬是"最罕见的迁徙鸻鹬类之一"，鲁道夫·迈耶·德肖恩西在他1966年的著作《南美的鸟》（*Birds of South America*）里加上了新的分布地——巴西和乌拉圭，但是并没有具体记载红腹滨鹬是在这条长长的海岸线的哪个地方被发现的。有52种鸻鹬类在北美洲繁殖，当夏日的阳光渐渐消退，天气开始变凉，超过一半的种类会飞向南美洲。因为不知道它们的路线和目的地，当时的科学家无从知晓鸟儿有没有成功返回或数量是不是下降了，他们感到自己有责任解开谜团。

1979年11月，加拿大野生动物管理局的盖伊·莫里森和城市观鸟会——现在是城市保护科学中心——的布赖恩·哈林顿得到世界自然基金会的资助，前去填补这一研究空白。他们从布宜诺斯艾利斯驱车驶向南美东海岸。物价一直在飙升，他们仅能负担得起一辆双座的雪铁龙。而这辆车立马给他们带来了麻烦。还没有驶离布宜诺斯艾利斯，他们就突然听到了一声巨响。莫里森的第一反应是枪击。眼前的视野突然变暗，此刻他唯一的念头就是想知道自己是否已经死了。巨响来自前引擎，引擎盖的拉钩——后来被哈林顿调侃称也许是用锡箔纸制成的——突然断裂，致使引擎盖弹了起来，立在挡风玻璃前，完全挡住了他们的视线。然而此时的哈林顿正手握方向盘，行驶在公路上。莫里森只好探出车窗看路，同时疯狂而崩溃地指挥哈林顿躲避迎面开来的卡车。

他们把车靠边停下来，扳回引擎盖，把它重新固定妥当后，继续驶往蓬塔拉萨。蓬塔拉萨是一片潮汐滩涂，塔普塔拉河在这里汇入大西洋。有人告诉过他们这里可能有数千只红腹滨鹬。他们在蓬塔拉萨停车观察 6 次，却只看到了 10 只，看上去不是个吉利的开端。但他们并未因此气馁：比利时鸟类学家皮埃尔·德维拉斯和 J. 特施伍伦新近发表的一篇令人欢欣鼓舞的论文中，描述了他们在火地岛的里奥格兰德所见到的大量红腹滨鹬，那里距离布宜诺斯艾利斯 2 000 英里。

他们满怀期待，向着可能有红腹滨鹬的方向继续前行，摆在他们面前的是一张空白的地图。在行驶了 1 000 英里、停车 15 次后，他们只看到了 20 只红腹滨鹬。同时在巴尔德斯半岛这样曾被寄予厚望的地方，他们也一无所获。现在，这个延伸进大西洋的海角及其长达 250 英里的海岸线已经成为世界自然遗产之一。每年会有 8 万人来此观赏正在孵卵的企鹅、处于繁殖期（且濒危）的露脊鲸以及成群的海象与海狮，游客人数和这些野生动物的数量相当。而在 1979 年，这里的交通极其不便，大多数开车来的人们甚至连海滩都看不到。后来，哈林顿告诉我："鸟密集地聚在一起，所以要么看到一大群，要么一只都看不到。"莫里森和哈林顿当年多半是错过了鸟群。几年后，他们认识了更多当地人，于是知道了从哪条路能直达海滩，也知道哪块土地可以穿行；而现在，他们并不想"入侵"这块土地，而是继续前进。

他们往里奥格兰德的南边行驶。车在布斯塔曼特湾附近沿着公路缓缓地上坡，忽然他们惊喜地发现由此一路向前开就能抵达海岸。在三分之二下坡路处，一只游隼冲向天际。游隼是地球上运动速度最快的动物之一，能够以超过 200 英里 / 小时的速度俯冲并扑向猎物，它的猎物通常是一只鸟。游隼的视力非常敏锐，是人类视力的两到三倍，它发现了哈林顿和莫里森起初没看到的东西。借着游隼的好视力，他俩转运了。在宽阔的潮汐滩涂上，他们终于找到了 400 只红腹滨鹬，这是在此次旅程中发现的第一个大群。他们小心翼翼地行走着，缓慢靠近其中的 100 来只，发现有 15 只胸前和腹部沾有石油的痕迹。虽然现在的布斯塔曼特湾很宁静，不过 60 年前，有一个来自布宜诺斯艾利斯的人曾住在这里，收获海藻，放牧羊群。那时，位于布斯塔曼特湾以南 100 英里左右的里瓦达维亚海军准将城曾是阿根廷近海石油产业的中心。见到这样多沾上了石油的鸟着实是件令人烦忧的事。他们继续向前行驶。在接下来的 600 多英里中，他们停了 20 多次，但只看到了 88 只红腹滨鹬。观鸟需要耐心和坚持，他们二者兼有。他们不屈不挠地探索着，说不定在下一个海湾、下一片海滩就能找到大群红腹滨鹬了，这样的期待一直鼓励着他们。

路况比较糟糕，车快要散架了。他们穿越麦哲伦海峡进入火地岛，抵达了圣塞巴斯蒂安湾。克劳谢曾在这里等了两个月，包括红腹滨鹬应抵达此地的十月在内，但他什么都没有看到。然而，在哈林顿和莫里森赶到这里之后的一个小时内，他们就看到了 250 只红腹滨鹬和 640 只棕塍鹬。然后他们继续快马加鞭，第二天就到达了里奥格兰德。

游客来到这里的原因通常是这里有世界一流的飞钓活动，而哈林顿和莫里森记挂着红腹滨鹬，无心流连。在又一个历时 9 天、至少 2 000 英里的车程后，他们美梦成真了。莫里森回忆说，当他从酒店房间看向窗外时，一大群红腹滨鹬正飞过海湾。尽管他们到过 53 处观鸟点，却仅在其中 11 处看到了红腹滨鹬。在里奥格兰德见到的红腹滨鹬数量如此庞大，可谓景象壮观：超过 5 000 只红腹滨鹬在退潮后的海滩上觅食。他们的发现证实了红腹滨鹬会在一些区域大量集中，并且里奥格兰德是它们的主要越冬地之一。对此他们感到心满意足。就在不知不觉中，他们的行驶路线正好与红腹滨鹬迁徙的主线不谋而合。

在和哈林顿完成了首次穿越阿根廷的公路之旅后，莫里森觉得自己踏入了新世界的大门。他努力取得了加拿大政府的信任，并且得到资助来开展"南美洲鸻鹬类地图集项目"（South American Shorebird Atlas Project）——一项对南美洲整个海岸线进行的调查。这次他和同事肯·罗斯采用飞行调查的方式，搜寻了海岸边的角落、崖壁缝隙和伸入海洋的陆地远端等上次公路之旅未能抵达的地方。他们几乎飞过了整个南美大陆，不放过边边角角。他们的调查区域不包括智利南部末端，因为在那里，陡峭的安第斯山脉从幽暗错综的峡湾中和覆盖着葱郁树林的岛屿间急剧隆起。同样，他们还跳过了伊努蒂尔湾——菲利浦·帕克·金船长在 1828 年探索过的一个位于火地岛西边的海湾。金写道，进入海湾后，他和船员们"曾一度认为他们找到了通向太平洋的出口而欢呼雀跃"。实际上他们发现的是一个"既不能下锚又不是避风港的死胡同"，因此他们"赶快撤了回去"，并且把这里称作"无用海湾"。湾如其名，伊努蒂尔湾对栖息的鸟类来说，基本提供不了适宜的沿海停歇处，对莫里森和罗斯来说也就没什么意义。

在 1982 和 1986 年间，他们飞过了 17 000 英里的海岸线，在直升机或单引擎飞机上统计鸟的数量。为确保数据的一致性，他们一起进行调查。涨潮时，他们以 100 到 150 英里 / 小时的速度在 150 英尺[①]高的大海上空飞行，发现了在海边绝壁上栖息的鸟儿。早上 8 点到下午 4 点之间，他们都在空中四处探寻，并且用录像记录了观察结果。调查结果很惊人：鸻鹬类总数多达 290 万只，远远超过了他们此前在公路之旅中的收获（6 200 只）。其中大部分——超过 200 万只——是小型鸻鹬类，它们在北部沿海地区被叫作 peeps。红腹滨鹬喜欢到遥远的南方——"世界的尽头"去越冬。现在，几乎每年莫里森都会回来统计它们的数量。

莫里森在我要去见埃斯波兹之前就安排好了航班，并欣然答应了带我与他同行。我们将从海峡北边的智利国家石油公司（Empresa Nacional del Petróleo，ENAP）出发，那里建有房屋、宿舍和办公室等。我们的营地驻扎在一片干燥的灌木丛中，原驼和美洲鸵在尘土中漫步，这种鸟被当地人叫作 ñandú，它和鸵鸟长相类似，同样不会飞。狐狸在停车场游荡，还有一只灰头草雁带着雏鸟在草丛里觅食。我在

---

① 1 英尺 =0.304 8 米。

公共餐厅和莫里森一起吃智利的下午茶（onces），这是一种英式下午茶的延续，一般在下午晚些时候供应。下午茶的点心是金枪鱼三明治，是用切掉了外皮的吐司片制成，上面涂抹着蛋黄酱，还装点着西芹。莫里森边吃边看明天的计划——在早潮涨上来时调查洛马斯湾。ENAP 的飞行员将会带我们出发，他平时的工作是驾驶公司的直升机接送往来于石油钻井平台和基地之间的工作人员。

莫里森行程紧凑，他只为这次飞行调查预留了一天时间。我们吃完下午茶时，空中乌云密布。晚餐快结束时，开始下起雨来，倾盆大雨下了一整夜。暴风雨击打着客房的金属屋顶，雷声轰鸣，闪电在开阔的天际翻滚闪耀。但坏天气却自有眷顾：几年前，就是坏天气把莫里森带到了 ENAP 的营地。他第一次对麦哲伦海峡进行调查时，是从西边 150 英里以外的蓬塔阿雷纳斯起飞的。当时他雇了一位名叫维克多·马图斯的飞行员，并预先付好了燃料费。在他们环绕海峡并完成了对洛马斯湾的调查后，莫里森注意到飞机在向跑道下降时发生了无线电故障，信号灯不断闪烁，机翼也倾斜了。平安落地后，莫里森和马图斯一起回到家，马图斯的儿子里卡多那时才 10 岁，现在他还依然记得爸爸把"那些外国佬"带回家的情景。里卡多现在已经能够带领游客在智利各地观鸟，并和莫里森一起执行飞行调查了。

有一年，当莫里森完成了洛马斯湾的飞行调查后，一场暴风雨降临了。由于暴风雨的锋面太宽，飞机无法绕开，而且风力太强，飞机也无法突围。黑云逐渐积压成了一团，随着闪电出现而四分五裂。直升机碰到一股强风后开始下降。飞行员向钻井平台发出求助呼叫，然后得到了紧急迫降指示：如果飞机能穿过海面，即可降落在 ENAP 营地。现在，ENAP 为鸻鹬类调查工作慷慨地提供直升机、飞行员和物流支持。从 ENAP 起飞，行程就会短得多，大约两个小时就能抵达洛马斯湾。直升机有很多优点，行进速度较慢，操作难度较小，还有能看到全景的大窗。

　　莫里森和我出发的那天早晨宁静清朗。上午八点，我们与飞行员见了面，然后等待着风把低空的云层吹走。执飞的绿色直升机整装待发，机窗玻璃闪闪发亮。莫里森是位身形高大的男子，但日久经年，他已经能够相当熟练地把自己"折叠"起来，缩进小巧的机舱座位中。他挤进自己的位置，戴上耳机，确认录像机的状态正常。然后我们起飞，向西前往钻井平台。此刻的海峡还算风平浪静，但海面上泛着些许白浪，看不到水下的鲸和海豚。深棕色的悬崖从泥滩边缘崛起，潮汐开始涌入了。

　　我们绕着一片低矮的砾石岛屿盘旋了两圈。有时候红腹滨鹬会在满潮时去那里栖息，不过今天并没有。我们在码头尽头的碎石滩上发现了大概 1 500 只红腹滨鹬。随后我们向南转去，穿过第一狭水道。麦哲伦海峡的出海口宽 16 英里，海水到达出海口前要从第一狭水道那只有 2.5 英里宽的通道挤过。飞机穿出通道后，我们沿着洛马斯湾向东飞去。火烈鸟在飞机下方飞行，浅粉色的鸟群与黑乎乎的泥滩彼此衬托。直升机拨散了鸟群，它们先分散成小群，而后又重新汇成更大的群。莫里森伸长了脖子，对着录音机低语着。泥滩上覆盖着泛红的藻类。一缕一缕的薄云出现在眼前，忽然飞机钻进了一团厚厚的云中。在接下来的 8 分钟里，我们摸索着飞行，视野所及处尽是一片白茫茫，连海滩也看不到了。当我们飞出云雾，海湾在眼前豁然开朗，

绝境

细细的小溪在泥滩上流淌着。

1985 年 1 月，维克多·马图斯曾驾驶一架比奇公司生产的单引擎固定翼飞机，沿着洛马斯湾飞到这里，然后莫里森就发现了他所见过的、在火地岛越冬的最大的红腹滨鹬群体。之前他和哈林顿在里奥格兰德看到的五六千只与他在飞机上看到的这群相比，立即黯然失色：41 700 只红腹滨鹬和 10 520 只棕塍鹬，其中许多只鸟所在的泥滩正是如今斯维塔尼克的牧场。"景象极其震撼，"莫里森回忆说，"甚至连智利当地人都不知道这个地方的存在。我当时简直激动得说不出话。"洛马斯湾是红腹滨鹬 *rufa* 亚种最大的越冬地：他们在南美洲看到的红腹滨鹬中，超过半数会聚集到这个遥远的海湾中。这次旅程里，他们观察到大量的鸟会集中在少数几个地方，这将会为莫里森提供一些关于鸻鹬类保护的新思路。

对莫里森而言，在空中统计鸟的数量是一门艺术，如今他已经自学成才，训练有素。"你总得开始练习，"他说，"那么你可以从数量少的鸟群数起。先数 30 只鸟，让自己熟悉 30 只鸟看起来是什么样。然后可以开始尝试数出 50 只、100 只，接着把它们合并到一起，直到你可以数出 1 000 只、2 000 只甚至 5 000 只鸟。实际的鸟群数量常被低估，所以你要保证自己不会因此而刻意高估。"他多年来一直打磨这些技能。时不时地，莫里森和罗斯就会自查二人计数的精确度。他们一般会先根据调查对象进行分工，对所有鸟进行计数，然后再各自重复一次对方的工作，并加以比较。莫里森还会把他的计数结果和电脑的模拟数据相比较，而且从没发现过不对的地方。

潮水涌进来，海湾里灌满了海水，延伸出去的滩涂远端被淹没了。

9点15分左右，我们飞往蓬塔卡塔琳娜，然后沿着来时的路线返航。麦哲伦海峡在蓬塔卡塔琳娜流入大西洋。鸟儿们上下翻飞：其中有棕塍鹬，这是一种丰满的鸟，人们最近才知道它们拥有和红腹滨鹬一样震撼的迁徙过程；还有小型滨鹬，不过体型太小难以分辨；以及一群群蛎鹬和红腹滨鹬。直升机靠近时，它们飞散开来，随后又重新聚拢。飞行的鸟群形成了翩然舞动的炫丽线条，让我挪不开视线，甚至忘了计数。

　　在海滩远处，埃斯波兹、马图斯和特列斯正在研究红腹滨鹬的食物，试图搞清楚是什么珍馐把鸟群从几千英里外吸引到这里来的。哈林顿和莫里森在路上的食物包括面包、芝士和葡萄酒，而他们根据布斯塔曼特湾海滩上成堆的浪蛤和在里奥格兰德的栖息地中发现的满是贻贝碎壳的粪便来推测红腹滨鹬的食物。在洛马斯湾，埃斯波兹研究泥滩中的底栖动物。从满潮时开始，她会跟随退潮向海走出一英里多，一边走一边收集泥样。每停一次，她就会收集位于两个深度的滩泥样本：一个是红腹滨鹬的喙能达到的深度，一个是塍鹬的喙能达到的深度。她发现红腹滨鹬更爱吃贻贝和一种外壳纤薄近乎透明的小蛤。

　　远处喷出一股看起来像烟的东西：那是一群鸟，只是距离太远，难以辨认。我们在原地等着。当埃斯波兹来到洛马斯湾后，她和她的团队一直在寒风中工作，周围是鸻鹬类。就像这些鸟一样，她们随潮水来去，每天凌晨即开始调查，傍晚太阳落山时才返回。从最初在这里工作时起，她们就扎营在海滩附近，忍受着寒冷和狂风，远离淡水。风来自西面，常年持续不断。这里是遥远的南方，西风贴着地球表面畅行无阻，没有什么因素会阻碍它的势头，因此常常会达到飓风的强度。这里的树都矮矮的，永远斜着生长。整整一周，风都以每小时80英里的速度呼啸着。回到了蓬塔阿雷纳斯，我被反复叮嘱要把车迎风停放，这样开门时车门就不会被刮走了。

  我们可能永远不会知道最初是什么把红腹滨鹬带到了洛马斯湾。有可能是从前某一天的疾风把它们送到了海滩；有可能是它们在迁徙途中路过，打算休息片刻，发现这里有丰富的食物，就留了下来；也有可能是一些幼鸟从北极出发开始第一次南飞时，误把洛马斯湾当成了目的地。没有人知道第一批鸟是在什么时候或在什么情况下到达的。黛博拉·比勒通过细致的分析，构建了红腹滨鹬的系统发育树，这给我们提供了历史参考。红腹滨鹬亚种的演化始于20 000年以前，在上一次冰河时代的鼎盛时期，一小群红腹滨鹬开始向今天我们所知的六个亚种演化。当时，伊努蒂尔湾和麦哲伦海峡里塞满了2 300英尺厚的冰块。整个火地岛——包括后来成为洛马斯湾的地方——都还是冻原，与大陆遥遥相望。14 000到12 000年前，冰开始融化，生活在西伯利亚的红腹滨鹬飞越了白令陆桥进入北美洲，它们的路线可能跟人类在当时的一两千年前走进北美洲时选择的路线是相同的。北美洲的红腹滨鹬南下，到达了佛罗里达和墨西哥的越冬地，这很可能要归功于在冰川消融后出现了一条沿着大陆分界线形成的无冰走廊。或者，类似早期人类走进北美洲的方式，红腹滨鹬是沿着无冰的太平洋海岸向南移动的。

在红腹滨鹬找到巴塔哥尼亚和火地岛之前，在麦哲伦海峡的寒冰融化为流动的水道之前，人类可能已经完成了长途跋涉，进入了南美洲南部。在伊努蒂尔湾发现的木炭碎片说明人类在 13 000 年前就来到了这里。在 11 000 年以前，他们住在位于海峡北边、离帕利艾克火山口不远的地方以及奎瓦菲尔附近的背风处。帕利艾克火山沿着散落着黑色浮石的小道耸立在平原上，美得摄人心魄。小道顺着火山口的背侧而上，转而坠入了火山口那令人眩晕的边缘。鹬的雏鸟在巢中嗷嗷待哺，亲鸟则来回穿梭于峭壁和巢之间为它们喂食。不远处，在一面带着星星点点的明橙色和红色地衣的崖壁上出现了一处凹陷，那就是人类曾经居住的洞穴，它避开劲风的侵袭，静静地存在于这里。

在 1936 到 1937 年间，人类学家朱尼厄斯·伯德选择这里和费尔洞穴进行人类历史研究。在美国自然历史博物馆任职期间，伯德曾像红腹滨鹬一样横跨地球，在智利南部和北极的南安普敦岛——红腹滨鹬筑巢的地方——都工作过。他在帕利艾克和费尔洞穴度过了两个夏天，发掘出了早期人类的骨骼、工具和武器。这期间，他的食物包括羊肉（烤着或炸着吃）、自制甜甜圈、蒸巧克力布丁，偶尔还有炖鹬。

在帕利艾克，他找到了被烧过的人类遗骸。在费尔洞穴，他找到了古老的灶台，里面有一些烧焦的碎骨头（骨头的数量足以装满一个大垃圾箱），那些骨头来自地懒和本地马。伯德由此揭开了那段时期的历史：11 000 年前，地懒在南美大草原上游荡，人类将其宰杀并作为食物。巨型动物与人类共享地球的时间并不长。在 11 000 年到

绝境

7 000 年前，37 种巨型动物从南美洲消失了，每种动物的体重都超过
1 吨，包括长得像犰狳但体型有恐龙那么大的雕齿兽、像大象那么大
的大地懒，体型小一些的本地马也逐渐灭绝了。

那时候，大海在现在的位置以东 125 英里，承载着当时历史的沿
岸居住点如今已躺在海底。阿根廷古生物学家找到了冰川后退、气候
变暖和草原减少的证据。可能在一千到两千年间，由于栖息地减少，
大型动物被迫逐渐成为了人类的猎物。冰河时代末期的大型动物灭绝，
不是第一个，也绝不是最后一个由人类把动物推向绝境的事例。

在洛马斯湾越冬的红腹滨鹬或许从未在一只大地懒头顶上飞过。
一个物种随着另一个物种的离开而到达，小鸟和巨兽的轨迹或许永远
没有交集。它们生活在不同的世界里。当巨型动物消失，冰川继续融化。
海平面不断上升，到 8 500 年前，大陆被海水淹没了。太平洋和大西
洋在后来麦哲伦海峡的地理位置汇集，淹没了通往火地岛的陆桥。上
升的海平面创造出世界上最蔚为壮观的水下海岸线——成千上万座多
山岛屿沉入海底，在海面上留下了幽暗的峡湾。从那时到现在，海平
面下降了 11.5 英尺，留下了依然参差不齐的海岸。根据伯德的估测，
海岸线的直线长度为 1 000 英里，实际长度却是 12 000 英里。

海水退去，露出了红腹滨鹬喜爱的广阔滩涂。它们最初抵达这里
是 5 000 年前还是 500 年前？科学家们恐怕只能猜测了。当它们到来
时，印第安人正栖身于帕利艾克的洞穴，在干旱的平原上用投石索猎
杀原驼，把它们的肉做成食物，用骨头制作工具，用筋腱制作线，用
毛皮制作帐篷和衣服，从而生存下去。他们在巴塔哥尼亚和火地岛大
草原上生活了 12 000 年。后来西班牙人到达了这里，正如考古学家

莫妮卡·塞勒姆和劳拉·米奥提描述的那样："残忍野蛮的侵略漫长地持续了 200 到 300 年……毁灭了一种已存在 12 000 多年的狩猎群居生活方式。"

在洛马斯湾，斯维塔尼克指引我们沿着长长的海滩来到了正确的目的地。两三个小时后，潮水如期而至，漫过滩涂，鸟儿随之而来。棕塍鹬和红腹滨鹬在头顶盘旋，每一群鸟大概有 1 200 只、2 000 只或 5 000 只，这些鸟步调一致，齐刷刷地上升，仿佛随着我听不见的音乐在空中飞翔，跟着我看不见的手势舞出流畅的曲线。一瞬间，其中一群向上腾飞，划出一道弧线，鸟儿白色的腹部在阳光下闪闪发光。然后又趋于平稳，棕色的背部映衬在灰色的天空下，鸟儿彼此之间拥有均匀的空间，保持着一种看上去不可能达到的精准和同步，互不相撞，也不会破坏弧线。我们静静地站着，当潮水上涨时，鸟群落到了地面上，我立马就被上千只鸟围在了中间。它们飞越了 9 500 英里来到了这片海滩，其中有一些是幼鸟。成鸟是烟灰色的，繁殖羽的颜色已经褪去。没有父母的陪伴，它们是如何来到这里的呢？真令人匪夷所思。

迁徙的动物怎样找到它们的路线仍然是科学暂时没有解答的问题之一。红海龟宝宝在佛罗里达海岸和墨西哥湾的沙滩上孵化出来后，就会找到海水的方向，搭上浪潮漂洋过海到达地中海，它们将会在那里长大。红海龟母亲在小红海龟还未孵出时就离开了，但是父母遗传了一套路线图给宝宝。里奥格兰德的飞钓者们找到的褐鳟广为人知，它们的鼻腔内藏着一个由磁铁矿晶体构成的"指南针",褐鳟很可能就是凭借这一装备游回出生时的溪流。家鸽可能依靠低频声波定位,协和式飞机的超声速气流会让它们迷失方向。迁徙的鸟儿有的依据星体位置导航,白天跟随太阳位移前行,夜晚参照星星位置而动;有的可能在脑中嵌有一个"指南针",跟随地球磁场的磁感线和变化前行。或许前往洛马斯湾的幼年红腹滨鹬和塍鹬天生就带着一份父母遗传下来的地图和使用说明,这些信息铭刻在它们的基因当中。

像幼年的红腹滨鹬一样,费迪南德·麦哲伦出发去寻找一个他并不知道的地方。他付出了可观的时间和耐力,终于在各式各样导航设备的帮助下找到了那个地方。红腹滨鹬会在8月的加拿大起飞上路,在10月的洛马斯湾接踵而至。1519年9月20日,麦哲伦从塞维利亚港起锚,历时一年多,他到达了那个未来将以他名字命名的海峡。他带了"23张海图……7个星盘(其中一个是铜制的),21个木制四分仪……35根指南针的磁针,以及18个刻度为半小时的沙漏"。鸟儿从上一个停歇地——很可能是巴西——启程,随行补给仅仅是身上的脂肪。麦哲伦则为船队配给了"葡萄酒、橄榄油、醋、豆子、大蒜、大米、芝士、蜂蜜、糖、凤尾鱼、沙丁鱼、腌鳕鱼、腌牛肉、腌猪肉",还有"沿途宰杀的牛和猪",以及榅桲果冻。这种果冻通常成大块售卖,味道并不总是很好吃,现在阿根廷的集市上仍然能找得到。然而这些储备没能持续很久,船员频繁地捕杀大量海洋动物作为补充。有一回,当大风不知第几次把船刮向了大海,岸上的船员们宰杀了企鹅和象海豹,蜷缩在发臭的兽体下等待着船只归来,如此逃过了致命的寒冷。红腹滨鹬则仅靠自己的脂肪和羽毛就能扛过严寒。

一次又一次，麦哲伦船队被暴虐的狂风赶回来时的方向，花了三个星期的时间才前进了区区 120 英里。而红腹滨鹬在这么长的时间里已经飞越了不止一块大陆的距离。我们无法知晓它们到底是如何坚持下来的。忍饥挨饿、被狂风猛击再加上来自质疑的迷茫，已让麦哲伦的船员们丧失了信心，他们认定寻找已久的海峡只是一个幻觉，实际上任务已经失败了。于是，船上发生了暴动。船长做出决定，要继续寻找通往太平洋的水道，他将暴动者的头领斩首，或者肢解、绞死，或者丢弃在与世隔绝的荒岛，任其自生自灭。

1520 年 10 月 21 日，船队驶入了海峡。麦哲伦先用两条船打头阵，来试探可能会遇到的湍急潮汐、狭窄的水道和风险未卜的浅滩，把另外两条船留在了洛马斯湾。红腹滨鹬当时应该也在那里。可能他的船员们看到过在头上盘旋的或在退潮后露出的泥滩上停留的红腹滨鹬，也有可能鸟儿完全逃过了船员的注意，因为它们身上的肉没有企鹅或者象海豹那么多。

最终，麦哲伦成功了，而其他人可就没那么幸运了。1534 年，西班牙派出西蒙·德·阿尔卡萨巴探索智利海岸。在被一次强风逼退80 英里、被迫回到海里之前，他已经驶过了洛马斯湾，穿过了第一狭水道。这时他带的淡水和食物供给已经为数不多了，牛靠着喝葡萄酒生存，船员通过吃腌企鹅肉来维持生命。在阿尔卡萨巴试图再一次发起穿越第一狭水道的尝试时，船员们发起了暴动，船只被迫返回了西班牙。1557 年，科尔蒂斯·霍耶尝试从西面进入，穿过了一处又一处冰峡湾，驶入了一个又一个海湾，依然找不到出口。他将其中一个"死胡同"命名为乌尔蒂马·埃斯佩兰萨湾——意为最后的希望。

两个月后，他们遇上了威利瓦飑①，随着食物消耗殆尽，人们也丧失了信心，最终放弃了。400年后，坏天气一点没有收敛的迹象。1896年2月，乔舒亚·斯洛克姆独自踏上了环游世界的征途。他进入了这个海峡，先是娴熟地穿过了奔涌的潮汐和猛烈的海流，然后遭遇了一次"堪比加农炮轰炸"的狂暴强风，这场凌虐长达30小时。他在地图上标注了发生强风的地点，那里位于波塞申湾和洛马斯湾之间，这两个海湾的滩涂也是我陪莫里森进行飞行调查时到过的地方。

卫星发射器会提示我们鸟儿如何应对狂风，因为它能够被佩戴于体型较大的鸻鹬类身上，跟随它们一起穿越险恶的暴风中心。2011年8月，科学家们追踪的一只名叫"希望"的中杓鹬以90英里/小时的速度穿过了热带风暴，整个过程令人叹服。那个月晚些时候，另一只名为"北美矮栗树"的中杓鹬穿过了风速为115英里/小时的飓风"艾琳"。2012年，中杓鹬"平戈"绕过了飓风"艾萨克"。风可以把鸟"抛离"惯常的迁徙路径，为观鸟者的个人记录创造"意外之喜"。同时鸟类为了躲开风暴可能会消耗额外的能量，所以如果事先准备充分一定会有帮助。"希望"在搭上风暴的顺风车之前已经以9英里/小时的速度飞行了27小时。两只在秋天向南迁徙的红腹滨鹬为了绕开大风要额外多飞600英里。

环绕着麦哲伦海峡的麦哲伦省拥有可以飞越相当长距离的小型滨鹬、不会飞的企鹅和鸭子以及世界上最大的飞鸟——秃鹫。秃鹫太重，需要借助风力才能让自己保持在空中。博物学家坎宁安在研究麦哲伦

---

① 威利瓦飑是指突然从海岸边的山上吹到峡湾中的非常猛烈的寒风。

海峡时发现在洛马斯湾的峭壁上栖息着秃鹫。达尔文观察到，它们从被太阳晒热的石头上随着气流顺势起飞，飞行时看起来不费吹灰之力，能够滑翔半个小时而不用扇动它宽大的翅膀。我很好奇，红腹滨鹬那纤长单薄的双翅究竟有什么神奇之处，能够让它们如此适应长距离飞行，而且一飞就是数日。

潮汐转向，海水拍打着海草的边缘，然后轻轻地滑远。大家抬头目送一只罕见的麦哲伦鸻向远方飞去。已是落日时分，我想自己可能不会再回到这里了，于是尽可能将这个严酷荒远而令人放松的地方记在心里。在这里，潮起潮落永不停歇，时间从容不迫地流过，鸟儿看起来平和安宁。火地岛可能是它们最安全的避难所，而近年来，它们的数量已经骤然下降。

第二章　结局的开头是什么时候？

那些因人类而过早消失的鸟类，那些因人类的意志与决心被从灭绝边缘拉回的鸟类，以及那些身处绝境岌岌可危的鸟类，已经为人类历史打上了印记。1813 年，约翰·詹姆斯·奥杜邦在去路易斯维尔的路上亲眼目睹了大群从头上飞过的旅鸽，遮天蔽日，连绵不绝，整整 3 天过去，方才重见天日。在鸽群经过的 3 个小时里，他看到了超过 10 亿只鸟。他还去了位于马萨诸塞州、距离我家不到 10 分钟路程的林地，并提到那里有上千万只旅鸽和托着层层鸟窝的松树，"阳光与地面永不相见"。我从来都不知道这些鸟的存在，一只都没见过，更别提一群或者一棵受鸟窝重压而发出嘎吱响声的树；我只知道这些被记录下的历史过往，以及一片充满了亡魂的森林，那些生命原本不应消失。这种数量巨大的鸟儿竟然会灭绝，这一事实令人难以接受，而原因必然是人类的过度捕杀以及为了向西扩张领土而毁掉了森林。1914 年，旅鸽这个物种彻底消失了。

物种灭绝是相当重要的事件，而当一个物种走到生命的尽头时，竟然可以没有任何哀悼，甚至不为人察觉。1967 年，在纽芬兰的海滨村庄乔伊什港，人们在建造一座剧院和台球厅时，一台挖土机意外发掘出了一处 4 700 年前住在海边的古印第安人的坟墓。随着人类遗迹的发掘，考古学家出土了捕猎工具和 30 种鸟的遗骸。其中四分之三是大海雀：一种体型大、不会飞、能潜入深海的鸟，它们曾经在纽芬兰、苏格兰和冰岛附近的岩石岛屿上繁殖。在其中一个遗址人们发现了 200 个大海雀的喙，它们曾经是一件海雀皮制斗篷的一部分，这暗示着大海雀可能以某种形式为人们所崇拜过，而现在这种形式已经消失了。

这种羽色黑白的鸟曾存在了数千年，后来由于我们要把它们作为食物和诱饵，要用它们的羽毛制成床垫和被子，它们惨遭屠杀而几近覆没。1844 年，在冰岛的埃尔德岛，最后一只大海雀被杀死了。那是一个 6 月上旬的晚上，猎人们从岸边出发，第二天凌晨到达了小岛的岩岬底部。根据一份 1861 年出版的记录，事情发生得非常迅速，"比讲述这件事本身所花的时间短多了"。三个男人上了岸，追赶并轻松地抓住了两只大海雀，只留下一个破碎的蛋，然后他们急匆匆地赶回船上将其勒死，等到起风后即驶离了。就这样，这两只大海雀成为了收藏家的陈列品。这次捕杀不是为了获取羽毛或食物，而是要取得鸟皮。这种神话般的极地鸟类来自遥远的年代，它们曾经分布广泛，在佛罗里达都能找到它们的身影。然而就像旅鸽也曾在我家附近飞翔，如今我们却只能在印第安人的墓冢中找到它们的遗骸。

象牙嘴啄木鸟的情况怎么样呢？这种鸟可能会在我的有生之年绝迹，如果它们现在还没有消失的话。它们生活在南方的原始森林中或者说曾在那里生活过，它们会剥开死去的或垂死树木的树皮，挖出蛀木甲虫的幼虫作为食物。象牙嘴啄木鸟最后一次现身是在 60 多年前的路易斯安那州。从 2000 年起，不断有报道称在阿肯色州、佛罗里达州和路易斯安那州的洼地森林和沼泽中看到了这种鸟或听到了它的鸣声，但这些消息并不可靠。在我买的最新版观鸟手册中，这种鸟已经消失了。其他观鸟手册指出，因为缺乏确凿的灭绝证据，所以依然保留着这条物种名目，无论出于理性还是感性，就当作心怀一丝希望吧。大概把象牙嘴啄木鸟保留在观鸟手册中仅仅是一种美好的愿望，以此来否认是我们亲手将一个物种逼上了绝路，也体现出我们不忍面对不可挽回的暴行。我幻想着我们生活在一个人类对周围环境知之甚少的年代，在某个无人涉足的沼泽地里，还有几只鸟藏在柏树的枝丫间，正在生息繁衍。

勺嘴鹬濒临灭绝。鹬科动物难以分辨是众所周知的，不过这种鹬的喙前端明显变宽，像一把勺子，又像涂抹果酱的小刮刀。这种极度濒危的鸟只剩不到 200 对了。自 1970 年后，勺嘴鹬的种群大小下降了一个数量级。至少有三个地方对勺嘴鹬来说很重要：西伯利亚冻原——它们的繁殖地，孟加拉和缅甸——它们的越冬地，黄海的滩涂——它们在迁徙途中补充体力的地方。勺嘴鹬的家园岌岌可危。在孟加拉和缅甸，贫穷的村民们会用网设陷阱捕捉白鹭和苍鹭，还用涂有氰化钾的诱饵毒杀鸻、杓鹬和勺嘴鹬。在飞往北极的途中，勺嘴鹬会停靠于黄海边缘的滩涂，为自己"加油"。为了在快速扩张的亚洲城市开展集约化水产养殖、兴建工厂和公共设施，人们对泥滩进行"开垦"，形成连绵数英里的海堤。黄海的泥滩已有一半被毁，这不仅伤害到了勺嘴鹬，其他鸻鹬类也难逃厄运：半蹼鹬、杓鹬、黑腹滨鹬以及斑尾塍鹬等。这些在阿拉斯加繁殖、到亚洲来越冬的鸟类数量同样在下降。

全面拯救勺嘴鹬的行动正在进行。在缅甸，80%~90% 的猎人得到了渔船、家畜等政府救济以保证食物和收入来源，从而减少了对鸟类的猎捕。鸟类学家从野外取回勺嘴鹬的蛋，在没有天敌的地方安全地孵化它们，再把幼鸟适时放飞，让它们和兄弟姊妹一起南迁。让科学家感到宽慰和欣喜的是，一只由他们在 2012 年从苔原放飞的幼鸟迁徙了 5 000 英里来到亚洲，顺利度过了它的头两个冬天，然后在 2014 年 5 月出现于前往西伯利亚的途中，它将在那里完成首次繁殖。在那里，摄影师杰瑞特·维恩拍到了一段我们绝大多数人不会有机会看到的影像：勺嘴鹬宝宝从巢中探出身子，在苔原的草地上摇摇晃晃地用喙寻找食物，一旁全心守护的爸爸则呼唤它赶快回巢，以免被冻着。

对于很多从亚洲向北迁徙的鸻鹬类，黄海是到达北极前的最后一站；对这些清瘦而疲惫的鸟儿来说，那里也是为了长距离飞行和随后的繁殖季储备能量的最后一站。环境不断恶化的黄海滩涂让 200 万只迁徙的鸻鹬类逐渐陷入危机。很多人正努力着，试图不让这片富饶而重要的滩涂消失。联合国教科文组织已将约 1 880 平方公里的黄海湿地列为世界自然遗产，这项措施有望保护迁徙路线的核心区域免遭填海造地等威胁，并保护鸻鹬类。

野生动物保护者的坚定决心已经成功将许多种鸟从绝境边缘拯救了出来。在 18、19 世纪之交，猎人们每年射杀的鹭、雪鹭、棕颈鹭和大白鹭的总数高达 500 万只，只为获取它们层层叠叠的漂亮羽毛，来装饰时髦少妇的帽子。为遏制这样的过度索取，美国第一个奥杜邦学会——美国鸟类学家联合会成立，制定了禁止捕杀迁徙鸟类的法规。波士顿的贵族名流哈丽雅特·劳伦斯·海明威得知了时尚背后的大屠杀后非常震惊。在和她的表妹明娜·B. 霍尔享用下午茶时，她们仔细研究了记有波士顿精英名录的《波士顿蓝皮书》，从中选出了900位身家显赫、拥有权势的女士，来共同抵制羽毛帽子，并且成立了马萨诸塞州奥杜邦学会。海明威和霍尔堪称自然保护主义者的先驱，正是由于她们的努力，这些美丽的鸟类现在依然和我们相伴。每逢早秋，我家附近的沼泽会变成金黄色，水和空气依旧温暖，我划着小船倘徉在沼泽中，身边的草丛中站着二三十只雪鹭，有时是五六十只甚至上百只。倘若它们不在那里，田野则显得空旷、寂凉。

　　白头海雕、游隼和褐鹈鹕是杀虫剂 DDT 的牺牲品。它们吃了被杀虫剂污染的猎物后，会产下薄壳蛋，这种蛋在未出壳的幼鸟还没发育成熟时会提前裂开。随着蕾切尔·卡森《寂静的春天》（*Silent Spring*）的出版（1962年）和随后新成立的环境保护基金会提出诉讼，DDT 的使用终于被禁止，为鸟类种群的迅速恢复创造了条件。褐鹈鹕的数量增加了。我常常在佛罗里达州的海滩上看到成群结队的褐鹈鹕，有的在码头或木桩上休息，有的顺着海水滑行，它们的喉囊鼓鼓囊囊的，里面装满了鱼——人们一度都不敢去想象这样的画面。再看看我家附近，当一只白头海雕落在我头顶的松树枝上休息时，我正站在树下，凝视着不远处在河流上方盘旋的白头海雕和它们的幼鸟。在格洛斯特的垂钓码头，我见过一只住在市政厅楼顶房檐的游隼。在我的旅途中，曾几次见到这两种猛禽向红腹滨鹬俯冲扑去。恢复这些濒危鸟类的数量需要耐心、毅力以及无私的奉献：游隼的名字已经在美国鱼类及野生动物管理局的濒危物种名单上待了 29 年，褐鹈鹕是 39 年，白头海雕则是 40 年。

在《寂静的春天》出版 50 年后，美洲鹤仍然在这份名单上，这是北美洲最高的鸟，能长到 5 英尺高。美洲鹤的野外种群数量在 300 只左右，它们在加拿大的伍德布法罗国家公园里繁殖，越冬地位于得克萨斯州墨西哥湾沿岸的阿兰萨斯野生动物保护区。2008 到 2009 年的冬天，23 只美洲鹤丧生，阿兰萨斯项目起诉了得州环境质量委员会，理由是监管者失职，导致工厂和市民从圣安东尼奥河和瓜达卢佩河取走了过多的河水，给保护区里的野生动物留下的水太少了。蓝蟹和枸杞是美洲鹤的重要食物，而它们在盐度高的水中无法生存。美洲鹤由于同时缺乏淡水和适合的食物，渐渐变得虚弱，最终死去了。

开庭当天我曾去旁听。后来的一个早上，我乘着小船到保护区的溪流旁和沼泽间寻找美洲鹤。几只翼尖黑色、颈部颀长和面部深色的白色大鸟从我的头顶飞过。从当初仅有的 15 只美洲鹤恢复到现在这样的种群数量，简直是奇迹。一对美洲鹤父母和它们的孩子正站在干燥的草地上。向导说，它们觅食的水塘已经干涸了，蓝蟹几乎没有了，美洲鹤为了寻找食物，常常要被迫远离它们惯常的生活地域。

2013 年，法院判处得州环境质量委员会违反了《濒危物种法案》，并责令其必须规范河水的取用以保证保护区的动物有足够的淡水。大概一年半之后，法院推翻了原判决，改为了美洲鹤原本就可能会挨饿，水源监管者对此不承担责任。2014 年，根据生物学家的统计，在伍德布法罗国家公园中美洲鹤的巢增长至 83 个，创造了新的纪录。但美洲鹤的未来仍然吉凶未卜，这取决于生活在得州南部的人们是否愿意分享它们赖以生存的淡水。

　　毁灭性消失不断发生，艰难的保护工作也在持续开展。红腹滨鹬处于何种境地呢？每年夏天，红腹滨鹬的 6 个亚种都会从世界各地飞向北极，数量超过 100 万只。在全世界范围内，红腹滨鹬还没有受到灭绝的威胁，但它们的数量正在下降。几乎在它们所有的迁徙路线上——在非洲和亚洲，在欧洲和北美——都出现了麻烦。

　　红腹滨鹬从澳大利亚炎热湿润的罗巴克湾和新西兰狭长的费尔韦尔沙嘴飞往北极，途中在黄海休息和补充能量。在位于北京以南的渤海湾，越来越多的港口和石化公司开始修建，鸟类被挤上了面积日益缩减的滩涂。鸻鹬类的生存空间越来越少了。如果红腹滨鹬失去了这一关键的停歇地，它们的种群将会面临崩溃。在过去的 10 年间，它们的数量已经减少了一半，只剩 10 万只了。

　　红腹滨鹬的亲戚大滨鹬，也在逐渐失去它们位于黄海的家园。四分之一的大滨鹬曾经会飞去新万金河口，这里是鸻鹬类在黄海沿岸的优质栖息地。当一道 22 英里长的海堤葬送了它们原有的停歇地之后，大滨鹬的种群数量下降了 20%，这使得大滨鹬直接被列入了世界自然保护联盟（IUCN）的濒危物种红色名录。

　　我跟随的红腹滨鹬 *rufa* 亚种在加拿大已经被列为濒危物种，在美国被列为近危物种。另一个亚种 *roselaari* 沿着太平洋迁徙，从墨西哥干旱的巴哈——那里有世界上最大的盐场——向北穿过太平洋西北部的威拉帕湾和格雷斯港，然后进入俄罗斯和阿拉斯加苔原。

roselarri 亚种的数量很少，只有 17 000 只，任何在沿途受到的损失都将成为一种威胁。穿越欧洲的 *islandica* 和 *canutus* 这两个亚种，分别有 45 万只和 40 万只，但是数量也在下降。*canutus* 亚种是令人惊叹的长距离旅行者，它们的越冬地是位于撒哈拉边缘、毛里塔尼亚的邦达尔金国家公园的潮汐滩涂，或几内亚比绍的比热戈斯群岛那些长着红树林的河口地带，后者是 350 万只鸟的越冬地。有一群 *canutus* 亚种曾在位于南非开普敦的兰格班潟湖的咸水滩涂上越冬，大概有 12 500 只，但现在它们已经全部消失了。

一大群鸟是能够瞬间消失的。极北杓鹬，一种喙向下弯曲的小鸟，曾经它们会在南飞途中在加拿大拉布拉多省稍作停留，在饱餐一顿蓝莓后就转向大海，继续飞往阿根廷的草原。春天，极北杓鹬穿过北美大平原飞向北极，肚子里塞满了蚱蜢。1860 年，加拿大拉布拉多的一位观鸟者描述了一个"可能有一英里长、近一英里宽"的鸟群，它们飞过时的声音就像"风沿着船索呼啸而过"或"许多雪橇的铜铃叮当作响"。极北杓鹬也被叫作面团鸟，"指极度肥美的鸟"。猎人们会在一天内射杀几千只，农民和殖民者把极北杓鹬作为家园的草地变成了小麦田或玉米田。一个"至少数十万只"的种群在几十年内数量大幅度缩减。在后来的很多年里，都只能零散地看到几只而已。我最后一次见到极北杓鹬是在孩提时代。

我们已经杀掉了太多极北杓鹬、勺嘴鹬、象牙嘴啄木鸟和美洲鹤。我们砍掉原始森林、开垦草原并筑起海堤，铲平了它们的家园。这些鸟儿萦绕在我的脑海里。当我在南美和北美沿着红腹滨鹬的迁徙路线旅行时，我遇到了许多坚定的人，他们保护红腹滨鹬，努力使其数量不要再减少，并且挽回我们即将失去的东西。他们同时面临着失败的风险。失败的代价是巨大的：当红腹滨鹬消失时，很多其他鸻鹬类也会消失。

　　火地岛是红腹滨鹬飞往北极途中的第一站。在宁静与孤绝的虚空之下，海风扫过的洛马斯海滩，有一种含糊而持久的不安。沿着麦哲伦海峡这个绝美的险关，鸻鹬类季节性地抵达和离开，人类也在这里留下了坎坷激昂的荣辱兴衰史。西班牙对智利南部的征服绝非轻而易举。1558 年，一位探险家，胡安·费尔南德斯·拉德里耶罗，在一个被他叫作波塞申的地方宣称对智利拥有主权。这个地名沿用至今，但是要证明所有权很困难，因为西班牙人光是穿过海峡已经非常困难，更别提安家落户了。

　　1584 年，佩德罗·萨尔米恩托·德·甘博亚带领 300 人来到海峡北岸定居。其中一艘船在激流险滩沉没了，随之一起沉入海底的还有枪支和给养。狂风暴雨接连打退了两只救援船。只有几个人竭尽全力找了一些贝类食物维生，而大多数人都因饥饿而死去。三年后，托马斯·卡文迪什发现了这里的悲惨景象，随即将此地改名为波多·汉布，意思是"饥荒港口"。300 年后，西班牙在蓬塔阿雷纳斯建立了一个新的殖民地。在此期间，红腹滨鹬每年都会来到洛马斯湾和波塞申湾越冬。

　　自从蓬塔阿雷纳斯的开拓者——一位布宜诺斯艾利斯银行家、一位葡萄牙水手和一位立陶宛会计——以一群进口绵羊创建了一个帝国以来，世事经历了沧桑变幻。乔斯·梅嫩德斯、乔斯·诺盖拉和莫里西欧·布朗建立了智利最大的牧业公司，他们养了几百万只绵羊，原先在巴塔哥尼亚草原上散布的几百万只原驼被挤到了一边。肉类加工厂、皮革厂和炼油厂沿着海峡如雨后春笋般地冒了出来。梅嫩德斯的商船队飞速发展，以满足肉类和羊毛的运输需求。船队将上千吨货物通过海峡输出，运到利物浦，或者向北沿着太平洋海岸运到瓦尔帕莱索。

1914年，随着巴拿马运河的开通，麦哲伦海峡的运输"黄金时代"戛然而止。在去波塞申湾见莫里森的路上，我经过了"阿玛迪奥"，这是梅嫩德斯船队始建时的元老船只，它腐朽在圣格雷戈里奥海滩上，就位于刚要进入第一狭水道之前的地方。几乎所有肉类加工厂都已经关闭了，仅有少数几个厂还开着。实际上，绵羊的数量在下降。由于过度放牧，巴塔哥尼亚的草原和沙漠过渡地区的羊群数量下降了30%。过去50年间，由于不适口的灌木代替了青草，羊群的数量再次下降了三分之二。曾经作为梅嫩德斯羊毛帝国一部分的圣格雷戈里奥牧场已经成了一座鬼城。这里还有另外的鬼魂。当殖民者前来开拓牧场时，他们遇到了在海峡沿岸生活了几千年的赛尔南人，并将其赶尽杀绝。如今已经基本看不到赛尔南人的痕迹了。

每年10月，红腹滨鹬都会飞来洛马斯湾，并在日光开始变淡的3月离开。原驼数量的下降和绵羊养殖业的兴起，是否对它们的生活造成了影响？是否改变了海滩的生态系统以及它们获得食物的可能性？肉类加工厂、炼油厂和皮革厂是否改变了峡湾中海水的水质和养分，从而影响到了动物？在西班牙人到来前，红腹滨鹬的数量是否要大得多？我们可能永远不会知道。它们的历史因时间逝去而模糊不清，莫里森和罗斯估测它们的种群数量时，已经是在原驼数量下降和羊毛帝国开始衰落很久以后的事了。

羊毛产业衰落了，而另一项产业开始兴旺起来。1945 年 12 月 29 日，经过 40 年的漫长探索后，钻井工人们终于在火地岛发现了石油。他们把油井称为"不老泉"。智利国家石油公司开始开采石油，十几年后，一座名为塞罗松布雷罗的新城镇在尘土飞扬的草原上平地而起。塞罗松布雷罗是为安置 ENAP 的工作人员和他们的家人而建设的，这是一个规划良好的社区，设计灵感来自建筑大师勒·柯布西耶的理念和现代主义建筑师奥斯卡·尼迈耶设计的巴西利亚。

这座小镇被称为"在世界尽头实现的现代乌托邦"，容纳了 200 个家庭，展现了人们对现代化智利的期冀。巨大的橘色、黄色和黑色玻璃嵌板组成了小镇剧院的正面外观，仿佛一幅摆放在平原上的巨型蒙德里安抽象画。一个大型的综合体育馆坐落在城镇广场上，门前是宽大的阶梯。外观设计中有三块抛物线形状的玻璃，看上去像三艘帆船。体育馆内部有健身房、植物园和恒温游泳池。在一个室外棋盘上，玩家如果要从一个方块走到另一个方块，要移动由真正的钻探装备做成的棋子。1971 年，时任智利总统萨尔瓦多·阿连德和当时的古巴领导人菲德尔·卡斯特罗来到塞罗松布雷罗庆祝它的成功，2008 年，这座小镇被认定为智利最重要的建筑成就之一。20 世纪 60 年代之前，塞罗松布雷罗都是一个满足智利全国四分之三石油需求的热闹小镇。

石油的繁盛来过了，但现在又消失了，石油储备耗尽，油井枯竭，钻井工作慢慢停滞。我们到达时，塞罗松布雷罗看起来破败不堪。综合体育馆的窗户破了，游泳池是关闭的，植物园里了无生机，荒废积尘。原本预计为安置200个学生而修建的学校，现在只有80个学生。小超市售卖速冻比萨、盒装葡萄酒以及看起来放了很久的胡萝卜和梨。我们经常光顾的宽敞的中央餐厅里空空荡荡的。石油开采曾为塞罗松布雷罗赋予生机，不过现实很快会成为过去，没有人知道将来会发生什么。

麦哲伦海峡的疾风、奔腾的水流和横扫的潮汐依然挑战着航海者。1974年8月，荷兰皇家壳牌集团的超级油轮"美杜拉号"从智利驶向沙特阿拉伯时，搁浅在了第一狭水道以西的地方。油轮向海峡倾倒了5万多吨原油，泄漏的油量超过了"埃克森·瓦尔迪兹号"①。风和浪潮裹挟着一层厚厚的石油覆盖了125到150英里长的海滩，蔓延宽度达50到200英尺。根据美国海岸警卫队发来的由科学顾问整理的报告，这是一次对环境的致命打击，"基本上一切能对石油泄漏进行控制的必需措施不是缺失就是完全不能用"。在泄漏事件后两周内，只有少量原油降解剂（又叫化油剂）被空运到事发地。没有专门的设备，也没有大规模的清理工作。只有几辆前端装载机，但也无法移走原本要12 000辆垃圾车才能拉走的废物。

一项对25英里长的海岸进行的简短调查发现了死亡的或垂死的鸬鹚、企鹅、燕鸥、野鸭、信天翁、鸻和中杓鹬。身在得克萨斯州农

---

① 1989年3月24日，"埃克森·瓦尔迪兹号"油轮在美国阿拉斯加州附近海域触礁，3.4万吨原油流入阿拉斯加州威廉王子湾。

工大学的科学顾问罗伊·汉恩没有办法到洛马斯湾和波塞申湾进行考察，原油也冲刷了那里的海滨。至于红腹滨鹬和棕塍鹬是否被原油伤害，我们无法知晓。主要研究地点是海滩的西边，莫里森和罗斯后来确认了这里是红腹滨鹬的重要家园。

30多年后，"美杜拉号"的影响依然没有完全消除。被石油覆盖的大部分沼泽里鲜有植物存在，但在动物的蹄印里有种子开始发芽了。海边一条1 800英尺长的柏油路已经开始受到侵蚀。现在，油轮的体积翻了一倍，但海峡急险如旧。2004年，一艘大船和一艘拖船曾在第一狭水道附近相撞，那里依然缺少应对原油泄漏的手段。直到三天后，承包商才派了几个人把沾了石油的海藻和鹅卵石从海滩上清除。当地的鸬鹚有88%在那次漏油事件中丧生。

如果远在洛马斯湾海滩上的鸬鹚类接触到海峡里泄漏的原油，那它们在整个飞行途中都会受到严重影响。沾上石油的羽毛不再防水也不再隔绝空气，在凛冽寒风中它们会变得异常脆弱。红腹滨鹬要为从火地岛向北的长距离飞行储备充足的营养。由于需要花时间整理被石油弄脏的羽毛，进食的时间会变得更少；由于觅食时吞入了石油，它们会失去为长距离飞行提供耐力支持的携氧红细胞，导致贫血；由于无法增加到理想的体重，它们可能会推迟起飞……如此一来，到北极一路上原先严丝合缝的安排都会像多米诺骨牌一样挨个被推翻。黑尾塍鹬的情况更可怜，在英格兰内陆越冬的个体飞往冰岛繁殖地的时间推后，并且比起那些在更肥沃的滩涂越冬的个体更不容易繁殖成功。在"埃克森·瓦尔迪兹号"原油泄漏事件发生的10年后，在被污染地区生活的雌性丑鸭的寿命不再像在未被污染的海滩越冬的那些伙伴那么长了。贫血症还会对产蛋造成不利影响。最可怕的是污染沿着食物链的传递：在西班牙一次原油泄漏事件发生后，人们在猎食过鸻鹬类的游隼所产的蛋中发现了烃类物质。

很难查明现在智利应对海峡原油泄漏事故的措施有多好，以及对待像莫里森和哈林顿在阿根廷公路之旅时发现的受到油污的鸟类是否有了优化的新措施。我在智利期间，以冰川湖和高耸山峰闻名的智利百内国家公园遇上了熊熊山火。树木被烧成炭黑，草地被烤到焦干。我见到过一处被烧毁的护林站，只有一只陶瓷浴缸安然地立在灰烬中央。动物们不知所措地在仅剩的零散植被上缩成一团。大火烧了两个星期，空气中浓烟弥漫。如果智利连百内国家公园——堪称智利的瑰宝，每年会吸引成千上万游客——的火灾都难以控制住，谈何应对位置同样偏远而参观者少得多的区域发生的原油泄漏事件？

在洛马斯湾，我见到了奥斯卡·奥亚祖恩，他是 ENAP 的机械工程师和区域主管。他和一个同事曾不借助全地形交通车，而是在泥滩上跋涉，去看飞来这里的红腹滨鹬。他后来给我写的信中提到："在洛马斯湾的浩瀚中聆听鸟群起飞的感觉非常奇妙，令人难忘。"ENAP做出承诺，会保证安全地投放和回收输油管道和钻井平台，并且救援和照顾沾上石油的鸟儿以及更新针对石油和化学品泄漏的保护协议。我在塞鲁松布列罗时，看到河岸上放了一只红色的箱子，里面装着处理原油泄漏的设备，设备并不算多。或许，在下一次泄漏之前，为了履行 ENAP 的承诺而准备的资源都会被分配妥当。埃斯波兹和她的同事们正在邀请更多公众关注洛马斯湾里那些人迹罕至的海滩对于鸻鹬类的重要性。她们的行动是受一只小鸟完成的一次非凡旅程所鼓舞，她们也希望激励更多人成为它们的守护者。除了为鸟类与人类能够安全地分享这片海滨这个由来已久的梦想而努力，她们还在为鸟类和海滩寻找额外的保护措施，让这些保护措施能成为这里未来发展的一部分，无论是天然气开采、旅游业、大牧场还是其他尚未发生的事情。

至少 35 年前，哈林顿和莫里森曾在阿根廷的里奥格兰德附近找到红腹滨鹬最大的聚集地，如今这些鸟儿正在渐渐消失。到 2012 年，只剩下 300 只——94% 的种群消失了。里奥格兰德这座城市不断向大海和里奥格兰德河的边缘扩张延展，鸟儿可以栖息的地方越来越少。它们在堵塞的交通中觅食，不断地受到越野交通工具、宠物狗和人的骚扰。一次次被迫的腾空而起让它们失去了珍贵的补给时间。每天退潮时错过几分钟，持续一季就累积成数小时。我在家附近的海滩上散步时，常常无意识地惊飞在涨潮线附近的滨鹬。我总是惬意地看着它们在水面上盘旋一圈，然后停在远一些的海滩上，却从来没有想过这样的惊扰会给它们的生活带来怎样的不同。

里奥格兰德的红腹滨鹬不仅觅食时间变少了，它们的食物也变得没那么丰富了。红腹滨鹬曾被这里出奇充足的小蛤蜊和贻贝所吸引，因而飞到"世界的尽头"，但在 2008 年，这片丰饶消失了。小蛤蜊和贻贝明显小了很多，而且贻贝数量变少，蛤蜊被寄生虫感染。哈林顿和莫里森当时看到了成千上万只鸟，而如今仅剩几百只的种群说明它们很可能大规模消失了。

海峡的沿岸，红腹滨鹬的数量也在下降。到 2013 年为止，莫里森和罗斯最初找到的红腹滨鹬集群足足有 41 700 只，如今下降了超过四分之三，只有区区 9 900 只。或许这是在海峡进行原油开采和船只原油泄漏造成的后果，看不到、测不到，却一年一年地积累着；或许是几千英里之外另一个海湾的滩涂承受的压力给这里带来了影响；又或许是海水水质的变化使其中的营养减少了。洛马斯湾，比如阿兰萨斯国家野生动物保护区，可能很容易受到其边界之外人类行为的影响。埃斯波兹和她的同事们继续着孤独的工作，或许她们会找到原因。无论原因是什么，位于火地岛的洛马斯湾可能对红腹滨鹬来说是最后的庇护地，应该会证明如果阶梯的第一个台阶塌了，想继续爬上去就会很困难。

第三章　城市里的鸟和旅游胜地：
里奥加耶戈斯和拉斯格路塔斯

　　夏日的洛马斯湾有漫长的白天和短暂的夜晚，红腹滨鹬会随着潮汐的涨退赶来进食。而当夏日结束，天光暗淡下来，潮水带来的蛤蜊和贻贝数量开始减少，红腹滨鹬也启程向北飞去。到了三月，南半球的夏天接近尾声，洛马斯湾的天空满是起飞的红腹滨鹬。它们中仅有极少数会飞越海峡，经过短途飞行来到阿根廷的里奥加耶戈斯。红腹滨鹬在这座快速发展的城市里可能再也找不到家了，但我想在这里稍作停留，看看这个它们曾经住过的地方。

　　我们到达时，风势正猛，甚至比洛马斯湾的风更强烈。海堤上，几只蛎鹬、白腰滨鹬和一只中杓鹬缩在一小片被丢有瓶子和烟头的沼泽里。它们偶尔尝试着蹒跚穿过沙滩。没有红腹滨鹬。我希望能瞥到一只不常见的麦哲伦鸻，这种小鸟具有极佳的保护色，与泥沙和砾石融为一体，很难被发现，但它的腿是粉红色的。在这里最有希望看到这种鸟。因为住在里奥加耶戈斯的麦哲伦鸻比其他地方都多，有两个数量超过 100 只的群体在河口越冬。不过空中没有多少鸟。我们在风里都被吹得蜷缩起来了，却收获甚微。

我们来到垃圾场，卡车在深色、腐臭的垃圾堆间进进出出。在阿根廷南端乌斯怀亚的垃圾场，出租车在等候前来观看白喉巨隼的观鸟者们。马克·欧柏马西克的《观鸟大年》一书讲述了一名参赛者在得克萨斯州的布朗斯维尔垃圾场寻找墨西哥乌鸦的故事，观鸟达人将那个垃圾场戏称为"墨西哥乌鸦自然保护区"。（"观鸟大年"是北美的一项比赛，在一年内看鸟数量最多的参赛者取胜。）布朗斯维尔垃圾场很受观鸟者欢迎，还有一个标志牌指出哪里是最佳观察点。海鸥是里奥加耶戈斯垃圾场主要的鸟类游客，垃圾场正在慢慢吞噬盐沼。

数十年前，纽约市的垃圾曾被堆到斯塔滕岛的盐沼上。这里的弗莱斯垃圾场曾经是世界上最大的垃圾填埋场，有中央公园的 2.5 倍大，占斯塔滕岛面积的 11%，已于 2001 年关闭。现在，市政府要在那里建一个世界顶级的公园，盐沼将渐渐回归。随着新鲜垃圾的消失，上千只海鸥开始到别处寻找食物，而其他鸟类也回来了：铁爪鹀、雪鹀、白鹭、苍鹭、水鸭、针尾鸭、大黄脚鹬、斑腹矶鹬、鹰、红尾鵟、纹腹鹰和白头海雕。红腹滨鹬曾到过斯塔滕岛的海岸，但它们的数量逐年下降。现在，或许又有它们的空间了。纽约高线公园的建筑师詹姆斯·科纳正在设计这座公园。由于海平面上升，它不可能很快完工：恢复后的沼泽挡住了飓风"桑迪"的肆虐，附近的社区幸免于难。

在垃圾场不远处的里奥加耶戈斯，公路和最近修建的房屋逐步侵占了剩余的沼泽。城市在急剧扩张。1960 年，这里只有 14 400 名居民，到 2010 年，人口数量飙升了 7.5 倍，变成了 11 万。海岸是鸟类和人类共同的家园：包括留鸟在内有 2 万只在这里栖居，其中就有红腹滨鹬。红腹滨鹬在阿根廷有一个新名字。它们不再是 playero ártico，阿根廷人根据它们的繁殖羽颜色给其起名为 playero rojizo（意为海滩上红色的鸟）。

里奥加耶戈斯的红腹滨鹬数量已经陡然下滑。2006 年，在河口宽阔的潮汐滩涂上看到过 3 000 只；2007 年，这个数字折半；2009 年，变成了 600 只；2010 年，只有 110 只。红腹滨鹬可能失去了这里的家园。

西尔维娅·费拉里和卡洛斯·阿尔布雷乌这两位科学家来到这片恶化了的海岸线。30 年前他们在科尔多瓦大学的无脊椎动物学课上相识，然后爱上了彼此，爱上了鸻鹬类，爱上了里奥加耶戈斯河口。在研究沼泽的过程中，他们看着它渐渐消失，被出售用来做房屋地基，上面垃圾如山。根据他们的记录，截至 2003 年，沼泽共减少了 360 英亩，即总面积的 40%。他们没有止步于此。在美国，科学与政策拥护者之间的关系复杂而争议不断。2011 年，在一个由美国科学促进会举办、美国国家科学基金会资助的研讨会中，参加者们探讨的问题之一就是：科学家基于自己的专业和工作而倡导某项具体法案或政策这样的做法是否有损他们的客观性、正当性和信用度呢？这些做法是否玷污了他们的工作？他们是否应被划分为"说客"呢？他们的讨论还包括作为关心这个日益复杂与艰难的世界的公民，他们是否有权利或者责任参与公共政策决策和支持公众利益？美国科学家可能会面对痛苦的挑战，因为那些资金雄厚的工业集团会对他们的发现提出质疑，导致这些研究成果的作用被削弱。

对费拉里和阿尔布雷乌来说，选择非常明确。当洪涝和暴风雨来临时，丰饶的沼泽能够起到缓冲作用。这不仅对千千万万鸟类的生活而言至关重要，也为旅游业的发展和环境教育活动的推行提供了机会。他们相信，健康的盐沼生态系统会成为里奥加耶戈斯的骄傲。进一步讲，这座城市需要沼泽。当越来越多的土地被填埋，洪水增加，城市将被迫修建路堤防护。对这两位科学家来说，公众利益胜过小部分人的经济利益。

与市政府和其他盟友一起，费拉里和阿尔布雷乌在短得出奇的时间内取得了大量成果。他们协助里奥加耶戈斯创建了两个保护区，一个位于城外，是还未受到侵扰的海岸，另一个位于市区，叫作"闹市海岸保护区"，其目的是禁止在沼泽里进行更多建设工作。他们说服市政府成立了环境管理部，并与他们帮助创立的环境保护教育组织安比恩特苏尔一起，同市政府、马诺米特保护科学中心、美国鱼类及野生动物管理局在海堤修建了一个游客教育中心，设置了公共观鸟区，还撰写了一本观鸟指南。

里奥加耶戈斯河口不断缩小的滩涂湿地可能已经迫使红腹滨鹬离开了家园。对于另一种几近消失的鸟，问题则源自城市之外。阿根廷鹬鹬突然从 2 500 只下降到 400 只，令人惊讶的是，问题并非出自市区河口，而是源自它们在巴塔哥尼亚大草原内陆湖边的繁殖地。同时，伤害的累积也让它们濒临毁灭。人类把虹鳟引入遥远的内陆湖，把水貂带到干旱的草原上。在垃圾上觅食的黑背鸥越来越多。它们全都袭击过阿根廷鹬鹬的巢。人们在湖边放羊，植被变薄，鸟巢暴露在凛冽的风中。随着降水量下降，湖泊的水位也下降了。安比恩特苏尔的工作人员与费拉里和阿尔布雷乌一样专注无私，他们记录了阿根廷鹲鹱的数量变化，然后查明原因，并且找到了解决办法。后来他们和其他保护组织一起将阿根廷鹲鹱列入 IUCN 濒危物种红色名录，并于 2013 年创建了巴塔哥尼亚国家公园以保护这些鹲鹱。现在，有全职保护工作者在保护鸟巢，并帮助它们避开捕食者。

　　阿尔布雷乌和费拉里的工作还在继续，他们开始关注下一个重大挑战：筹集资金，用于搬走垃圾场。我相信他们一定能够成功。只是听着费拉里和阿尔布雷乌的讲述，我很想知道他们什么时候才能睡觉或是否需要睡觉。

　　多达半数的红腹滨鹬离开火地岛后，会沿着阿根廷海岸飞越 900 英里，到达西圣安东尼奥海滩和附近的拉斯格路塔斯。拉斯格路塔斯意为"山洞"，是一个建在石灰岩悬崖上的村庄，因海浪在岩壁上冲刷出巨大的洞穴而得名。这里的海水深蓝而温暖，是阿根廷沿海海水温度最高的地方之一，盛夏时节会达到令人愉悦的 24℃。我们在三月上旬来到拉斯格路塔斯，这里是红腹滨鹬北上途中的重要停歇点。红腹滨鹬已经抵达。我脱掉了厚夹克和套头衫，把运动鞋换成了凉鞋。虽然不能换上更轻薄的羽毛并且没有汗腺，但红腹滨鹬自有方式纳凉：流过它们腿部的血液会增加，从而把热量散发出去。它们性感而苗条的双腿会帮身体带走 16% 的热量。

　　外面的滩涂上，饕餮大餐在等着它们。几百万年前，来自巴塔哥尼亚大草原的泥土随风向下横扫过内格罗河的河谷，落入海湾。时间推移，泥土沉淀。螺类和贝类动物在海湾中繁衍生息，它们死去后，壳中的矿物质让泥土变得紧实，形成了一块宽阔平坦的大陆架，即这片浅滩。退潮后露出的浅滩比岩石软，比泥巴硬。浅滩中藏着密密麻麻的很小的贻贝，对红腹滨鹬来说既易撬得又方便整个吞掉。

浅滩上的鸟儿觅食正欢。三趾滨鹬追着滑下海滩的海浪觅食，捕捉小型软体动物和甲壳动物。蛎鹬专门寻觅那些半开的牡蛎和贻贝，一旦找到便用喙割开它们贝壳连接处的肌肉，叼出肉来。红腹滨鹬也是软体动物爱好者，但和蛎鹬不一样，它们会整吞小个的贝类，用肌胃挤碎贝壳再消化贝肉。与寂静空旷的洛马斯湾不同，这里的海岸热闹非凡。

拉斯格路塔斯最大的特点就是"行动"（action），无论是在海岸还是市区。我们在挖掘机的作业声中醒来。在我们的公寓外，建筑工人正在清理灌木丛，从木桩中开辟新路。干燥的大草原上正在建设全新的房屋。一辆洒水车开过，喷出水来让尘土不那么恣意飞扬。我们的第一顿早餐是榅桲果冻和面包。榅桲，这种麦哲伦在远渡重洋的途中给船员准备的水果，如今看起来平淡无奇，味道或甜或酸，口感或软或硬。我们从一大块摇摇晃晃的果冻上切下一些，把它涂到自制面包上，大口吃下，然后走进蓬勃发展的城镇。

2001年底，阿根廷拖欠债务，经济崩塌，短时间内连续更换四位总统，那些原先在国外度假的人转而选择了离家更近的地方。每年夏天拉斯格路塔斯的人口数量都会骤然上升。拉斯格路塔斯所属的西圣安东尼奥，并没有充分管理好这一爆炸性的人口增长。公寓和酒店把悬崖边上的路挤满了，有些离悬崖特别近。沿着山麓，一条通往海滩的小路有一部分已经坍塌了。我们小心翼翼地走过碎石路段。潮水退去后，要走很长一段路才能到海边，有人抱怨这条路太长了。为了满足游泳者，政府对海滩进行了爆破，形成了大而浅的天然泳池，当潮汐涨起，池里会积蓄海水。我看不到池底，虽然只有几英尺深。池边黏糊糊的，里面的水也浑浊不堪。全地形车带着厚重机械的噪声在海岸上飞驰，碾碎了贻贝，吓飞了鸟儿。几年前，如果你想在沙滩上驾驶全地形车，就只能租用，整个城里只有14辆。而现在城里的全地形车超过1 000辆，基本上都是私人的，在拉斯格路塔斯的街上和海滩上随处可见。

在喧扰当中，红腹滨鹬需要迅速找到大量食物。贻贝壳多肉少，个头很小，但数量很多。在拉斯格路塔斯，红腹滨鹬喜欢长度不超过半英寸①的贻贝，每秒钟能吞下一到两个。它们的进食需求很迫切。夜幕降临后，红腹滨鹬就看不到浅滩上哪里有贻贝了，它们要到其他海滩上用另外的办法觅食。在西圣安东尼奥附近的海滩上，它们用喙尖特殊的感受器对浸水滩涂进行勘察。那是红腹滨鹬体内的赫伯斯特氏小体，能够感知海水在贻贝周围产生的压力变化，从而准确获取猎物。

鸻鹬类补充能量的速度飞快，比大多数鸟类都快，它们每天会吃下相当于平均体重80%的食物。西圣安东尼奥的红腹滨鹬在下一段旅程之前会让自身体重翻倍。对我来说，要在一个月内让体重翻倍估计是吃到吐都办不到的事情。在电影《超码的我》（Supersize Me）里，摩根·史柏路克在麦当劳里暴食，用一个月时间将体重增加了24.5磅②，相当于他原来体重的13%。而红腹滨鹬一天就能增加将近10%

① 1英寸=2.54厘米。

② 1磅=0.453 6千克。

的体重。

　　在一条越发拥挤的海岸线上，两位女士开始为鸟儿和其他失去家园的野生动物代言。1988 年，前阿根廷国家排球队队员米尔塔·卡瓦哈尔搬到西圣安东尼奥居住。她的丈夫是一位船长，二人曾经四次环游世界。在他们的第一个孩子一岁时，他们搬到了西圣安东尼奥这座港口城市。差不多在同一时间，原先生活在布宜诺斯艾利斯的帕特里夏·冈萨雷斯也随家人搬到了这里，她的爱人是一位建筑师。两位女士都是生物学家。冈萨雷斯的研究方向是鸻鹬类。卡瓦哈尔喜欢研究很多人都害怕的动物——蝙蝠和蜘蛛。在西圣安东尼奥和拉斯格路塔斯居住的人口大概有 3 万。两位女士很快接上了头，携手组成了一个联盟，致力于改善当地环境和居住者生活。

　　她们来到这里时，一座化工厂正在修建当中。这座化工厂将使用海水、氨和石灰岩来制造苏打粉——碳酸钠。苏打粉可以用来制作玻璃，是清洁剂和牙膏中的常见添加剂，还是制作拉面所需的原料之一。工厂每年可以生产满满 2 000 车厢的苏打粉，同时会产生等量的副产物废盐。按计划，废盐会被排进海湾。然而，这些盐并不会消失。冈萨雷斯的一位同事在研究渔业时发现，西圣安东尼奥海湾的水域被封闭起来了，因为随潮水漂往海湾出海口的鱼卵又漂了回来。最初这些发现很不受欢迎。冈萨雷斯回忆道，这位同事和家人住在国有住房里，他们曾被威胁过，差点被赶出家门。

　　冈萨雷斯认为随意向海水中排放废盐是不合理的，于是她和同事们说服了省政府重新指定西圣安东尼奥海湾为受保护区域。她们要求政府公开关于化工厂对海湾影响的研究报告。在此期间，拉斯格路塔斯的人们成功阻止了一条想从城里借道的输油管道的铺设。同时，冈萨雷斯、卡瓦哈尔和同伴们重振了伊那拉夫昆基金会的工作。"伊那拉夫昆"的意思是"在海边"。这些女士要求化工厂遵守现有法律。她们坚持着大海绝不是垃圾场这一立场。由于化工厂能够解决当地人的就业，她们这些反对建设化工厂的人多次遭到侵扰和威胁。卡瓦哈尔的车被划了，住的地方被画满了涂鸦。伊那拉夫昆基金会成立了一个由50多个组织和机构组成的联盟，以敦促政府监测向海洋倾倒垃圾造成的影响。据卡瓦哈尔说，工厂后来发布了七卷文件，试图让工业生产所造成的影响最小化。一个科学家团队分析了这些文件并指出："他们的话没有任何意义。"就这样过去了很多年。最终，省政府被成功说服了。正如冈萨雷斯所说："关于大海的问题没有商量余地。"现在，废盐水被排放到一个潟湖里，湖底铺有一层不透水的薄膜。

　　苏打粉工厂位于海滩附近的一条路上，路面因为有盐粒而泛白，闪闪发亮。这里的红腹滨鹬时常为了美味的海边蠕虫而放弃拉斯格路塔斯有上顿没下顿的贻贝。在好年头，当滩涂上布满充足的蠕虫，红腹滨鹬会尽情享受这顿大餐，喂胖自己。谁知道往海湾里倾倒苏打粉的副产物废盐会在将来对海底、海水盐度和蠕虫产生什么样的影响呢？一份关于脱盐化工厂排放盐水的审查报告在2013年被递交给加州水资源管理委员会，报告结果表明，当盐水被排进水流不畅的海域时，海洋生物的种群结构会发生变化，数量也在下降，这令人担忧。在西班牙一家脱盐工厂附近的海床上，工厂开工不到两年，蠕虫的种类和数量就下降了。海马生活在圣安东尼奥海湾浅海区的海底沙层，买卖海马受到《濒危物种国际贸易公约》的约束。苏打粉工厂开业后，周围水域中的小型动物渐渐消失了，包括海马。今天，人们只能在运气好的时候看到几只海马。

如果工厂曾被允许向海湾里倾倒成千上万吨废盐，更多动物可能都已经消失了。卡瓦哈尔和冈萨雷斯一直坚持"关于大海的问题没有商量余地"，她们保护着一个自己无法详细描述的世界，那里的居住者她们尚不完全了解，但却是一个对红腹滨鹬和其他鸻鹬类来说必不可少的世界。

冈萨雷斯和我到达海港区的这一天极其酷热。我们希望能找到为了躲避干燥的热风而到海滩乘凉的鸻鹬类。我已经买了两大瓶水，但我们停车加油时，冈萨雷斯买了更多水以及佳得乐。于是我又买了一些水，直到自己再也拿不下。圣安东尼奥海港很繁忙，阿根廷葱郁的河谷出产的水果有80%从这里被运送到欧洲、美国和俄罗斯。一天的工作接近尾声时，距我狂饮完最后一瓶水已经很久了，看着来来往往经过的集装箱船，我脑海里浮现的是干渴的自己被扔进成堆的梨、苹果、水蜜桃、梅子、油桃、葡萄里大快朵颐的画面。我们顶着烈日在滚烫的沙地上行走，坚持不懈地寻找红腹滨鹬。

冈萨雷斯的研究方向并不是她自己的选择。她搬来圣安东尼奥后，布宜诺斯艾利斯的大学里唯一能作为她导师的是一位研究鸟类的当地人。因此，她带着祖父那台又旧又沉的双筒望远镜和一本黑白图鉴开始研究鸟类。开端很是艰难。起初，这位专家认为她至少见过鸟，比如凤头鸭，但她并没有。于是导师建议她把看到的或认为自己看到的鸟画下来，但她既不会画也没有照相机。当时还没有数码相机、手机和观鸟APP。后来，一位渔夫，也是圣安东尼奥前市长，带着冈萨雷斯去寻找鸻鹬类，慢慢地，她能够认鸟了。在拉斯格路塔斯以北的绿洲海滩，她找到过非常大群的白腰滨鹬；在港口的沙滩上，她看到过一只用喙在沙子里找食的麦哲伦鸻；在苏打粉化工厂附近，她找到过开始出现锈红色繁殖羽的红腹滨鹬，第一次看到了20只，后来看到了7 000只。

　　她还学习了晚上在海边用雾网捕捉鸟类，为它们进行环志，不料竟会被警察盘问。"一切都很困难。我想聊聊鸻，但我可能会被说成注意力不集中的人。[1] 我希望有人能过来看看这些景象。"在一次厄瓜多尔的鸟类会议上，她见到过盖伊·莫里森，由于语言不通，他们彼此间没有产生更多交集。她见到了荷兰研究者特尼斯·皮尔斯马，他们能够用法语沟通，在他的指导下她写出了研究计划书。后来她又自学了英文，然后开始发表文章。

　　在火地岛和巴塔哥尼亚存在着数量丰富的生物学遗产。"小猎犬号"的斯托克斯船长，在接连面对麦哲伦海峡的漆黑而难以行驶的航道、猛烈的狂风和幽暗错综的森林后发生了精神错乱，继而自尽。新任船长菲茨罗伊重组了船队并考虑到了最坏的情况，打算物色一位随船的博物学家。此时年轻的达尔文拒绝了父亲给他的从医或做牧师的

---

[1] 西语中，chorlito指鸻，cabeza de chorlito指注意力不集中的人。作者以此表明，从事鸻鹬类的研究和保护非常困难，不被人理解。

建议，热切地加入了船队。菲茨罗伊从事水文工作时，达尔文就在海岸上进行博物学研究。正是那些发现和收集启发达尔文提出了演化、适应和自然选择观点。

达尔文沿着内格罗河遍游了离西圣安东尼奥不远的大草原。顺着布兰卡湾的峭壁继续向北，是一处富有生物化石的宝藏。"听闻在萨兰迪斯河边的农舍里有一些巨型动物的骨头。萨兰迪斯河是一条汇入内格罗河的支流，"他写道，"我骑马去了那里……用18便士买到了剑齿兽的头骨。"这些骨头化石很便宜，其中蕴含的知识价值却无可估量，它们最终引导达尔文意识到，动物在地质时间上呈现出的连续演替让物种起源这一"终极谜题"的答案逐渐揭开了面纱。

达尔文是第一批收集剑齿兽和其他巨型动物的骨骼的人之一。它们曾经生活在这里。大象一般大小的大地懒、站立高度可达10英尺的磨齿兽、大小与甲壳虫汽车差不多的雕齿兽和长颈驼，这些都是来自一个早已远去的世界的使者。达尔文穿行在它们的头颅和骨骼间，这些骨头在巴塔哥尼亚一片排球场大小的原始石滩上随意散布着。在另一个沙滩上，他找到了贝类，那些宽度足有1英尺的牡蛎从历史视角告诉我们：这里曾是一片汪洋。

在体型较小的现生动物身上，达尔文看到了这些已灭绝巨兽的影子：在漫步于草原的原驼身上，他看到了长颈驼——一种已灭绝的美洲驼；在个儿大、食草、身形似猪的水豚身上，他看到了剑齿兽；在作为晚餐的犰狳身上，他看到了雕齿兽；在小型树懒身上，他看到了磨齿兽和大地懒。在旅途中他记述道，他那时已经在思考这些发现可能带来的更重要的意义了。"毫无疑问，在同一块大陆上死者与生者之间的绝妙关系将会让地球生命出现和消失的原因更加明了。"

在巴塔哥尼亚，达尔文在鸟类身上看到了另一个支持他对演化的理解的证据：物种不仅在时间上有联系，在空间上也有。高乔人告诉过他，美洲鸵有两个不同的种：生活在里奥内格罗北部、体型大一些的，和生活在南部、小一些的。一天晚餐时分，他意外地"吃到了"支持这个重要想法的证据。那天人们射杀了一只美洲鸵做晚餐，他回忆道："当时我看着它，莫名其妙地忘了自己在思考的问题……等到想起来时，它已经被吃掉了。"不过万幸，没有被吃光："头、颈、腿、翅膀、许多大片的羽毛和一大块皮被保留下来。这些残存的部分组成了一个几近完美的标本，现在在动物学会博物馆进行展示。"尽管这一新物种在动物学界亮相的方式略显尴尬，但它曾以达尔文的姓氏命名。[①]

巴塔哥尼亚的美洲鸵继续带给达尔文以灵感。他和高乔人一起猎捕美洲鸵，他注意到当它们被追赶时，通常拔腿就跑，"它们张开的翅膀，好似鼓满的船帆。"他在巴塔哥尼亚和火地岛看到了其他不能飞的鸟类：企鹅和船鸭。它们飞快地拍打翅膀但飞不起来，因为翅膀又小又无力。船鸭的划水速度可达10节[②]，曾被称为"赛马"，它们在水里前进时会在身后留下一道泡沫的痕迹。他观察到，翅膀对船鸭来说，就像桨对舟；对企鹅来说，就像鳍对鱼；而对不能飞的美洲鸵，就像帆对船。这在他脑海里播撒下关于演化与适应观点的种子。在写《物种起源》时，这三种完全不同的翅膀"至少能够说明，多样化的转换方式是可能的"。

---

① 这只被用作晚餐的美洲鸵实际上是美洲小鸵，英文名为Darwin's rhea。

② 1节即每小时航行1海里。

达尔文得出了演化和自然选择理论。在一所奥地利的修道院里，格雷戈尔·孟德尔种下绿色和黄色的豌豆，奠定了遗传学的基础。遗传学的观点是，基因突变是随机发生的，那些存活下来的个体拥有最适宜当下环境的基因突变，这一观点成为了生物学的基石。DNA 是命运的安排。达尔文的前辈、法国国家自然博物馆的动物学教授让 - 巴普蒂斯特·拉马克提出，有机体会积极地对环境做出反应，将获得的适应性传给后代。他认为长颈鹿伸长脖子去够更高的叶子，因此会生下有更长脖子的后代。这个观点看上去很荒谬。拉马克在贫苦中去世，被葬在了租来的墓地里，其观点也受到了抨击。

长颈鹿并不是以拉马克设想的方式得到了长脖子，但是拉马克的观点正在被重新加以论证。因为在表观遗传学这一新兴领域里，科学家发现，动物应对环境变化而发育形成的性状，能在基因序列不发生改变的情况下传递给后代。吃高脂食物而发胖的雄性老鼠，生下了有糖尿病倾向的"女儿"；暴露在驱虫剂、喷气燃料和杀虫剂中的雌性老鼠生下了有卵巢疾病的"女儿""孙女"和"曾孙女"；暴露在内分泌干扰物中的老鼠也会将疾病传递给后代；昼夜节律被打乱得毫无规律、不可预测的鸡会养成新的觅食习惯，而这些习惯将出现在昼夜节律正常的后代身上。

人们曾认为动物在面对环境挑战时，只会被动地等待基因随机突变，而现在人们知道了，它们会改变自身行为，并且后代能够遗传这种行为方式。20 多年来，冈萨雷斯的老师特尼斯·皮尔斯马和他的同事简·A. 范吉尔斯，对红腹滨鹬应对艰苦的长距离迁徙所演化出的精细调整能力进行了记载。科学家把这种能力描述为表型可塑性。

2014 年，皮尔斯马凭借他对鸻鹬类的研究获得了荷兰著名的斯宾诺莎奖。他的研究揭示了红腹滨鹬 6 个亚种之间的区别——觅食习惯、迁徙时间和距离、繁殖羽的颜色——演化得太快，不可能是随机基因突变和自然选择的结果。事实是，当鸟儿为了与环境高度协调而产生应答时，会形成新的性状，而它们的后代会遗传这些性状。

皮尔斯马和范吉尔斯正在记录红腹滨鹬惊人且可逆的身体变化，它们在风中飞行数日，没有食物，不眠不休。它们不仅能将自身体重翻倍，在空中连续飞行 2 000、3 000 甚至 4 000 英里，而且也燃烧能量，让体重下降，并在下一个停歇点再次增重。在陆地上，它们把胃容量扩增 50%，以适应快速进食。红腹滨鹬会选择柔软、容易消化、高能量的蠕虫或小虾，这样能够让自己较小的胃吸收足够多的热量。消化那些"性价比"较低的软体动物需要大点的胃。欧洲瓦登海的渔民开始捕捞鸟蛤后，红腹滨鹬不再找得到它们所需的食物，它们的胃甚至会变大，这样它们能够消化的食物范围就更大。当它们准备起飞并且不再需要进食时，胃就会重新缩回去。

红腹滨鹬害怕游隼。皮尔斯马和范吉尔斯在瓦登海研究时发现，它们能主动调整肌肉的状态。当它们在沙地上歇息时视野开阔，容易发现靠近的游隼，此时胸肌相对较小。当它们停留在靠近食物的小岛上时，游隼可能从附近海堤突袭，它们需要做好飞快逃走的准备。这时它们的胸肌相对较大，来帮助它们在飞行时完成急转弯以避开猛禽。

正在迅速消失的滩涂或许在考验这种已经具有高度适应性的鸟类的灵活度。当达尔文看着巴塔哥尼亚已灭绝巨兽的骨骼，他想知道它们灭绝的原因。他以不可思议的先见之明提出了这样一个问题：人类和气候变化在它们的终结里扮演了什么样的角色？150多年后的今天，冈萨雷斯、卡瓦哈尔和其他沿着整个迁徙路线上的生物学家都在问同样的问题。他们担心的是，红腹滨鹬纵然灵活可塑，但可能经受不住家园崩溃而带来的伤害，于是他们决定沿着飞行路线为鹬鹬类提供安全的港湾。

　　圣安东尼奥海港的滩涂远端，经过长在沙丘上的芳香植物，绕过一群咕噜哼哼的海狮，来到航道远处的海角，大船顺着潮水从这里进入港口，冈萨雷斯和我在这附近发现了蛎鹬、灰斑鸻、翻石鹬、几只杓鹬以及350~400只红腹滨鹬。我们站在原地，静静等待。棕塍鹬飞进来，红腹滨鹬在海边歇息，它们的脑袋从低低的沙脊后面露出来，也看着我们。在接下来的几个小时里，我们开始悄悄地朝它们慢慢靠近——我从来没有走得那么慢过，每次只挪动几小步。当有些鸟儿被惊到，我们就停下脚步。一旦我们移动得太快，它们就会成群飞走，我们便只好重新开始。火辣辣的太阳把我晒得头晕目眩。

　　最终，我们成功接近了它们。在红腹滨鹬迁徙路线上的研究者们一直在做鸟类环志——它们的腿上戴着旗标，以旗标颜色区分国别：阿根廷的是橘色，巴西的是蓝色，智利的是红色，美国的是绿色。每只鸟的旗标上有由数字和字母组成的编号，这是专属于它的识别信息。为了容易被看到，旗标信息的字体也是经过反复测试后进行的选择。即便如此，准确地识别旗标也是个技术活儿。"人们觉得很简单，"冈萨雷斯一边说，一边用望远镜观察，"但是大脑会骗过你，重新组成另一个东西给你看。你必须准确读出字母。在日光下颜色也会发生变化。"后来在佛罗里达我得到了切身体会：一只红腹滨鹬走了两步后，腿上的绿旗看上去变成了橘色。不过经过多年实践，冈萨雷斯很有自信。我们找到了一只戴旗标的鸟——L6U。跟踪环志的鸟可以让科学家确定它们的歇息点、估计种群数量及其历年变化。鸟类环志网（Bandedbirds.org）已经收集了 15 500 只红腹滨鹬的信息。

现在是西圣安东尼奥的三月。有人将会在五月看到 L6U 出现在特拉华湾的某处海滩上。已经有人在弗吉尼亚州的霍格岛看到过它。接下来几个小时，冈萨雷斯会看到在里奥格兰德和西圣安东尼奥被标记过的鸟儿，它们这些年来也曾在千里之外被看到过。能年复一年地看到相同的鸟回来是很令人舒心的——那些带有编号的旗标证明，这些小鸟能完成漫长的旅程并且成功返回。

太阳开始落山，在暮色下有海豚游过。冈萨雷斯这才意识到时间的流逝。我们回到海狮附近，两位年轻的巡护员，吉麦娜·莫拉和阿米拉·曼达多，在等她一起去喝玛黛茶。在她们刚工作时，冈萨雷斯教她们缓慢、耐心、不被察觉地靠近鸟儿，她们几乎完全按照冈萨雷斯的脚步前进，连脚印都是重合的。她们对鸟儿一见钟情。支持她们工作的资助一直断断续续，但在卡瓦哈尔和冈萨雷斯的热情和奉献精神的感染下，每年她们都会回来。她俩正在念海洋生物学和生态旅游专业，并希望从事这些领域的工作。她们巡护所至的地方干扰较少，后来海狮会带着幼崽到沙滩上休息。一辆四轮驱动车驶过，曼达多向车上的乘客致意，热情地回答他们提出的所有问题，并向他们解释为何要与鸟类和海狮保持一定距离。一个三口之家经过，莫拉用她的双筒望远镜教小男孩如何使用这个观鸟工具。

她们的热情并非每次都能得到积极的回应。有一次一对情侣驾车穿过沙滩径直开向海狮，完全无视巡护员的口头劝告和手势。她们吹了哨。那名男子当即暴怒，说他还要坐船过来，她们是不可能阻止他的。然后他离开了，从远处飘来一句我的朋友不会翻译给我听的当地粗话。

"我们所有工作的基础是坚实的科学，"卡哈瓦尔曾在早些时候告诉我，"但人们来这里是享受日光浴的。在 20 世纪 80 年代，人们不会为了看鲸鱼来这里，而现在，欧洲人会到这里观鲸。我们同样可以启发人们对鸟类的兴趣。迁徙的鸟类把拉斯格路塔斯和西圣安东尼奥作为重要的家园，这里的居民应当为此感到骄傲。"在人们心里注入这样的自豪感是耗时漫长的事情。在去往拉斯格路塔斯的路上悬挂着一条横幅，上面画着一位身着泳衣的漂亮女士，标语是"拉斯格路塔斯，富有情感的环境"。"我们需要通过情感和人们建立联系，"冈萨雷斯说道，"但我们是科学家，要怎么做呢？"

西尔瓦娜·萨维奇是一位在伊那拉夫昆基金会工作的年轻女士，她在巴里洛切内陆山区长大，虽然常常去西圣安东尼奥的奶奶家，但她在遇到冈萨雷斯前从来没有见过鸻鹬类。通过分析人们对鸟类的感受，她注意到，尽管人们在理论上对鸻鹬类的保护表示支持，但很难意识到在海滩上驾驶全地形车和遛狗会对脆弱的鸻鹬类造成伤害。就像冈萨雷斯所言："人们知道鸻鹬类遇到了麻烦，但觉得它们飞走就行了。如果他们打扰了一群鸟，鸟儿可以往任何方向飞走，也不会怎样。他们没有意识到鸟儿的生存需要我们的帮助。"

因此卡瓦哈尔和冈萨雷斯以及伊那拉夫昆基金会的志愿者们呼吁

人们关爱鸟类。在马诺米特保护科学中心的大力支持下，他们筹钱建立了一个游客中心，名为"飞越南纬40度"。在这里人们能幻想与红腹滨鹬同飞的感受。在一个有巨大观景窗的餐厅，人们可以一边俯瞰海滩，一边享用在浅滩捕捉到的章鱼，一边观看真正的鸟儿。阿纳伊·瓦尔韦德和奥拉西奥·加西亚拥有餐厅的长期租约，他们给餐厅起名为哈维尔，在马普切语里这个词的意思是井或者泉眼。他们还在毗邻餐厅的位置建造了一个博物馆，里面有许多美丽的古代器物，记载了特维尔切人和马普切人的历史。在很长一段岁月里，这些原住民曾和鸟儿一起在这里寻觅栖身之处和食物。

在瑞尔国际保护组织的帮助下，伊那拉夫昆基金会开展了多次宣传活动，他们邀请公众了解和关心红腹滨鹬的现状。通过参加活动，公众保护滨鹬的意识大大提高。今天，红腹滨鹬已经成为西圣安东尼奥的标志和伊那拉夫昆基金会的吉祥物。吉祥物名为法比安，是一只戴着围巾、飞行帽和护目镜的红腹滨鹬，取名自安托万·德·圣-埃克苏佩里著写的小说《夜航》（*Vol De Nuit*）。法比安经常到学校和孩子们互动、参加快闪活动，并在沙滩上带头起舞。

伊那拉夫昆基金会的展览引用了圣-埃克苏佩里最受欢迎的书——《小王子》（*Le Petit Prince*）中的一句话："世界上最珍贵的东西看不到也摸不着，只有用心才会感受到。"野生动物学家罗伯特·吉尔和同事对鸻鹬类了不起的长距离导航本领进行了研究，发现斑尾塍鹬在迁徙时会利用风和覆盖整个海洋盆地的天气系统，这是一个之前没有被注意到且目前为止还无法解释的现象。吉尔相信，在任何时候，这些鸟其实都知道它们所在的位置和目的地。他提醒道："人类也是一个群体，我们是否知道自己要去往何处呢？"这句话也同样出现在展览中。

冈萨雷斯和卡巴哈尔获得了由马诺米特保护科学中心颁发的巴勃罗·卡内瓦力奖。这个奖颁给那些为拉丁美洲的鸻鹬类保护做出了杰出贡献的人，每两年评选一次。在西圣安东尼奥，高中选美比赛的获奖者们也很渴望成为保护鸻鹬类的生物学家或巡护员。尽管常常拿不到报酬，但这些年轻的女士还是一年又一年地回到游客中心参与布展，识别返回的鸟携带的旗标，并告诉游客们贝类和海滩对迁徙鸟类的重要性。加布里埃拉·曼西拉还记得冈萨雷斯第一次带她到海滩上学习红腹滨鹬知识的情形："现在我也可以带着人们去观鸟了，然后看着他们打开新世界的大门。"

每年都有一群学生用打工挣的钱从375英里之外来到这里，只为做为期一周的志愿者。他们和冈萨雷斯一起环志红腹滨鹬，并且观察归鸟。"用你的掌心感受如此小的生命时，"一位名叫坎德·洛伦特的学生对我说，"你能体会到保护它的重要性。"埃米·苏亚雷斯把这群学生形容为"H3H的教父母"。H3H是一只他们环志过的红腹滨鹬。他们热切地跟随H3H，看着它吃掉贻贝、蠕虫和蛤蜊，让自己胖上一圈，然后在一个春天离开西圣安东尼奥，经过一段历时9天、没有停歇、长达5 000英里的飞行，抵达佛罗里达州。"在手中捧着一只红腹滨鹬感受它的心跳时，"玛丽亚·贝伦·佩雷斯说，"就是在感受地球的脉动。"哈丽雅特·劳伦斯·海明威和明娜·B.霍尔会以此为傲的。自然保护的先驱从来没有离开过，他们的精神代代相传。

尽管冈萨雷斯和卡巴哈尔为圣安东尼奥的鸻鹬类和海滩培养了众

多巡护者，并如她们所期待的，很多年轻女士开始跟随她们的步伐加入保护行列，圣安东尼奥的红腹滨鹬依然从 1996 年的 20 000 只下降到了 2014 年的 2 000 只。90% 都消失了，原因尚未明了，也许它们的食物供给量在下降。沙滩上随处可见的游泳池、全地形车和熙熙攘攘的人群可能还在侵吞这片家园。由于红腹滨鹬通往北极阶梯的又一个台阶遭到破坏，冈萨雷斯和卡巴哈尔以及伊那拉夫昆基金会可能会再次被召集起来，因为她们所有的善意、这些年她们建立起的所有联盟以及她们阻止苏打粉工厂的所有坚持与勇气。她们成功过，很可能还会再次成功——关于大海的事依然没有任何商量余地。

阿根廷的第一位航空业务总管圣－埃克苏佩里，于 20 世纪 20 年代创建并执飞了最初规划的航线，其中包括在巴塔哥尼亚的一条。在挽歌般的《夜航》里，他塑造的主人公法比安驾驶了一架永不会抵达预定目的地——西圣安东尼奥——的飞机。圣－埃克苏佩里唤起了法比安对天空的渴望，在星空飞行时，他的内心充满壮美、宁静，还有孤独、自由和危险。就像鸟儿一样，他的飞行充满冒险。随着小说展开，夜晚临近。法比安在巴塔哥尼亚的圣朱利安镇落地。10 分钟后，他起飞前往沉睡中的村庄里瓦达维亚海军准将城。法比安正在开拓从南巴塔哥尼亚到布宜诺斯艾利斯这条长达 1 500 英里的新航线，每隔几个小时就停下来收取邮件。他轻松地离开了里瓦达维亚海军准将城，"妥当平稳"地把自己送上了缀满星辰的夜空。深夜里，他仿佛找到了"一个可以停靠的无垠港湾和一种望不见边际的幸福"，在那里他陷入了"飞行时的冥想心境，莫名地满怀希望"。

法比安只依靠指南针和陀螺仪，以及沿途机场用电报发来的天气情况来确定方向。夜航中发生的事故并不总是可以预料。他说事故就像"水果里的虫子，会毁掉一个原本晴朗的夜晚"。没有任何警示，静谧晴朗的夜空忽然消失了。厚重的云层遮住了星辰，从群山呼啸而来的狂风裹挟着法比安。此时飞机只剩一小时二十分钟的燃料，并且没有地方可以着陆。飞机在气流中颤抖，他拼命地保持机身平衡，又抬头透过云层缝隙向上看："那一两颗星星，就像万丈深渊中若隐若现的致命诱惑。只有对它们相当了解才会知道那其实是一个陷阱……不过他对光的渴望如此强烈，以至于他开始进行爬升。"他来到风暴区的上空，自由地飘浮在耀眼的夜空中，"此刻精神上的富足超越了所有的梦想，但注定要失败。"没有人知道飞机降落在哪里。

在西圣安东尼奥的另一个夜晚，日光淡去，夜幕降临，另一架飞机准备妥当，即将起航。一阵风从正前方呼啸而过，然后风转变方向，从南方吹来。海滩上，鸟儿躁动不安。起飞、落下，再次起飞。每次重新起飞，鸟群数量都变得更大。然后，随着翅膀拍打发出的气流声，它们瞬间升起，朝北方飞去，越飞越高，直到消失。像法比安一样，它们会飞过星辰，飞过南十字星座，与猎户座同行。阿根廷人把"猎户"腰带上的三颗星星与剑分别称作三位玛丽（Las Tres Marias）和高乔人的匕首（el puñal）。鸟群以每小时 40 英里的速度飞向巴西，甚至更远。

第四章　丰饶的海湾：
特拉华湾

船擦边靠岸。不计其数的鲎正沿着海岸线产卵。与此同时，密集的海鸟正疾速攫取着散落遍地的鲎卵。天色阴沉，有雨。然而无论是人、鸟还是鲎，似乎都并未被阴雨天气影响。几位绅士从船上卸下沙滩椅和望远镜：奈杰尔·克拉克，来自英国鸟类学基金会，在这个海湾度过了很多个春天后，他现在已经把特拉华视为第二故乡；理查德·迪弗，兰卡斯特大学的网络工程师，他来自英格兰湖区；还有布拉姆·维尔海因，一位荷兰研究者。我们搭好椅子并调好望远镜后，便开始搜寻戴旗标的鸟。这里有很多。在洛马斯湾或西圣安东尼奥，如果我们吵吵闹闹地冒失出现，鸻鹬类会受惊，然后立马原地腾空飞走。这里的海滩上到处都是沸腾的鸟群，为了大快朵颐，它们在沙滩上横冲直撞，对我们视而不见。

鲎像装甲坦克那样犁过湿沙，但这并非整齐有序的前进行动。它们不顾一切地产卵，忘乎所以地叠在彼此身上，爬到我的长筒雨靴上，又或者把自己塞进三脚架之间的空隙中，背上吸附着的藤壶相互之间

"喀喀"碰撞。一些鲎的个头有餐盘那么大。洛马斯湾空旷安宁，而在这里，鸟群沸腾，拥堵程度堪比运输高峰的纽约中央车站。一只游隼猛扑下来，一大群鸟瞬间"炸开"，游隼朝其中一只红腹滨鹬飞速地扎下去。这只滨鹬吓坏了，朝迪弗的望远镜方向飞来。游隼离开之后，鸟群重新安定下来。我们所在的巴克沙滩，是特拉华湾米斯皮利恩港的一段海滩。鸻鹬类从南美洲出发，经过漫长的飞行来到了这个全国最大却最不为人所知的河口，它们已经筋疲力尽，饥肠辘辘。切萨皮克湾北边的特拉华湾，长期以来并未引起上百万美国东海岸游客的注意，可以说是这个国家保守得最好的秘密之一。每年都有几个星期，当人们蜂拥赶赴海滨度假，特拉华湾的海滩上却随处可见一群群鲎和狼吞虎咽的鸻鹬类——这是世界上最大的鲎产卵地和美国东海岸最重要的鸻鹬类停歇点。然而这么多年来，这件事似乎只为当地人所知。

　　一年中大多数时候，那些大而笨拙、如化石般古老的鲎生活在离海岸稍远、更深一些的水域，但每个春天，随着五月新月和满月时上涨的潮水到来，它们会来到岸上。鲎来产卵，鸟来享用鲎卵的盛宴。鸟和鲎总是同时到达，而背后原因却依然是未解之谜。时间是关键。为了顺利到达它们在北极的繁殖地并且成功进行繁殖，红腹滨鹬会利用在此停留的两个星期让体重翻倍。易于消化的鲎卵是一种能够快速补充能量的优质食物来源，能够为滨鹬们下一阶段的飞行提供能量。1986年，鸟类学家J.P.迈尔斯形容此景为"特拉华湾的性与饕餮"——非常贴切。鲎、鲎卵和鸻鹬类在巴克海滩上相互挤叠，仿佛一层厚厚的毯子，几乎找不到裸露的沙滩。洛马斯湾和圣安东尼奥港口的海滩都十分宽阔，这意味着我们需要付出极大的耐心来寻找鸻鹬类。这里，上千只鸟儿你追我赶，匆忙地穿过沙滩，我们就这么等着，看红腹滨鹬腿上的旗标在眼前一闪即逝，而它们的腿很快又被体型更小一些的半蹼滨鹬挡住了。大家在防水笔记本上迅速记录着旗标编码。在英格兰的沃什河口，迪弗需要用单筒望远镜扫视遥远泥滩上的红腹滨鹬。在这里，他气定神闲地坐在喧闹中央。我们距离鸟儿如此之近，甚至不用双筒望远镜就能找到黑腹滨鹬，它们已经换上繁殖羽，每一只黑腹滨鹬的腹部都像被打上了一块黑色补丁；我们也能毫不费力地发现进食方式独特的短嘴半蹼鹬，它们用喙在沙滩上戳食，就像缝纫机针沿着布料移动那样。一切想看的都尽在眼前。

忙碌的鸟儿们用探针一般的喙在沙滩上觅食，或是啄起沙子表面散落的鲎卵。雨下起来，风刮起来，我们都被打湿了，好在天气并不冷。尽管我们已经在这里待了六七个小时，却依然不忍心离开。开始退潮了，不过鸟儿还没有离开。克拉克满腔热情地守在这里，他一整天只吃了一把巧克力豆和杏仁。眼前的景象令人着迷，令人完全意识不到时间的流逝。负责运作特拉华湾鸻鹬类项目的凯文·卡洛兹催促了我们好几次，温和地提醒我们返程时间到了。太阳下山了，客人们都开始前去用晚餐。克拉克不想去，更准确地说是他没办法把自己从这个地方拽走：源源不断的鸟，应接不暇的旗标。他估算了我们周围的鸟类数量，大概有 4 000 只红腹滨鹬、5 000 只翻石鹬、5 000 只短嘴半蹼鹬、5 000 只半蹼滨鹬和 15 000 只黑腹滨鹬——这里堪称鸻鹬类的麦加圣地。

沿着海岸线，红腹滨鹬从南美洲的火地岛和西圣安东尼奥飞越长达 7 500 英里的距离后到达这片海滩，有些红腹滨鹬会在中途停一次，比如巴西佩希湖国家公园南部的潟湖，或巴西北部马拉尼昂河河口的泥滩和红树林。一只编码为 Y0Y 的红腹滨鹬，从乌拉圭和巴西边境飞越亚马孙雨林，到达了北卡罗来纳州的奥克拉科克岛，6 天飞行 5 000 英里，中途没有停歇过。另一只编号为 1VL 的红腹滨鹬，从巴西北部出发穿越大西洋到达特拉华湾，6 天飞行 4 000 英里，中途同样没有停歇。难怪它们饥饿难耐。

开普梅是一个受欢迎的观鸟点，自 19 世纪起就吸引了不少卓越的博物学家和观鸟者，其中包括史密森尼学会的斯潘塞·富勒顿·贝尔德和罗杰·托里·彼得森。直到 1977 年，才有鸟类学家注意到鸟类于此大规模集群觅食的现象。事情的缘起是当地一位假鸟制作师吉姆·塞伯特和他的夫人琼打电话给博物学家皮特·邓恩，后者当时刚刚开始他在开普梅鸟类观测站的工作。这个观测站是新泽西奥杜邦学会新成立的。邓恩后来写了一本书，名为《夏日海湾》（*Bayshore Summer*），刻画了特拉华湾里的那些生命律动。如他在书中所写，塞伯特夫妇曾告诉他"屋子前的海滩上到处都是鸟"。邓恩后来又写了很多关于鸟类和观鸟的书以及论文，他发现海滩上覆满了鲎，还有半蹼滨鹬、三趾滨鹬、翻石鹬和红腹滨鹬——红腹滨鹬相对更多，"比估算中整个北美的数量还要多"。其实他看到的仅是冰山一角。1981 年 5 月和 1982 年，邓恩、克莱·萨顿（他和夫人帕特合写了一本书，名为《开普梅的鸟类与观鸟》［*Birds and Birding at Cape May*］，就是这本书带领我来到那些适宜观鸟的海滩、沼泽和步道，没有它我估计找不到这些地方）、韦德·万德（一位数鸟高手）和著名的鸟类学家戴维·西布莉（我在北美探索时随身带着他写的野外指南等书籍）对此地的鸟类塞伦盖蒂大迁徙做了一次飞行调查。当他们升到空中后，这些像南美洲的莫里森和罗斯那样老练的观鸟大师们简直不敢相信自己看到的景象。

邓恩在书中写道，他"对鸟群的数量已经见惯不惊"，他见过遮天蔽日的大群燕子和"像暴风雨云般"起飞的雪雁。然而，当他见到42万只鸻鹬类像地毯一样"铺"在海滩上，并且其中有9.5万只是红腹滨鹬时，他惊讶万分——何况这还仅仅是每年春季迁徙经过海湾的一部分鸻鹬类。据估计，每1 500万只鸻鹬类中，就有150万只红腹滨鹬，这让特拉华湾成为整个国家最重要的迁徙鸻鹬类的春季停歇站之一。北美洲东部的"其他地方都望尘莫及"，早期研究三趾滨鹬的J. P. 迈尔斯写道。在一个绝大部分地方都已被人熟知或者至少已有人穿越过的国家，我们竟然忽略了特拉华湾这一重要的迁徙驿站。这是为什么呢？

人类历史的书面记载就像化石记载一样并不完整，不是一切发生的事情都能被记录下来。1857年莫里斯·比斯利博士在《开普梅郡的早期历史梗概》（"Sketch of the Early History of the County of Cape May"）一文中写道："由于这里位置偏远……加上人口稀少，除了一本薄薄的法庭记录，我们基本找不到其他资料可循。因此，调查者还得从其他地方保存的一小部分幸免于难的发霉手稿和书中去寻觅……少到不得不去拼凑的零零散散的碎片。"鸻鹬类在特拉华湾大啖鲎卵的历史记录屈指可数，但至少这段历史已经被发现了。仔细研究和努力找到更多资料的过程充满曲折而令人上瘾，这么做都是为了得知那里发生了什么、没有发生什么，以及为什么。

19世纪早期，两个后来成为美国最早和最杰出的鸟类学家的人都去往新泽西考察。约翰·詹姆斯·奥杜邦的目的地是泽西海岸，他带着一位猎手乘着"满载鱼和禽类"的马车，通宵达旦地抵达了大西洋城附近的埃格港。他在海边安营扎寨，捕牡蛎和鱼作为食物，寻找鹭鸟、长嘴秧鸡、燕鸥和鱼鹰。这趟旅程发生在当年6月。1829年5月，在另一次旅程中，他注意到太阳升起时，在附近的大埃格港，一群"多到无法计数"的笑鸥从巢中飞起，向西飞向特拉华河，在太阳落山时又返回了大埃格港。毫无疑问，他是在正确的时间来到新泽西找寻鸻鹬类和鲎的，但可能到错了地方。显然，远处的海湾当时发生了一些大事件，但根据他的旅程记录，我们没法知道那是什么。

另一位美国早期伟大的鸟类学家亚历山大·威尔逊在1810到1813年间6次到过大埃格港，他寄宿在托马斯·比斯利位于海边的客栈里。他应该还去过几次海湾里更为平静的水域，但很难找到相关记录。在寻找鸟类的过程中，他基本全靠步行，从费城到尼亚加拉大瀑布，有时一天行走的路程超过40英里。在冰雪刚刚融化的2月，他划着一艘单人小船沿俄亥俄河漂流了720英里。他牵着马在纳奇兹小道阴暗湿冷的沼泽里吃力地跋涉。或许他没有在写给朋友或家人的信里提到过短途行程，因为相比之下这些行程稍显乏味。他的日记很久以前就遗失了，那里面可能会有相关描述：他的朋友乔治·奥德曾在1828年引述过他的日记内容。奥德是费城的一位运动员和博物学家，也是最后一个提及威尔逊日记内容的人。

从威尔逊的著作《美国鸟类学》（*Wilson's American Ornithology*）

中可以看出，他知道奥杜邦见到的笑鸥要飞往哪里，以及为什么飞向那里。在菲兴克里克河汇入特拉华湾的地方，威尔逊看到了"极大规模"的笑鸥鸟群在"鲨的残骸"上大快朵颐——它们飞上天际，响亮刺耳的叫声能飘到两三英里之外。到目前为止，我还从未听到过那么多鸟的合鸣。威尔逊写道，深入海湾，在莫里斯河旁的埃格岛上，他看到了"数蒲式耳^①"鲨卵"堆在小洞和浅水的漩涡里……沙锥和滨鹬——特别是翻石鹬——徘徊其中，尽情享用佳肴"。根据他的报告，从五月到六月，翻石鹬"基本全靠鲨（当地人称之为马蹄蟹）的卵生活"。他看到了哪种沙锥？哪种滨鹬？他没有写。

他笔下的红腹滨鹬身披灰色的非繁殖羽——他将它们描述为"烟灰色的滨鹬"——和他那时看到的其他鸻鹬类一样，在夏末和秋季，红腹滨鹬以和苹果籽差不多大小的贝类为食。鲨已经回到了海里。他并没有提到是在哪里看到了换上繁殖羽、胸口呈锈红色的红腹滨鹬，因此我们无法知道鲨卵是否会是可能的食物。

我几乎读了威尔逊的全部书信集，还去看了保存在哈佛大学比较动物学博物馆中的恩斯特迈尔图书馆里的信件原件。200多年前书写的信纸，现在古皱斑驳，墨迹褪色。信的内容并无惊喜，但这些脆弱的纸张或许说明，威尔逊可能曾经在特拉华湾的平静水域观察到并且记录下来了一些现象，但后来由于纸张朽坏而不为人所知。

开普梅的居民 J. P. 汉德也是当地的历史学家和假鸟制作师，他热心地寻找了更多关于这段历史的碎片，并且慷慨地送给我一个文件

----

① 1 蒲式耳 =35.24 升。

袋，其中包含了他从旧报纸上收集的相关文章。他在《费城询问报》（*Philadelphia Inquirer*）的一位通讯记者那里看到了一篇 1853 年的报道。在一个无所事事的雨天，这位通讯记者和一位老水手结为朋友，并和他聊了些关于蚊子云、消失的蓝点牡蛎和"鲎的用途"的事情。记者很快了解到"鲎卵是海鸟（seabirds）的春季食物来源"。我多希望当时能够坐在旁边听他们聊天啊。老水手仅仅是看到了鸥等海鸟吗？是否也看到了鹬鸻类呢？

19 世纪后期和 20 世纪，即便全国最负盛名的鸟类学家已到访过新泽西，关于特拉华湾的红腹滨鹬吃鲎卵的资料依然很少。在短短几周之内，铺天盖地的迁徙鹬鸻类纷纷飞抵并停留在特拉华湾，很快又都离开了。前来寻觅的鸟类学家和狩猎者完全有可能错过了这个短暂的时间窗口。《开普梅的鸟类研究》（*Bird Studies at Old Cape May*）一书的作者威特默·斯通曾在开普梅的海上度过了 7 月和 8 月的夏天——远远晚于鹬鸻类和鲎的数量高峰时间。

他记录了上百次——或许是上千次——看到鹬鸻类的场景，以及他和同事看到过鸟的每处海滩。许多海滩的名字反复出现：两英里海滩、五英里海滩、贾维斯海峡、草海峡、赫里福德湾、斯通港、七英里海滩、汤森湾、路德兰海滩、科森湾、佩克海滩、大埃格港、阿布西肯湾、布里根泰恩、小埃格港、长滩、巴尼加特湾以及普莱森特角。每一处海滩都面朝海洋。斯通在东面寻找鸟儿，而鲎在西面的海湾里。费城自然科学院的鱼类展馆负责人亨利·W. 福勒和美国鱼类委员会的理查德·拉思本这些研究鱼类的博物学家发现，泽西海滨的鲎相对稀少：这种动物会选择特拉华湾这样更平静的水域，它们在那里的数量异乎寻常地多。

我想阅读鸻鹬类在特拉华湾的信息，而斯通的鸻鹬类记录描述的是海滩及其毗邻沼泽的情况。查尔斯·厄纳承担了一个为期10年、关于鸻鹬类沿新泽西海岸迁徙的研究项目。"海岸"（coast）在他的研究中是大海的意思。尽管信息缺乏，但几本报告仍然指出了后来才为人所知的鸻鹬类春季迁徙的主要能量来源。沃克·汉德在开普梅住了一辈子，他是邮政管理局的高级雇员，也是一位狂热的狩猎运动爱好者。他没有直接报告海湾发生的事情，而是在翻石鹬身上找出了线索："它们在开普梅半岛上有往返飞行的古老习惯，当成堆的鲎被冲上海滩时，它们就会飞到那里去觅食。"银行从业者和鸟类学家朱利安·K.波特也在一本观鸟杂志上给出了同样的信息。"根据当地人的报告，在（1934年5月）20日，成千上万只鸻鹬类出现在特拉华湾的海岸上，"他写道，"它们是被鲎卵这种食物吸引而来的。"我好希望多看到一些这样的来自"当地人"的报告。

我找到了一份关于海湾的直接观察记录。1948年5月，哈罗德·N.吉布斯来到特拉华湾，他是一位贝类专家、水禽假鸟制作师、钓鱼爱好者以及罗德岛的钓鱼与狩猎运动管理员。他看到过很多鸻鹬类，其中包括红腹滨鹬、灰斑鸻、半蹼鹬和短嘴半蹼鹬，以及其他以鲎卵为食的滨鹬。

这些细碎的观察记录，像一道道亮光射入人们的记忆黑洞。它们提示着我们，鸻鹬类在特拉华湾以鲎卵为食的时间，至少与关于特拉华湾自身的最早记录一样久远。还有其他来过或在海湾住过的人在他们的日记或信件里提到过迁徙的鸟类吗？又或者，像每年在洛马斯湾的牧场上观察迁徙的鲍里斯·斯维塔尼克那样，还有人暂时没有把自己的观察分享给更广大的世界吗？我觉得应该还有我没找到的记录，但目前为止，每一条线索都消失了。

　　一位享誉国际的牡蛎生物学家、来自罗格斯大学的瑟洛·C.纳尔逊，夏天曾在特拉华湾居住和工作过。1939年，他的妹妹西奥多拉取得了博士学位，她的研究对象是斑腹矶鹬。这种鹬比较容易识别：当它走路时，尾巴会频频摆动。她是亨特学院的教授，也是她那个时代唯一一位受雇的女性鸟类学家。毋庸置疑的是，如果她看到了迁徙，一定会意识到它的重要意义。我想知道她有没有到过她哥哥在特拉华湾的小屋，如果她去了，可能会观察到什么。我没找到她写的论文——如果她曾经写过的话，即便多位图书管理员在全国范围帮我查找。我和她的一位学生交流过，这位学生受纳尔逊的影响和启迪，已经成为一位受人敬重的著名鲨鱼生物学家。她现在90岁了。她想尽力帮我，却帮不上忙，另一位和他们挚爱的老师多年来保持联系的学生也没有帮上忙。开普梅图书馆存有至少10家本地报纸自1859年以来的所有档案资料，但它们没有进行过数字化处理也没有索引。我计划在灰暗阴冷的冬季再回到特拉华湾来阅读这些资料。我们或许永远无法知道在威尔逊的时代曾有多少鸻鹬类飞过特拉华湾，但我会继续追寻历史，希望找到一些之前可能被遗漏的只言片语。

　　那时，鲎的数量应该远远超越了我所知道或看到过的任何事物。1857年，特拉华湾的鲎卵"相当密集"，数量多到可以"被铲子铲起来，

用小车来装"。威尔逊在报告里说，在埃格岛附近的莫里斯河口，"那些产下卵的鲨死去之后，成堆的尸体覆盖在海岸上，铺天盖地，绵延不断，即便人在其上连续行走 10 英里，都不会接触到地面"。对于见惯了"稀缺"的我们来说，面对如此规模的充裕程度实在难以理解。现在我连在它们的背上踩着走 10 英尺远都不可能，更不要说 10 英里了。如果威尔逊指的是活鲨，那就更令人兴奋了，但原句的表达很清晰，并且威尔逊是命名过 26 个鸟类新物种的人，他曾与托马斯·杰斐逊就不同鸦类羽冠和颜色的细微差别进行探讨。在全国的鸟类学家中，以他的名字命名的新物种数量是最多的，所以我们有理由相信他能够区分出活鲨和死鲨，而留下我们去面对大量鲨死亡的巨大损失。

特拉华湾的海水中曾经充满了生命力。如今，在人们对海湾进行艰难的修复时，非常值得把海湾的过去作为参照进行思考。17 世纪末，成千上万条鲟鱼涌入特拉华河，冲破了用于捕鲱鱼的渔网。跳跃奔腾的鲟鱼快把船都掀翻了，甚至有些会偶尔跳到船的里面。数量更多的大西洋鲟鱼——约 18 万条——在特拉华湾上游产卵，数量比美国其他地方都多。那些鱼的个头硕大，最大的长达 14 英尺，重达 800 磅。

在本尼的浮标和鱼子酱海角，渔夫能抓到肚里充满鱼子的鲟鱼。他们把鱼肉用于熏制，将鱼子与高品质的德国盐混合，排去盐水，然后把鱼子（现在是鱼子酱了）装到木桶里将其压紧。到了 1888 年，特拉华湾已经成为美国头号鱼子酱产地，收获的鲟鱼占全国捕捞总量的 75%。每天都有满载着大桶鱼子酱的火车从鱼子酱海角开往纽约、费城甚至欧洲（包括俄罗斯）。

海湾里还生活着灰色真鲨、长尾鲨、双髻鲨和锥齿鲨，后者和鲟鱼差不多大。1856 年，在菲兴克里克河的入海口，渔夫捕获了 500 条鲨鱼，他们从鲨鱼的肝脏中提取出鱼油，然后把鲨鱼身体的其余部分作为肥料卖掉。

每年春天，上百万条鲱鱼在特拉华湾上游聚集，游往它们位于特伦顿的出生地产卵。1897 年，美国鱼类委员会的撰稿人马歇尔·麦克唐纳发现："在繁殖季的高峰期，新鲜的鲱鱼是最美味的食物之一。"他的推荐吃法是"板烤"，即把鱼钉在一块干净的橡木板上，然后轻火慢炙；或者用盐、硝石和糖浆把鱼涂抹一遍后，再进行烟熏。这个时节的鱼都又大又重。威尔逊曾在报告中记录，有一次他在比斯利客栈附近看到一只鱼鹰吃光了一条鲱鱼的肉，剩下的残骸足有 6 磅重。19 世纪 90 年代，每年从特拉华湾捕捞的鲱鱼数量超过了从大西洋沿岸任意一条河流中捕捞的数量，重达 1 900 万磅。

牡蛎铺满了海湾。对于它们的甘甜鲜美，人们完全无法抗拒。莫里斯河口的双壳贝湾里帆船林立，街上排列着仓库、杂货铺和一家海关办事处。1892 年，有 4 300 人在新泽西牡蛎工厂工作。那年在海湾，采牡蛎的渔民从泥里挖出了足足超过 100 万蒲式耳的牡蛎。据剥壳的工人记录，一些牡蛎壳有他们的手掌那么大。1886 年，每周都有 90 辆满载牡蛎的厢式货运汽车从双壳贝湾出发开往北方市场。直到 1964 年，剥壳的工人们——大部分是非裔美国人——依然住在工厂附近缺乏自来水和集中供暖设备的破旧排屋里。

我们耗竭了这片原本富足的海湾，包括其中的鲨和鸻鹬类。关于

长距离迁徙的鸻鹬类对这些来自深海的原始海洋动物的依赖，目前最有力的论点或许是当鲎从特拉华湾消失时，鸻鹬类因为再也找不到它们需要的食物而同样消失了。19世纪晚期，这里的鲎曾经几近灭绝。那时，鲎被人们捉来喂猪。在莫里斯河口，威尔逊观察到，饥肠辘辘的猪"在每个春天都冲下海岸贪婪地大口吃鲎，只不过在吃下鲎之后，它们的肉会有一种令人难以下咽的强烈腥味"。

用鲎来喂猪以及给玉米田当肥料，还不足以造成鲎的消失。当住在埃格港的托马斯·比斯利发现了用鲎赚钱的门道时，末日才真正降临。这位具有开拓精神的州参议员曾为全家烹饪过一条从鱼鹰嘴里掉出来的比目鱼作为晚餐，并调制了鱼鹰蛋酒（据说蛋看上去"无比新鲜"，但酒"特别难闻"）。1855年，比斯利把注意力投向了"鲎的潜在价值"，他象征性地出了一点钱，买下了两英里长的海滩，开了一个肥料加工厂。他草拟了一份价目清单后就做起生意来。"工厂从半英里长的海滩上带走了超过75万只鲎……他计算了几天后乘法表就不够用了。"鲎被人用鱼叉叉起来，再用船运回工厂。"上千只鲎像砖头一样被堆到一起"，死鲎被丢进脱壳机，接着像咖啡豆那样进行烘焙，"最后被送进磨粉机，被研磨成面粉一样精细的粉末"。名为"cancerine"的成品肥料被以30美元每吨的价格售卖给马里兰州的果农，这个价格是秘鲁鸟粪肥料的一半，并且它拥有更低的可溶性和挥发性，所以可以保存得更久。于是，在特拉华湾对鲎的捕捞开始变得肆无忌惮。

无数的鲎被做成了肥料。1857年，在开普梅附近的小镇，短短1英里长的海岸上就有超过100万只鲎被捉走。1880年，超过400万只鲎被从特拉华湾捉走,既有在特拉华被徒手捡走的,也有在新泽西沿岸被搭设的堰和网围捞起来的。据说有一匹赛马的名字也与鲎有关。布鲁克林的赛马狂热爱好者从渡口上岸,然后搭上直达新泽西赛马会的火车,只为在一匹常胜冠军马身上下注,这匹马的名字就叫"鲎皇"(King Crab)。我不知道发生在这匹马身上的事情,但对海湾里鲎的过度攫取不会持续太久了。

1884年,理查德·拉思本写道,自从被用作肥料后,鲎的数量急剧下降,"这样的滥捕再持续几年,就会造成它们在这个地区的绝迹"。同样是美国鱼类委员会成员的休·M.史密斯发现:"鲎的数量已不复从前,其主要原因无疑是人们错误地在它们的繁殖季对其进行捕杀——人们往往在鲎产卵和受精前就将其捕捉。不久之后,疯狂的屠杀很可能会让这项盈利的渔业经营逐渐走向消亡。"这样的结局来得并没有那么快。鲎比人类想象中坚持得更持久。

在我的新泽西地名辞典里有一个叫作"鲎登陆"(King Crab Landing)的地方,我试图去寻找它。这条古老的道路已经杂草丛生,路面依稀可见。当地的图书管理员并不知道这个地方,但他们的父母知道。特拉华湾的最后一个鲎肥料工厂曾经就位于这条路的尽头。这个工厂原本属于约瑟夫·坎普,在20世纪30年代由他的儿子富兰克林运营。贝齐·哈斯金曾经照料过老厂附近的牡蛎田,她帮我与厂主的曾孙子巴里·坎普取得了联系。富兰克林·坎普的儿子威利特·科森·坎普还记得,在爷爷那几英里长的捕捞网里,除了鲎以外还有"海湾里的各种各样的鱼"。低潮时,他的爸爸从网里"叉起"鲎并将其扔进一个装有约3 000只鲎的平底船,然后一艘名为"援救号"

（*Rescue*）的拖船会把平底船拖送至一个码头。在那里，鲎由一条传送带送上一辆小型的轨道厢车，在汽油引擎的驱动下，车开往工厂。在那里，鲎被压碎，然后被倒进三个烹饪锅具中的其中一个进行蒸煮。新鲜的鲎肉被放在一个两英寸厚的隔层上摊开，在附近的一个长棚中风干。偶尔鲎肉会引起火灾。威利特·科森·坎普曾经在工厂里帮过忙，他要将鲎肉以每袋 100 磅的标准加以分装，然后把袋子拖下秤。袋装鲎肉会被送到位于卡姆登的肥料分销商和生产商 I. P. 托马斯公司。威利特的妹妹，弗朗西丝·坎普（现在姓汉森），还记得自己小时候曾经爬到厂里的袋装肥料堆上，死去的鲎散发出"难闻的气味"。

弗朗西丝·坎普的儿时伙伴玛乔丽·纳尔逊（瑟洛·纳尔逊的女儿）夏天在海湾生活过。纳尔逊的避暑乡村小别墅位于坎普家的铁轨附近，小屋的名字取自鲎的拉丁名 *Limulus polyphemus*，叫作"鲎屋"（Limulus Lodge）。玛乔丽·纳尔逊回忆她在海湾的童年时光时说道："在这里居住简直太困难了。我们的小屋建在一个沼泽里。我还记得妈妈晒衣服的时候就站在一团团'蚊子云'中。在去厕所的路上要带上杀虫喷雾，一边喷一边向前走。"开普梅是个度假区，那里有舒服的房间和温和的海风。但海湾"是一个以工人阶级为主的地方，人们为生活而努力工作。四处飘散着鲎腐烂后的味道和肥料的恶臭味。我的妈妈会通过焚香来掩盖这种味道"。威利特·科森·坎普也记得这种味道："在任何时间和任何地方，这个味道都一直飘在空气中。"

约瑟夫·坎普去世后，工厂关门了，土地被卖掉了，全家都搬到了市区。威利特·科森·坎普这些年过得越来越好。他的儿子帮忙回忆过去的事情。"我们曾经是坏人。"在我第一次问到工厂的事时，巴里·坎普这么告诉我。不过我不完全同意，因为那个时候，没有人真的明白海湾里的鲨被洗劫一空意味着什么。而且，之后事情也会越发明晰，这段有关鲨的历史不仅记载了鲨所遭受的毁灭性打击，还包括了后来的种群恢复。

　　特拉华湾的鲨被捕捉一空。海湾以外，在那些没有人会把无数鲨变成肥料的地方，有没有鸻鹬类吃它们的卵呢？答案是肯定的。沃伦·哈普古德是狩猎运动爱好者、鸻鹬类射击权威和《森林与溪流》（*Forest and Stream*）杂志活跃的投稿人，他在1881年写道，在特拉华湾北面的马萨诸塞州，红腹滨鹬在猎人口中有不同叫法，比如罗宾鹬、灰背鹬和红胸滨鹬，它们"偏爱吃鲨卵，并且展示出相当独特精妙的"搜找能力：刨抓沙子并"用喙把卵啄出来"。1912年，马萨诸塞州的红腹滨鹬依然在吃鲨卵。鸟类学家爱德华·豪·福布什写道，红腹滨鹬"非常喜欢鲨的卵，往往有翻石鹬在它们边上，后者会把卵从沙子里挖出来"。两位先生都提到，红腹滨鹬和翻石鹬会争抢鲨卵。

　　1940年，就职于美国内政部的鸟类觅食习性专家查尔斯·C.斯佩里发表了关于红腹滨鹬采食鲨卵的科学数据，这大概是这方面最早的记录了。他在研究中分析了红腹滨鹬、长嘴鹬、短嘴半蹼鹬、沙锥和丘鹬的胃内容物。研究时间是从1911到1918年间每年的5月到9月，研究范围是大西洋和墨西哥湾沿岸，以及加拿大的安大略省和格陵兰岛。斯佩里发现，在春天，红腹滨鹬和短嘴半蹼鹬都会采食鲨卵：一只红腹滨鹬的胃里除了鲨卵别无他物，一只短嘴半蹼鹬的胃中装了300来粒鲨卵。

美国地质调查局帕塔克森特野生动物研究中心的迈克尔·哈拉米斯帮我收集了有关红腹滨鹬采食鲎卵的历史观察记录。他研究了斯佩里的手写标签，它们现在还被保存在帕塔克森特。斯佩里研究的红腹滨鹬来自亚拉巴马州、佛罗里达州和南卡罗来纳州。没有一只来自特拉华湾。哈拉米斯在给我的信中说："收集鸟类的人们会去他们喜欢的地方，带走他们能够获得的鸟类。显然，特拉华湾不是一个大家都爱去的地方，并且和人们没有直接联系。"于是，特拉华湾又一次被忽视了。

几乎可以肯定的是，当鲎被捞完时，鸻鹬类就会从特拉华湾消失。邓恩和萨顿都没有找到在海湾的新泽西一侧射击鸻鹬类的历史资料——没有假鸟诱饵、狩猎俱乐部和狩猎记录。萨顿写道，鸻鹬类"压根儿没有在那里出现过。如果它们曾经来过，肯定会被猎捕的"。当海湾里的上百万只鲎被变成肥料的同时，在其他地方，可能有上千只鸻鹬类正遭到射捕——用作科研、狩猎运动或食物。鸟类学研究是建立于研究死亡鸟类的基础上的，诸如不同物种和亚种之间的区别，雏鸟、幼鸟、亚成鸟和成鸟的区别，雄性和雌性的区别以及鸟类的食物。奥杜邦杀过上千只鸟，后来他在画里将它们复活了。达尔文的进化论观点也萌生自他研究的那些化石和射捕的鸟类。

在少年时期，达尔文喜爱射杀鸟类，他对自己射中的第一只鹬印象深刻："在求学生活的后期，我迷上了射击，我不相信还有谁会为了这个最神圣的理由，比我对射鸟怀有更大的热情了。我清楚地记得当我打到第一只鹬时有多么兴奋，我太激动了，双手颤抖得难以给枪重新上膛。这个喜好持续了下去，后来我成为了一名很优秀的射手。"在剑桥时，达尔文在房间里练习射击：他让朋友帮忙摇动一支点燃的蜡烛，然后向火焰瞄准。他不在枪膛内放火药：如果瞄得足够准，从枪管里喷射出的一股气流便足以让烛光熄灭。发出的声音让学院导师以为达尔文喜欢在屋子里甩响鞭。

很多博物学家都有收集标本的强烈欲望。1922 年 7 月，当沃克·汉德和一个朋友在新泽西第一次看到一只短尾贼鸥时，就立刻试图射杀它，"但他们没有枪，于是它安然无恙地飞走了"。我曾在北极的南安普敦岛寻找红腹滨鹬，从而有机会了解鸟类学家乔治·米克施·萨顿在那里的研究成果，他的工作就是射杀或试图射杀他所看到的每一个鸟类物种，且每一种鸟都至少获取一只。不过实际上，他总想得到更多：怀孕的雌鸟、刚刚出巢的雏鸟、"罕见的"冰岛鸥、"不常见的"哈得孙杓鹬[1]和红腹滨鹬。他在 15~20 分钟里就可以完成对一只鸟的剥皮、填充和缝合过程，而且能做到"每根羽毛都完好无损"。在他的研究生涯中，他至少经手了 17 500 只鸟儿。

狩猎爱好者喜爱射击鸻鹬类。"在狩猎爱好者的生涯中，极少有比用假鸟引来一群鸟更令人兴奋的体验了"，罗伯特·B.罗斯福写道。他是鸟类狩猎爱好者、民主党人以及西奥多·罗斯福总统的叔叔。一份春季射击记录中写道，在五月末，猎人们来到泽西海岸找寻"多得无法计数的罗宾鹬和灰斑鸻"。（他们把红腹滨鹬称作罗宾鹬。）他们"艺术地"排列假鸟，让它们看起来像一群正在觅食的鸟。然后，

---

① 中杓鹬的亚种之一。

他们就躲进海藻堆后面。当潮水上涨时，他们用"学校里男生用的那种几分钱的哨子"召唤红腹滨鹬靠近。"一群接一群的罗宾鹬被哨声引至假鸟诱饵处，每次都会经历一场浩劫。"在威特默·斯通开始定期造访开普梅之前，这样的浩劫已经发生过太多次，大部分鲎已经被做成了肥料，很多体型稍大的鸻鹬类遭到了射杀。

"无论秋天还是春天，大家都会射击红腹滨鹬，"鸟类学家福布什写道，"因为餐桌上有需求，它们在市场上总是能卖出不错的价格。红腹滨鹬很容易被引诱，并且经常成群活动，所以一次能打到许多只。"虽然一些人觉得红腹滨鹬吃起来"味道平平，伴有一些腥味"，但人类至少在500多年以前就开始食用红腹滨鹬了。1452年，牛津大学的毕业晚宴由沃里克伯爵的哥哥乔治·内维尔主持，餐单包括鸻、红腹滨鹬、高跷鹬、鹌鹑。红腹滨鹬没有被作为最高贵的餐食，而是被上到了"第三桌"。主桌的用餐者吃的是烤野鸡和天鹅杂烩浓汤。

400年后，红腹滨鹬在厨房中的地位有所提高。纽约的奢华酒店阿斯特之家曾于1849年10月11日接待过亚伯拉罕·林肯，当晚的菜单是烘烤林鸳鸯、短嘴半蹼鹬、鸻、绿头鸭和炙烤罗宾鹬。1887年6月11日，一篇在《好家政》（*Good Housekeeping*）杂志上发表的文章题目为《餐桌供应与经济学：买什么、什么时候买和如何买得聪明》，文章褒赞了一个纽约市场供应的商品，包括1.75美元一打的罗宾鹬、1.5美元一打的小黄脚鹬和3美元一打的大黄脚鹬。亨利·弗莱肯施泰因著有很多关于假鸟诱饵的书，他曾写道，鸟儿被"堆在推车的木板上，拉出草原"，它们被装进木桶里，再通过火车或船只运到城里市场。味道没那么好的鸟被用作包装其他鸟的材料。[①] 最终，并非所有鹬鹬类都能抵达市场。一桶桶红腹滨鹬、翻石鹬和鸻在被运往波士顿的路上变质，然后从船上扔掉了。这样的消费方式导致红腹滨鹬的数量减少，鸟类狩猎爱好者和博物学家乔治·H.麦凯写道："大量红腹滨鹬遭到劫杀，面临着灭绝的危机。"

《莱西法案》和《候鸟协定法案》叫停了以市场为驱动的鸟类狩猎活动。追踪鹬鹬类的博物学家做出了如下评述："在人们停止射杀行为之后，鸟类的数量正在增长，这令人十分欣喜。然而，我们不能再指望这些鸟能够恢复到以前的庞大数量了。"比如对红腹滨鹬来说，"由于在春秋两季被过度猎杀，该物种的数量已急剧下降……目前虽然正在缓慢恢复……但距离数量丰富还有很长一段时间"。人造肥料的应用减轻了鲎的生存压力。到1977年春天，约75 000只鲎来到格林溪（菲兴克里克河的支流）附近1英里长的海滩上产卵，其数量虽然无法与100年前多达上百万只的情形相提并论，不过这已经比1951年人们在此看到的区区几百只要多出许多了。

我继续搜寻着可能被遗漏的历史碎片，虽然这或许只是徒劳。尽管如此，我们对富饶海洋的粗浅理解仍被颠覆过。研究濒危绿海龟的科学家发现，几乎可以毫不夸张地说，绿海龟曾经遍布加勒比海。2002年，绿海龟的数量大概为30万只，与17世纪时生活在此的约

---

① 原文直译如此。大概是指将味道不好的鸟捆扎在其他鸟外面，以防磕碰。

9 100万只成年龟相比，这几乎是九牛一毛。鸻鹬类和鲎在历史上的多度（abundance）以及它们是否、在哪里以及在多大程度上依赖鲎卵等问题都至关重要。面对地球生物正在衰减和退化的世界，我们很容易变得安于现状；若是从动植物的丰富度（richness）和多度来看，它们现在的繁盛程度可能仅有曾经的十分之一。如果意识不到我们失去了什么，我们也就无法想象该去恢复什么，甚至还会觊觎眼下残存的一切，继续施以侵食和掠夺。

在遭受重度杀戮后，鲎与鸻鹬类都存活下来。当邓恩、万德和西布莉飞过布满鸻鹬类的海滩上空时，红腹滨鹬种群在特拉华湾的恢复情况依然未知。他们统计到的15万只红腹滨鹬，或许仅仅是其从前数量的一小部分。但可以确认的是，我在米斯皮利恩海岸上看到的鲎和鸻鹬类那貌似繁盛的情形，只不过是30年之前的一鳞半爪。

第五章　不屈不挠

芸芸万物，生生不息。通过收集地球生命的演化痕迹，我们了解到仅有屈指可数的植物和动物在这里留下了它们曾经来过的记录。在那些拥有能承受起岁月侵蚀的壳或骨的生物中，变成化石的寥寥无几——只有 2% 到 13%。如果红腹滨鹬在演化历程中留下过化石踪迹，那么它们依然静伏以待某日被发现。对鹬科鸟类进行基因定位研究的科学家们认为，红腹滨鹬在 1 600 万至 1 100 万年前成为一个独立的物种。那时，地球温暖干燥，短吻鳄生活在遥远的北方，它们的分布范围北至英格兰，而后来将演变为人的类人猿还不能直立行走。从演化角度来看，红腹滨鹬是从它最近的亲戚短嘴鹬——一种现在生活在美国西海岸、体型敦实的滨鹬——分化而来的。

从那时起到上一次冰河世纪为止，红腹滨鹬发生了数不清的故事。通过在地球气候史的大背景下进行基因重建，黛博拉·比勒分析了红腹滨鹬的祖先分化成为现在我们所知道的六个亚种的过程——如今它们全都在北极地区繁殖，不过会向分布在全球的不同目的地迁徙。在演化过程中，它们承受着极大的压力。在 18 000 到 20 000 年前，冰川扩张达到了最大程度，极地荒漠向南蔓延，冻原面积缩小，它们的筑巢地被隔离开来。这样，一个种群变成了两个。现在，*canutus* 这支最古老的红腹滨鹬亚种在西伯利亚的泰梅尔半岛筑巢，然后飞往西非，在由撒哈拉沙粒堆积而成的泥滩上越冬。而在白令海峡附近筑巢的另一个种群，则乘着暖流向东迁徙，飞越海域，进入北美洲。后来，一次决定性的寒流将它们一分为二——在白令海峡两侧各分出一个种群——这样，两个种群变成了三个。

冰川后退，落叶松和桦树的分布区向前挺进，直逼冰雪边缘，冻原面积再次缩减，在白令海峡俄罗斯一侧的种群又被一分为二。三个种群变成了四个。这两个亚种的迁徙都会途经黄海。其中一个是红腹滨鹬 *piersmai* 亚种，名随鸟类学家特尼斯·皮尔斯马，他的研究兴趣在于该亚种为适应长距离迁徙而进行的那些令人称奇的生理调节。*piersmai* 亚种在澳大利亚北部的罗巴克湾越冬，而另一个亚种则继续飞往南方，向澳大利亚南部和新西兰飞去。再后来，地球持续变暖，森林向北推进，比现在的位置还要偏北，这样，北美红腹滨鹬被分化出来。于是四个种群成为了今天的六个。*roselaari* 亚种或许是所有亚种中种群数量最少的，现在在阿拉斯加和弗兰格尔岛繁殖，沿着太平洋迁徙。*islandica* 亚种离开了大西洋迁徙路线，沿着一条 600 英里长的捷径穿越冰岛和欧洲。或许是因为当时的一场风暴将它们吹向了东边，又或许因为其中几只第一次迁徙的鸟儿不太确定自己的路线，偶然向东偏移，飞往冰岛，然后继续向前飞行，最后在欧洲的瓦登海着陆越冬。我跟随的是沿着大西洋海岸向北迁徙的红腹滨鹬 *rufa* 亚种。

使上一次冰河世纪终结的异常气候现象，不止一次地把红腹滨鹬挤出了它们的家园。气候剧变期间，红腹滨鹬的种群数量骤减，雌鸟仅剩区区 500 只，但总算得以幸存下来。或许当地球再次变暖，它们还将继续存活下去，但现在，它们面对着完全不同的、可能更为复杂的未知压力。今天，那些从火地岛向北迁徙的红腹滨鹬的命运，与一种远在第一只鸟腾空而起之前就发现在海里的原始动物交织在了一起。

　　几乎所有（99.9%）在地球上生活过的物种现在都灭绝了。它们在化石里保留了曾经来过的痕迹，向我们诉说着谁曾经统治过大陆和海洋，谁与世无争地生息繁衍过，谁悄无声息地离开了，以及谁至今犹在。鲎（英文名直译为马蹄蟹），因其马蹄状的壳而得名，其实这种动物与蜘蛛和蝎子的亲缘关系比其与蟹的亲缘关系更加接近。它们一直存活至今，比其他早已从地球上消失的海洋居民更加古老，甚至比洋盆本身存在的时间还要长。原始海洋渐渐枯竭，洋盆慢慢升高，成为现在的大陆群山，而它们，自始至终生生不息，经年累月地在更多新形成的年轻海洋中寻找属于它们的家园，比如大西洋。

　　这些长相复古的动物之古老程度堪比神仙。并不是每块承载了地球历史留痕的石头都已被人发现，新的化石依旧不断刷新着我们对过去的理解。1823 年，在莱姆里吉斯的多塞特郡，年轻的英国女士玛丽·安宁在一片化石储藏丰富的峭壁上发现了蛇颈龙的骨骼，该发现在整个科学界引起了震动。蛇颈龙是一种巨大的海洋爬行动物，此前从未有科学家觉察到它的存在。在北极荒芜的埃尔斯米尔岛上经历了四个采集期的挑拣、刮铲和挖掘后，终于在 2004 年，古生物学家在仔细检查了一块经过剥离的长达 1 000 英里的岩石暴露面后，发现了提塔利克鱼的鼻吻部化石。提塔利克鱼是鱼类向两栖动物演化的关键点，它的鱼鳍正处于演化成四肢的过程中。一块古老得令人惊讶的鲨化石的发现更是意外之喜。而在加拿大的马尼托巴省中部，一位艺术家在寻找用来作画的平滑石板时，偶然间发现了一块古海蝎的化石。

2006 年，加拿大古生物学家格雷厄姆·杨返回了他的研究地点，那是威廉姆斯湖附近的一片偏远的短叶松林，距离最近的城市温尼伯有五小时车程。在那里，他和他的同事发现了一批化石，这批化石中大部分是海蝎和水母；次年，他们又发现了一块看起来像一只小鲨的化石。杨和古生物学家戴维·拉德金沿着一片他们自认为已经了如指掌的岩石海岸线继续寻觅，仅仅六周之后，在马尼托巴省的丘吉尔镇之外、哈得孙湾西面的小海湾里，他们发现了另一块鲨化石。这块石头已经有 4.45 亿岁高龄了，这将之前人们已知最古老的鲨存在的时间往前推进了足足 1 亿年。古生物学家为它们起名为 *Lunataspis aurora*：luna 的意思是月亮，用来描述它们盾状壳的新月形轮廓；*aurora* 则意为曙光，指它们的出现时间非常接近动物在地球上诞生的时间，刷新了科学界对鲨的认识。

很快，*Lunataspis aurora* 作为最古老的鲨的地位就被取代了。几乎与杨在威廉姆斯湖考察的同时，在大洋彼岸摩洛哥的伊尔富德，一位国际化石收藏者与经销商向比利时的古生物学家彼得·范罗伊展示了一件漂亮的化石标本，它来自一种神秘且已灭绝的动物（*Tremaglaspis*），是鲨的一个远亲。当时，范罗伊正在摩洛哥东部的塔菲拉特绿洲攻读博士学位。那位经销商告诉他这块化石来自南方，是在扎古拉县附近的德拉河谷沙漠里发现的，除此之外便不愿透露更多信息。范罗伊在扎古拉县投入了两年多时间，但一无所获。这时那位经销商展示的另一块在同一页岩层中找到的、保存得异常完整的化石（名为 the Fezouata）深深吸引了他。这块化石上的动物看起来就像花园里的潮虫。范罗伊立即决定将自己的学位论文研究重新聚焦到德拉河谷沙漠这片区域 。当时还是个穷研究生的他，手上所有的钱都不够租一辆车，于是他说服了一位的士司机将他带到那里，他们先花了三个小时开到扎古拉，接着又在糟糕的土路上颠簸了两个小时才抵达目的地。这是一个命中注定的日子。自那天起，范罗伊就和穆罕默德·乌塞德·本·穆拉——之前那两块化石的发现者——开始在这片 200 平方英里 [①] 的岩质沙漠上进行合作研究。到目前为止，他俩已经发现了 3 000 块保存完好的化石标本，这些标本来自近 100 种罕见的古海洋动物，未来他们还会发现更多。

他们的发现毫无疑问是非凡卓越的，为人类打开了向 5 亿年前回首瞭望的窗口：海洋里生活着各种怪异而美丽的动物，其实它们的灭绝时间比科学家此前预估的要晚几百万年。他们发现的化石包括一只身披甲片的短腿虫、一个三英尺长的巨型虾样动物、海绵、蛤蜊的远古亲戚、蜗牛和海胆，以及上百个完整的鲨化石。来自这个时期的绝大多数动物已经灭绝了，和我们的存在相比，它们的停留时间经久多了，但与鲨的不屈不挠相比却像白驹过隙。目前，范罗伊和本·穆拉发现的化石是地球上已知最古老的鲨，这把鲨出现在海洋里的时间往前推了整整 3 000 万年。

---

① 1 平方英里 =2.590 0 平方公里。

这些化石证实了鲨的坚韧不屈和强大的适应力。杨和拉德金发现的 *Lunataspis aurora* 曾生活在一片温暖的热带浅海里,而范罗伊和本·穆拉发现的鲨生活在南极附近寒冷深邃的水域中。某天,远方大陆架的高处发生了一场风暴,由之席卷而来的泥土将鲨掩埋,这些鲨最终变成了海底岩层中的化石。古洋盆最终关闭了,地基渐渐升起变成了摩洛哥的群山。经过数百万年的风吹雨淋后,埋藏它们的石块才显露出来。范罗伊打算以本·穆拉的名字来命名摩洛哥的鲨,以致敬这位天赋与才华并存的先生,他的发现往地球演化史里加入了一个全新的篇章。

在岁月的长河中,人类在地球上的停留时间不过是眨眼之间,而鲨作为世界上存在时间最长的动物之一,已生存了4.75亿年。如果地球上动物生命的历史被压缩成一年,那么鲨的出现大约是在春分,而第一只鸟的出现是在秋天,我们人属(*Homo*)则出现在年末——12月30日。当最初出现的鲨在海底爬行时,地球的样子与现在截然不同。热带海洋的水温高达40摄氏度。大气层里充斥着浓度超出今天15倍的二氧化碳,海平面比今天高700英尺。阳光没有那么强烈,而且地球的自转速度也比现在更快,一天仅有21个小时,一年长达417天。由于大陆分裂、新的海底产生,火山爆发破坏了陆地和海洋。那是地球海洋生物多样性激增的时代。

1.5亿年前的侏罗纪时期,第一只鸟出现了。那时候,古特提斯洋边缘是温暖的浅水潟湖,这些区域现在是巴伐利亚的索尔恩霍芬村。

在海洋后退和潟湖蒸发很久以后，石匠来此采集石灰岩，用于制作瓦片和精美的石版画，由此发现了世界上种类最丰富的化石群之一，该化石群包含了550种植物和动物，让我们得以对遥远的过去窥探一二。侏儒鳄和小型恐龙生活在潟湖里的荒岛上。乌贼、鱼、蟹和大型鱼龙在古珊瑚礁附近畅游。地球上最原始的鸟类 urvogel 就是在这里被掩埋，而后被发现的。

1861年，在达尔文发表《物种起源》后仅一年出头，著名的德国古生物学家赫尔曼·冯·迈耶从索尔恩霍芬的一个采石场获得了一块有精致单根羽毛印痕的化石，他说，这一印痕"完全符合鸟类的羽毛特征"。这片羽毛来自地球上最古老的鸟，它和那些现代鸟类的羽毛几乎一模一样。他为它命名为始祖鸟（Archaeopteryx），意为"年代久远的羽毛"。很快，采石场里又有一具始祖鸟的骨架化石被发掘出来，随后又发现了九具骨架化石。

始祖鸟拥有恐龙的牙齿、长尾巴和爪子，以及鸟类的胸叉骨、翅膀还有羽毛。科学家现在弄清楚了，上述"第一片羽毛"是来自翅膀的黑色覆羽。这片羽毛的色素生成细胞、辅助结构和持久性，和现生鸟类的羽毛是相同的。始祖鸟生活在海岸上，它们大概以蝉和蟋蟀或是甲虫和蜻蜓为食，可能在古银杏树或常绿植物上休息。裹挟着雨水的季风也许把这只像恐龙一样的鸟吹到了潟湖，然而始祖鸟并不是最厉害的飞行者，它在潟湖上和疾风搏斗，直至筋疲力尽，终于溺毙。在缺氧的湖底，它们的身体没有腐烂，而是逐渐沉入泥土，在时间的作用下最终变成了化石。

五块厚重的石板揭示了一只鲨在死亡前的行进过程，以及这只鲨的遗骸特征。潟湖是一个死亡陷阱，湖水寂静停滞、咸度极高，水中没有空气，它能让任何跌入或是被雨水冲进去的动物几乎瞬间窒息。落入湖底时仍活着的甲壳类和蛤类，也仅能沿着沙地移动几英寸，然后便迅速死去。石板上嵌入了鲎尾、鲎壳和步足的印记，说明这只鲎在沉入湖中后，是背朝下落在柔软的湖底的，它翻转过身体，然后在泥沙中艰难地移动、挣扎，最终在爬行了32英尺后死去。

对于在一个没有空气的潟湖里来说，这是一段相当长的行进路线，如果是其他动物早就死了。鲎顽强非凡。它们经历了地球上的五次物种大灭绝，这期间它们曾生活在2.5亿年前将大多数生物带向毁灭的海洋，滚烫的海水充斥着高浓度的二氧化碳。它们从小行星撞击地球的那场灾难中幸存下来，那次撞击永远地带走了恐龙。最终，古老的鲎和年轻的红腹滨鹬，这两个物种的生命在某一点交会同行，红腹滨鹬与鲎的福祉相互依存。如今，两者的福祉都将被居住在海边的人类所左右。

我迫不及待地赶回海滩。在海湾的新泽西一侧，一个研究团队正集中在里兹海滩末端的防浪堤附近。来自新泽西禁猎与濒危物种项目的阿曼达·戴伊站在沙堤的凹陷处，她同团队大部分成员在沙滩后边等待着。在靠近海滩的灌木丛后面，藏着来自新泽西野生动物保护基金会的生物学家拉里·奈尔斯。通过双筒望远镜，他正全神贯注地盯着那些随着满潮逼近而从海上飞落沙滩的鸟儿。一位队员守在沙丘旁的发射箱边上，等着奈尔斯发话。发射箱通过电线与三门小型炮相连，炮的另一端则连着一张埋在沙中的网，长度约 30~40 英尺。另一位队员蜷伏在海草线①的位置。他和奈尔斯都带着无线电对讲机。在一大群鸟落地站定后，奈尔斯通过对讲机告诉他："赶鸟。"于是他悄悄地靠近鸟群，通过轻缓地施加空间上的压力让它们慢慢地挪向有网的区域。每一步都要格外谨慎，如果移动太快，鸟会立马警觉地飞走。他的拿捏很有分寸，但这时一只游隼的出现惊散了鸟群。当鸟群回来后，它们距离网又有了一定的距离，于是需要重新开始赶鸟。

我们往往要等一两个小时，网附近才会聚集几百只前来觅食的鸟。为了看到全过程，我已经等了整整一个早上。如果风太大，进入网里的鸟太少，奈尔斯就会取消计划。今天风很小，一大群鸟已经集中在抓捕区，奈尔斯发出发射的口令。网被发射出去，像大浪般扑向鸟儿，在它们飞离之前将它们网住。然后所有人都冲了过去。戴伊等经验丰富的人快速把鸟从网上解下来，其他人把它们放进阴凉处的盒子里。每个人都被指派了任务，在太阳下，我们坐在折叠椅上给鸟儿测量、称重、做环志以及抽取血样。

奈尔斯读博期间的研究对象是猛禽。他坐在椅子上，小心翼翼地给做完环志的鸟儿粘上地理定位仪。昨天晚上，他和志愿者们一起将光敏元件焊接、缝制并粘贴到体积微小的包裹（tiny packs）上，让鸟儿能够戴在腿上飞行。他的焊枪操作技能相当娴熟。这一装置的重量不到半盎司②，每 10 分钟记录一次光照亮度。鸟被再次捕到时，研究者们就可以下载记录器中的数据，然后在地图上绘制出鸟类迁徙路

① 海草线（wrack line）是一种海岸特征，由有机物（如海带、海藻等）和其他碎屑在涨潮时沉积而成。
② 1 盎司 =28.349 5 克。

　　　　　　　　　　　　　　　　　　　　　　绝境

线上的所有停歇点，以及它们分别在空中飞行和地上停留的时长，这些信息目前还很难观测到。英国南极调查局最初发明出地理定位仪以追踪信天翁。来自宾夕法尼亚州的工程师罗恩·波特设计并制作了奈尔斯团队使用的能安装在鹬鸟腿部的光敏定位仪。通过记录和校准地理信息，分析返回的数据，波特绘制出漂亮的地图。奈尔斯、波特和他们的同事从 2009 年起已经装配了 600 个地理定位仪。

和特拉华的研究者们一样，在新泽西工作的研究者也来自世界各地。来自澳大利亚的克莱夫·明顿就是其中之一，他是炮网的发明者。帕特里夏·冈萨雷斯和来自加拿大皇家安大略博物馆的阿兰·贝克一起在海湾数鸟。贝克曾和黛博拉·比勒对不同的红腹滨鹬种群开展过基因研究。盖伊·莫里森也在这里。这些研究者是自成一派的独特物种，他们跟随鸟类在其迁飞路线上"迁徙"，通过追踪编码旗标，关注谁回来了、谁消失了，同时还使用地理定位仪来寻找鸟。你可以想象一个孩子在周游世界后回到家中，然后被其他孩子满怀期待地围住的画面吗？研究者们围在波特制作的地图周围时，就是这样的。通过年复一年地记录旗标信息，他们了解到，每年有多达 90% 的成年红腹滨鹬能回到它们的越冬地及中途停歇地。

海滩上的气氛有一种学院式的平等友善，但为了尽快把鸟放走，每个人都很专注麻利地完成各自的分工。我不太喜欢环志。我觉得自己不够熟练，而我越是紧张，鸟就越是扭来扭去。那些高手都能不慌不忙地完成环志。我的任务是给红腹滨鹬称重，这是最简单的工作了。它们被我捧在掌心，我感受到它们怦怦跳动的心脏渐渐平静下来。跟记录员报完体重，我转向开阔的沙滩和海水，松开手指，每一只鸟的起飞都使我振奋和欣喜。我目送着每一只鸟儿远去。

特拉华湾是美国最重要的鸻鹬类停歇点之一，除此之外，美国关键的停歇点还包括阿拉斯加的科珀河三角洲、堪萨斯州夏延河洼地的沼泽和草甸，以及华盛顿州的格雷斯港。1982 年，莫里森发现鸻鹬类在海湾的特定区域大规模聚集，于是他提议在迁飞路线上设置一系列保护区，而后 J. P. 迈尔斯和皮特·麦克莱恩使这个提议成为了现实。迈尔斯最早就职于费城自然科学院（威特默·斯通供职了 50 年的地方），然后他加入了全美奥杜邦学会。麦克莱恩则是新泽西鱼类、狩猎运动和野生动物部的成员。1986 年，新泽西州的海湾建立了多处野生动物保护区，成为新成立的西半球鸻鹬类保护网络（WHSRN）的第一个地点。具有革新精神的迈尔斯，将参与写作一本广受欢迎的、关于内分泌干扰素的重要著作。他还将成立一家名为"环境健康新闻"的通讯社，旨在报道资源减少等环境问题，这些问题为当今新闻界所忽视。WHSRN 现在已经成为一个国际网络，涵盖了位于 13 个国家的 3 200 万英亩鸻鹬类栖息地，包括洛马斯湾、西圣安东尼奥和很多其他海湾，我将沿迁飞路线一一造访这些地方。

大部分红腹滨鹬沿大西洋向北迁徙，其中 50%~80% 会在特拉华湾停留补给。自 1989 年以来，它们的数量下降了 70%，类似于洛马斯湾的情形。尽管米斯皮利恩港看起来也相当热闹，但现在这儿的鸟群数量，跟邓恩多年前目睹的"鸟类塞伦盖蒂大迁徙"完全不能相提并论。迈尔斯的报告显示，30 年前，鸟群在特拉华湾"以极大数量聚集"——在里兹海滩有 10 万只，穆尔斯海滩上有 35 万只。我还从没有见过这么多鸟。

当鸟类的数量大幅下降时，它们会变得尤其容易灭绝。当如此多的红腹滨鹬依赖同一片区域，再大的数量也无法拯救它们：如果它们的栖息地开始恶化，威胁到少数几只鸟的因素也会逐渐威胁到所有在此栖息的鸟。为避免这一情况发生，自1985年起，戴伊和奈尔斯就开始了勤勉的工作，他们往返于迁飞路线的两端，深入偏远的地区去寻找红腹滨鹬，搜寻每一条有可能解释红腹滨鹬在哪里减少又为何减少的线索，如果有需要，他们愿意花上所有时间——这或许是很多年——来扭转红腹滨鹬的数量下降趋势。

对红腹滨鹬来说，最大的挑战之一来自它们的栖息地。奈尔斯的职业生涯开始于新泽西州政府，在那里，他为鸻鹬类争取栖息地。今天，新泽西海湾的大片海滩和湿地都是野生动物保护区。春天，在鲎产卵和鸻鹬类采食的那几周，州政府会关闭大部分的海湾和海滩。因为全地形车、狗和游泳的人群都会惊吓到鸟，并不是所有受惊的鸟都会飞回来，如果飞去别处，它们就无法找到适合的食物了。在鸻鹬类到来之前和离开之后，海滩是开放的，但是在五月和六月上旬，海滩的入口处会设有封锁条带和解释封锁原因的标识。我不得不承认，在开车到过三个关闭的海滩，眼巴巴地望着延伸出去而我却不能涉足的沙滩时，我真忍不住想从条带下钻过去。但我选择和几个当地钓鱼者一起，他们像我一样想要找到一片能下水的海滩，去抓几条胭脂鱼来做午餐。对于这里的长期居住者来说，他们明白且接受海滩关闭的理由。2013年，一项针对新泽西海滩关闭的民意调查显示，大部分人都持合作与支持态度，其中慢跑者和遛狗的人合作度最低，他们还是会设法进入海滩。

相对于里奥格兰德以及西圣安东尼奥的鸻鹬类被从栖息地上挤走

的情形，新泽西为鸻鹬类和鲎在海滩争取生存空间的积极政策是非常有远见的。然而事实证明，这些举措还不够。红腹滨鹬的数量仍在下降。

我在里兹海滩加入奈尔斯和戴伊的那天很热，不过至少有一丝微风。而我穿过海湾加入生物学家理查德·韦伯的这天，天气酷热到连一丝风都没有。韦伯现在从特拉华大学退休了，和他的团队在特拉华湾的海岸上收集鲎卵。为了抵达当天的第一个目的地，即位于泰德哈维保护区的海滩，我们穿过一大片沼泽，和蠓、蜱虫与蚊子一一打过照面，有队员告诉我，之后会遇到虻。潮水在回落，鲎到晚上才会开始产卵。在开始采集沙中的鲎卵之前，韦伯用脚轻轻踢了踢一只腹部朝天的鲎。这只鲎只是无力地晃了晃，于是韦伯帮它翻过身来。如果鲎在腹部朝天的时候恰好在水边，它们能用长长的、大钉子般的尾巴将自己翻回去。但如果被冲上沙滩搁浅，距离海水太远的话，它们就没辙了。眼看一只鲎徒劳地挥舞着步足，直至最终筋疲力尽的过程是非常痛苦的。多达10%的鲎会在产卵的过程中搁浅。这是一片平静的沙滩，海水微波荡漾，到处是鸟儿的足迹。海滩正在被侵蚀，露出了一块块泥炭沼泽。韦伯告诉我，鲎是不会去泥炭沼泽产卵的。

这是五月一个温暖的早晨，水温大概在17℃。"鲎喜欢这个温度"，韦伯说。在多佛空军基地南部的基茨哈莫克海滩上，潮水已从泥滩上退去，留下那些埋藏在泥沙中、等待再次涨潮的鲎。鲎卵使沙滩透出些许绿色。成千上万随着退潮流向海洋的鲎卵，被海滩上的碎石阻留下来。不断有"看不见的小咬"（即蠓）被我吸入鼻腔。有着一身漂亮花斑羽色的翻石鹬正在挖掘鲎卵。空气中飘过一阵死鱼的腐烂味道。已经失水死去的卵贴在沙滩上：韦伯把它们叫作"黑色沙砾"。

我们的下一站是皮克林海滩，成排的新鲜鲎卵堆叠在那里。鲎卵摸上去像橡胶，尝起来没什么味道，但会在口腔中留下一种酸腥的余味。我们帮更多搁浅的鲎翻过身来。沙滩上有一块标识牌，上面写着"去把它们翻过来吧"，旨在培养人们对动物的同情心。因为鲎与鸻鹬类一样，它们的最终命运是掌握在我们人类手中的。据一位有清晨到海滩散步习惯的女士反映，近年来，她帮助上千只鲎翻过身。在当地一家我时常会留宿的家庭旅馆里，有些客人是来自加利福尼亚州的内科医生，他们每年都会专程来特拉华湾的海滩帮鲎翻身。

我们去的海滩不全是沙质的。上午的工作结束于马翁港。这片海滩正在迅速后退，都退到公路后边的沼泽地里去了。海滩不再是从前的海滩，不过鲎依然会来产卵。枕在路上的乱石块和岩石阻拦了鲎的去路，有的鲎被石块卡得很紧，以至于它们都没办法移动了。撬开笨重的石块来解救一只疲惫的鲎，要花上 10 到 15 分钟。石缝间是成堆的绿色的鲎卵。今天的海滩上到处是卵，而明天就有可能会变天。"短短几个大风天可能就会毁了一切。"韦伯不情愿地承认道。等回到他们在圣琼斯河的特拉华国家河口研究保护区，韦伯和他的队友就会根据调查记录估算鲎卵的数量。海湾的另一边，新泽西的研究者们也在统计鲎卵的数量。鲎卵的数量足够多吗？

当红腹滨鹬从巴塔哥尼亚和火地岛飞抵特拉华湾时，它们消瘦而

疲倦。前方还有 2 000 英里的旅程在等着它们。为了在抵达北极后仍有足够的能量对抗暮春的冰雪，也为了给繁殖所需的生理变化提供必要的能量，它们必须在短暂的停留时间里将体重增加 50% 甚至翻倍。它们并不全以鲎卵为食。在拥挤的特拉华湾以南、弗吉尼亚海岸外的水域，有一系列背靠潟湖与泥滩的障壁岛、沙嘴和浅滩，这是美国东海岸跨度最长的海滨原野。大约每年 40 次的暴风雨反复击打着海滩，切割一个个岛屿，运载一片片流沙。鲎不会靠近这些惊涛骇浪。

　　大自然保护协会的巴里·特鲁伊特研究了红腹滨鹬在弗吉尼亚障壁岛上的历史。据特鲁伊特说，根据文字记录，红腹滨鹬至少在 145年前就打此经过了，那时，鸟类学家刚开始为丰富博物馆收藏而到科布岛上收集鸟类标本。特鲁伊特发给我一份 1879 年的资料，这份资料来自马萨诸塞州剑桥的鸟类学家威廉·布鲁斯特。据布鲁斯特观察，春天红腹滨鹬在科布岛很常见，它们聚集在海岸上采食黑贻贝。在《海滨编年史》（*Seashore Chronicles*）一书中，特鲁伊特提供了来自当时既是演员、律师、小说家，又是猎手的小托马斯·狄克逊的一份观察记录。狄克逊在岛上有一座小屋。书中写道，1895 年，狄克逊看到"成千上万只"胸部赤红的鹬鸟在海滩上"鸣叫和觅食"，它们看上去"几乎只吃"贻贝。特鲁伊特指出，狄克逊会定期乘坐从纽约到弗吉尼亚州开普查尔斯的通宵火车，然后再坐船到科布岛。由于科布岛上有受欢迎的酒店、品质上乘的海鲜以及绝佳的观鸟和狩猎环境，这里吸引了众多来自东海岸的狩猎运动者和鸟类学家。

　　如今，每年春季约有 13 000 只红腹滨鹬在弗吉尼亚州停歇。一年春天，特鲁伊特在霍格岛上寻找戴旗标的红腹滨鹬，他发现这群红腹滨鹬来自世界各地："有两只来自特拉华湾，一只来自霍格岛，两只来自魁北克的格兰德岛，一只来自阿根廷，还有一只来自洛马斯湾。这些刚刚结束长距离飞行的鸟儿看起来都挺瘦的。"在弗吉尼亚州的红腹滨鹬，近一半（43%）都是从智利和阿根廷飞来，这意味着这些长距离迁徙者会在弗吉尼亚的障壁岛以及特拉华湾进行能量补给。

红腹滨鹬会在弗吉尼亚州停留 11 到 12 天。当沙滩向内陆的沼泽方向移动，红腹滨鹬仍然可以采食生长在沼泽边缘的蓝贻贝幼体。它们也吃小型蛤蜊。自 1995 年以来，每年春季到弗吉尼亚的障壁岛停歇的红腹滨鹬数量均保持稳定，然而未来随着海水持续变暖，它们的食物蓝贻贝可能会消失。在短短 50 年内，蓝贻贝分布的最南界就向北移动了 200 英里，即从开普哈特勒斯移动到了特拉华州的刘易斯市，位于特拉华湾湾口。随着贻贝分布区持续向极地方向移动，目前的移动速度是每年 4 英里，最终其幼体将无法向南漂到弗吉尼亚的泥炭沼泽。在 2013 年和 2014 年的春季，特鲁伊特都在弗吉尼亚州看到了大量贻贝，他认为，只有距离海岸更远的、更凉更深的海水，才能够为红腹滨鹬提供足够的食物补给。

在特拉华湾，贻贝幼体和小型蛤蜊的数量都不算丰富。红腹滨鹬无法吞咽大型的蛤蜊和贻贝，即便吞下去，它们也不能消化其坚硬的贝壳。在它们吃下小型贝类之后，需要花些时间将不能吃的部分用砂囊磨碎。那些从欧洲向北进发的红腹滨鹬会在冰岛停留三周，它们以滨螺为食。在冰岛，红腹滨鹬的体重增长率仅为在特拉华湾吃鲎卵的红腹滨鹬的一半。从冰岛到北极的距离不算远，所以滨螺提供的营养就足够了。在弗吉尼亚州，特鲁伊特观察到红腹滨鹬"饱到再也吃不下任何东西"。为增加体重，它们夜以继日地进食，一天可进食长达18个小时。

特拉华湾营养丰富的优质食物吸引了成千上万的鹬科鸟类。鹬鸟都爱吃鲎卵。在海滩上觅食的黑腹滨鹬、翻石鹬、红腹滨鹬、三趾滨鹬和半蹼滨鹬会吃一些沙子，帮助研磨食物。鲎卵是特拉华湾鸻鹬类主要的，甚至可能是全部的食物来源，它们在河口附近鲎卵多的地方聚集。如今的科学家们不再像19世纪那样，只能通过捕杀鸟类来研究它们的食性，而是使用间接的方法。无论是冲洗鸻鹬类的消化道并分析胃内容物，还是检测它们血液或脂肪酸中的氮素标记，所有方法都指明鸻鹬类的食物是鲎卵。

鲎卵富含脂质，而贻贝的脂肪含量低、蛋白质含量高，每盎司鲎卵所能提供的能量是同等重量贻贝的7倍。鲎卵很容易被鸟类消化，其中高达70%的能量将直接转化为脂肪。皮尔斯马发现"鸻鹬类处理食物并快速进行能量补给的能力无可匹敌"，而红腹滨鹬食用鲎卵以储存能量的效率，在整个动物界中都是数一数二的。每年春天，仅一只鲎就能产下8万颗卵。为增加体重，一只红腹滨鹬必须采食40万粒鲎卵；而4万只红腹滨鹬则需要160亿粒鲎卵。科学家进行了估算，现在迁徙路过海湾的翻石鹬、红腹滨鹬、三趾滨鹬、半蹼鹬和黑腹滨鹬总共需要吃掉330吨鲎卵。

鸻鹬类吃掉了那么多鲎卵，鲎却不会受到什么影响。大多数鲎卵都会死去：仅有十万分之一的鲎卵能活过一年。成团成簇的鲎卵在沙地深处静息，在这里，它们可以避开多数鸻鹬类如探针一般觅食的喙。鸻鹬类会找到海滩表层那些被浪花搅起或是雌鲎爬过时翻出的卵。如果没有被鸟或小鱼吃掉，这些鲎卵会变干。米斯皮利恩港的巴克海滩是最早有鲎产卵的海滩。今天，在特拉华湾的其他海滩上，鲎卵密度高达每平方码^①几千甚至几万粒：在米斯皮利恩港，鲎卵密度会飙升到每平方码几十万粒，在新泽西的穆尔斯海滩偶尔也会出现这种情形。米斯皮利恩港是特拉华湾的梦幻海滩，这里的鲎卵总是盆满钵满。然而这还不够。唯有当特拉华湾的更多海滩上出现更多的鲎卵，才足以支撑鸻鹬类在特拉华湾的生存。1991 年，新泽西的海滩上铺满了厚厚的鲎卵——里兹海滩每平方码有 10 万粒，有几段海滩的鲎卵密度达到了每平方码 30 万粒。穆尔斯海滩上的鲎卵就更多了，密度高达每平方码 50 万粒。2005~2007 年，这份丰足已经不复存在：新泽西海滩上的鲎卵平均密度仅为每平方码 4 000 粒。

　　特拉华湾，是红腹滨鹬在北美东海岸最重要的能量补给点，是它们从火地岛至北极的迁徙路途上的关键驿站。后来我了解到，它们在北极的繁殖条件也不容乐观。因此鸟儿必须有足够多的脂肪储备，以确保它们能够撑到夏日来临，从而迎来北极的良好食物条件。如果没有足够的鲎卵，鸻鹬类在离开海湾时会很瘦。1998 年，特拉华湾近 90% 的红腹滨鹬在出发前往北极时，都有足够的能量储备，这些能量足以支持它们抵达繁殖地，如果必要的话，甚至可以保证它们在扛过一个资源短缺的暮春之后，仍有富余的能量来生产可存活的卵。四年后，这个数字下降了三分之二。成年红腹滨鹬的年存活率曾高达90%，如今却骤降至 56%，远低于其他的红腹滨鹬种群。可以说，所

----

① 1 码 =3 英尺 =0.914 4 米；1 平方码 =9 平方英尺 =0.836 1 平方米。

有鲎卵曾经都在米斯皮利恩港这一个篮子里，可这片小小的海滩却无法为红腹滨鹬提供足够多的鲎卵了。

在特拉华湾，填不饱肚子的鸻鹬类可不止红腹滨鹬一种。以脚趾间的短蹼（虽说我经常观察不到）为标志性特征的半蹼滨鹬，其体重的增加幅度和速度都大不比从前了。令人尤为不安的是，半蹼滨鹬在特拉华湾的种群数量下降了75%。还有就是翻石鹬，我很爱看它们互相争夺鲎卵的样子，但它们可能也找不到足够的食物了。在北美洲的东海岸，翻石鹬的数量正在持续且大幅度下降，自1974年以来已经下降了一半以上。

鸻鹬类无法在特拉华湾获得足够的食物，而鲎也再次陷入了困境。奈尔斯注意到，停靠在新泽西海滩的牵引拖车上载满了鲎。这并非偶然。我也曾听别人说过停在路边的大卡车上装满了血流不止的鲎。那画面太残忍了。渔民先是每年从海湾带走几千只鲎，然后是几万只，后来是几十万只。到20世纪90年代中期，他们每年要杀死近200万只鲎，把这些"垃圾鱼"（trash fish）用作饵料。

难怪我从未在海湾上见过鲎卵丰沛的景象，从未见过多到能被人用马车载走的鲎卵，也从未见过威尔逊说的，多到能以蒲式耳为计量单位的鲎卵。到20世纪80年代，当肥料加工厂关张之后，鲎的数量开始恢复，迈尔斯在报告中说："整片海滩上……都覆盖着大量被海浪冲刷过的卵……在一些海浪交汇的地方，卵都堆到两英尺厚了。"我自然也从未见过这般景象。我走过了几乎每一处有鲎产卵的海滩，最多也就看到过几茶匙的量——那是在马翁港，有一小堆鲎卵叠在乱石堆里。

鲨肥料加工厂的教训看来早已被人遗忘，当渔民开始竭泽而渔而鸻鹬类也开始挨饿时，历史开始重演。负责鲨渔业管理的大西洋海洋渔业委员会起初并未介入管理：20 世纪 90 年代，委员会没有对鲨的捕捞设置上限。生物学家和保护机构为鸻鹬类的数量骤降感到担忧。在他们的敦促和坚持下，特拉华湾所隶属的州（新泽西州与特拉华州）、美国鱼类及野生动物管理局和大西洋海洋渔业委员会都意识到鲨正在消失，并于 1998 年开始采取行动，以抑制鲨的数量下降。渔民、渔业管理者和生物学家一直没有达成一致的解决方案：局面变得紧张，谈判也争论不休。这场辩论持续了好几年。直到 2006 年，渔业管理者对新泽西鲨的饵钓捕捞设立了一条禁令，并在其他沿海湾的州制定了限制捕捞的措施，包括任何时候都禁止捕捞雌鲨、在 1 月到 6 月初之间禁止捕捞雄鲨、引入替代饵料以及在湾口新建一个鲨保护区。

这些举措的实施让鲨作为饵料的捕获量减少了 70%。关于鲨捕捞限额的争论依旧激烈。2014 年，经考量，新泽西州议会拒绝了关于终止饵钓禁令的提议书。我听到有人说奈尔斯应该扎根于科研，不要再出来呼吁生态保护的事情了。但如果他和他的团队不站出来呼吁，还有谁会这样做呢？鸻鹬类和鲨不会发声。飓风"桑迪"的后果已经揭示了鲨面临着很多威胁。不仅仅是鸻鹬类，我们人类与鲨的健康和福祉同样息息相关。要是没有它们，人类的生存也将受到威胁。

第六章　蓝色血液

麻省总医院坐落于波士顿，在众多研究实验室、医院楼群以及停车场之间，一栋生产放射性药物的建筑很不起眼，难以想象里面正在进行一个耗资数百万美元的核医学研究和临床项目。这栋建筑背靠人行道，外墙由旧砖砌成，窗户脏脏的，似乎也没有可供辨认的名称或数字编号。临街的这扇门仅对员工开放，而且需要刷卡进入。我向周围询问了一圈大门的方向，没有人知道在哪儿。最后，我在一条巷子尽头发现了一个没有上锁的入口，旁边是一处漂亮的庭院和露台。庭院的正下方，是一间外壁有 6 英尺厚的由混凝土浇筑而成的地下室，里面有一台粒子加速器，它大概有小花园那么大，重量相当于 22 头大象。

医院里有两台粒子回旋加速器，其中一台从凌晨 3 点半起就一直在轰击原子。加速器内部，高能亚原子粒子束以每秒 25 000 英里的速度旋转地穿过一个电磁场。融合的原子被作为示踪剂注射到病人体内，当病人接受正电子发射断层显像扫描（PET scan）时，研究者可以跟踪癌症、心脏病和像阿尔茨海默病、帕金森病这样的退行性疾病

绝境

的发展。像原子弹和核电站中的铀和钚同位素一样，这些新的示踪剂都是放射性的。不一样的是，这些新示踪剂的"生命"非常短暂。被用来制造核武器的钚-239相当稳定，它的半衰期是24 100年。一种在麻省总医院制作的放射性同位素氟-18很快会发生衰变，半衰期仅为109.77分钟。技术人员、化学家和药剂师只有几个小时的时间来制造原子粒子、合成示踪剂、测试纯度，然后注射到患者体内并进行扫描。一旦超过了这个时间，放射性同位素就会分解，示踪剂便失效了。如果示踪剂被细菌污染，病人可能会死于严重的感染。我们即将看到鲎在探测潜在致命细菌方面发挥的重要作用。

　　微生物，这类38亿年前在海洋里率先演化出的生命，如今无处不在：四分之一茶匙的海水里就包含了超过100万个细菌。细菌也无处不在——土壤、空气和水中，甚至是饮用水里。一个人的身体约由100万亿个细胞构成，人体内的细菌数量约为人体自身细胞的10倍：它们覆盖在我们的皮肤上，生活在我们的鼻腔、咽喉、鼻窦里（大约1 200个物种居住于此），还存在于我们的肠道中（在那里，99%的基因都是细菌的，而不是人类的）。可以说，细菌是我们的一部分，它们对我们的健康来说很重要：帮助消化食物、对抗感染和预防哮喘。大部分细菌是无害的，但有一些会释放强有力的毒素，导致肺炎、脑膜炎、食物中毒和百日咳。

　　在药物和医疗设备接触人类血液或脊髓之前，它们可能携带的有害细菌需要被识别并消灭。针对注射剂和医疗设备的细菌感染测试无处不在，全世界的医院和医药公司都在使用。这项测试不仅被应用于放射性示踪剂，疫苗、注射器、静脉药物、输液管、支架、髋关节和膝关节的替代物，以及其他医疗植入体都要先经过这项测试才能投入使用，被注射到肌肉、血液、骨头或皮下组织的药物也是如此。换句话说，所有人都会从测试中获益。它的精确性很重要。我们大多数人、我们的孩子和父母，可能还有我们养的狗和猫咪，都经历过抽血以及静脉注射抗生素或补液剂。如果输液管和针头未经灭菌处理、携带有毒细菌，很多人将会被耐药细菌感染，丧失生命。

在静脉注射治疗的应用早期，很多人死去了。这种现在常规使用的疗法曾经非常可怕，具有高风险。当19世纪早期霍乱横扫俄罗斯和欧洲时，有几个急于找到治疗方法的医生将水、盐水和（或）鸦片酊注射到病人体内。结果令人失望：患者在数分钟或几小时内就去世了。1832年，托马斯·拉塔医生给15位病人进行了注射，其中10人死亡，但这已经是相当不错的结果了。1847年，另一位医生J.麦金托什在给156位病人进行静脉注射前，使用皮革"小心地过滤"了注射液，但这项"创新举措"让事情变得更糟：84%的病人都去世了。

当死亡率如此之高，很难说注射和静脉输液与其他危险而无效的治疗方法有何不同，比如蓖麻油和镁乳、甘汞泻药以及从严重脱水的病人身上放血（多达每两小时1夸脱①）。英国医学期刊《柳叶刀》形容这些非理性的疗法是"雷声大雨点小"，更有批评家毫不客气地指出，这就是"仁慈的谋杀"。

---

① 1夸脱 =0.946升。

尽管那时还很难看得出来，但静脉注射将成为能够治疗霍乱和救命的唯一疗法，使住院病人的死亡率降低70%，但距内科医生找到注射用盐水的正确浓度还有很长一段时间，离能够进行安全的输液则时间更长。静脉注射疗法越来越受欢迎，但与此同时，相关的风险和致命的发热症状也愈发频繁。1910年，一种名叫洒尔佛散的含砷药物被合成出来用于治疗梅毒，并迅速成为世界使用最广泛的处方药。问题也来了，注射洒尔佛散会引起"洒尔佛散热"。手术静脉药物会引起麻醉性发热和手术性发热。似乎每种新药都会引起特有的发热症状：蛋白质发热、海水发热、淡水发热、糖发热以及组织发热。

　　一位年轻的生化学家弗洛伦丝·B.塞伯特为此感到困惑。10年前，有两位先生曾提出了一个新想法，即受污染的水是发热症状的罪魁祸首。这个想法当时被忽略了，直到塞伯特开始她的研究，他们的文章才被注意到。1923年，她在博士论文中发表了这个令人惊喜的发现，证明了虽然每种发热症状有不同的名字，但都拥有一个共同原因——注射液受到了细菌污染。虽然医生料想蒸馏水一定安全，然而塞伯特证明了即使经过高温处理，蒸馏水仍然会被细菌污染。这些细菌能在高温下保持稳定，它们不仅会引起发热，还能引起头痛、发冷、恶心和死亡。将它们去除是关键所在。

　　塞伯特的先驱性研究极大地提高了静脉注射疗法的安全性，这可能是迄今为止最有用的博士论文之一了。她指出了"注射发热"的原因并提出了预防措施，即设计了一个在水被蒸馏时能过滤水中细菌的防御层。据她的同事描述，她的工作"当时看起来平淡无奇，而后被证明在静脉注射治疗和输血的广阔领域起到了至关重要的作用"。塞伯特深入开展研究，精益求精地探索和完善一种让医院和新兴的医药产业都能用来测试静脉注射药物的纯净程度的方法。白天照料兔子，晚上喂它们燕麦和卷心菜，与兔子朝夕相处的塞伯特发现它们的体温仅会发生轻微的波动。如果她向兔子的耳静脉注射被细菌污染的水，它们会立马发热。兔子测试成为美国食品药品监督管理局（FDA）用来评估注射药物安全性的黄金标准。她在高校工作性别歧视最严重的那段时期完成了这项研究，让医药产业能够为医院和在二战期间受伤的军人提供安全的静脉注射设备及注射液。

这些成就似乎已经能够满足最雄心勃勃的研究者了，但孜孜不倦的塞伯特仍在继续求索。她发表了 119 篇科学论文，并解决了另一个困扰科学家的棘手问题。1890 年，罗伯特·科克发现了导致结核病的病菌，但他没能把它完全分离出来。因为没能去除芽孢杆菌中的杂质，所以科克的皮肤测试结果极不可靠。经过 10 年的努力，塞伯特成功地解决了困扰科克的难题，她通过把炸药——一块黏性的棉火药——放置在多孔黏土过滤器上，将杂质过滤了出来。世界卫生组织正式采纳了她的结核菌素试验，直至今天还依旧是皮试的标准。兔子测试后来又持续了 50 年，直到科学家们找到了一种更合适的动物：它不用吃干草和燕麦，当然也不会在任何人的膝盖上寻求拥抱。

马萨诸塞州的伍兹霍尔海洋生物实验室靠近鲨产卵的海滩和沼泽地，这大大增加了取得重要科学发现的可能性。随着好奇的科学家和产卵的鲨同时到来，伍兹霍尔的夏天开始了，而鲨成为了一个备受喜

爱与重视的研究对象。

　　生物学家 H. 凯弗·哈特兰很喜欢他在鲎的眼睛里找到的巨大的光感受器。鲎的学名 *Limulus polyphemus* 源自荷马笔下的独眼巨人波吕斐摩斯，因为它有只眼睛位于壳的中央，就像独眼巨人额头上的眼睛。这些眼睛能感受到月亮和星辰的光线。波吕斐摩斯有 1 只眼睛，鲎有 10 只。在鲎壳的两侧各有一只眼睛，每只眼睛都有 1 000 个光感受器，这在动物当中是数量最多的，是人类视网膜上视杆细胞和视锥细胞数量的 100 倍。另一个光感受器在尾巴上，其余的都在壳的下方（腹面）。哈特兰仔细研究了鲎眼在接收光线后将电脉冲传输到大脑的方式。这为理解人类的视觉奠定了基础。他对鲎眼的研究揭示了动物的眼睛对不同强度的光线做出反应的方式，以及我们人眼感知光线差别的方式。凭借这项研究，他获得了诺贝尔奖。

　　从黄昏降临到次日清晨这段时间，鲎对光线的敏感度会增加 100 万倍。在晚上，它们看东西就像在白天一样。鲎尾部的感光器向大脑发送信号，将生物钟同实际的明暗节律统一起来。其他眼睛会探测身体下面的光，或是在小鲎的其他眼睛尚未发育成熟时，帮助它们找到方向。尽管鲎有这么多眼睛，哈特兰仍然无法确定它们实际看到了什么，他把自己花数年时间"研究一种瞎眼动物的视觉"当成好玩的事来调侃。他的学生罗伯特·巴洛曾经发现了鲎的昼夜节律。巴洛戴上潜水镜下潜，试图了解鲎在水中寻找的是什么，但"在巴泽兹湾的海底度过了很多个寒冷孤寂的夜晚后"，他只了解到鲎会避开月光从他的水下记录板投射下来的阴影。之后，他们沿着高潮线摆放了一些方形和半圆形的水泥铸件（大小与雌鲎相仿），然后等待潮水上涨。此时巴洛和他的同事才开始明白，鲨拥有眼睛的主要原因是为了彼此。

哈特兰和巴洛研究的是鲨的视觉。对其他研究者来说，这种笨拙的动物能够用于提取一种珍贵的药物。革兰氏阴性菌在药物生产和医疗设备产业中受到极大的关注。该细菌的细胞壁碎片中含有危险的毒素，这些毒素不会在消毒过程中失活，即便在细菌本身被杀死的情况下，其毒性仍然能够保留。塞伯特没能找到污染蒸馏水的细菌内毒素——她把它称为"蓝色小恶魔"——但是那些发烧的兔子向她暗示着小恶魔的存在。鲨的血液将被证明是一种更好的指示剂。

1950年和1951年，在伍兹霍尔实验室进行免疫学研究的弗雷德里克·班发现，鲨的蓝色血液在有革兰氏阴性菌存在时会出现凝块。这种凝血剂非常强大，在鲨因致命感染而死亡之前，它所有的血液可能就已完全凝结了。从一项科学发现到它的实际应用之间可能会逝去大把时间。直到12年后，班和来自约翰·霍普金斯大学的血液学家杰克·莱文才成功分离出鲨体内高敏的内毒素检测物，并得到了稳定的化合物，他们将这种物质称为鲨变形细胞溶解物（LAL）：第一个L源自 *Limulus*（美洲鲨的属名）；A意味着变形细胞（amebocyte），即鲨的血细胞；第二个L意味着细胞溶解物。这种物质又被称为鲨试剂，也就是在科学家把鲨的血细胞从血浆中分离出来，再使其裂解之后，依旧安然无恙的毒素检测物。

几年后，来自美国公共卫生局的詹姆斯·F.库珀进入约翰·霍普金斯大学读研。他所感兴趣的核医学这一新兴领域，标志着长期以来的兔子测试即将结束。使用兔子作为实验动物的价格不菲。数量众多的兔子需要笼舍和照料，还要由训练有素的工作人员完成实验操作。

使用被养在极有限的空间中的动物进行药物实验还会引起伦理学问题。对于即将用于医学成像、"短命"的放射性药物而言，兔子测试相当费时费力。龙沙是一家生产 LAL 的公司，该公司的监管事务经理艾伦·伯根森向我解释道："兔子是很容易受到惊吓的动物，它们有时会因为一个陌生人走进房间而突然发热。只有和自己熟悉的人在一起它们才能保持安定。如果你有价值 100 万美金的药物需要测试，你甚至不能让人待在测试正在进行的房间里。"

除此之外，兔子测试并不是百分之百有效。一些头部受伤的病人会发生脑脊液渗漏的情况。医生会将放射性示踪剂注射进病人的脊髓以诊断病情。这种方法风险很高。通过脊椎穿刺注射后，内毒素的毒性将是通过静脉注射的几百倍，而兔子测试检测不到这么小的量。库珀马上看到了 LAL 的潜力。在连续 15 个月的时间里，他发现多达 27% 的病人会因示踪剂而发热，而多达 14% 的病人会因此发展成脑膜炎，一种能够导致中风或死亡的严重不良反应。（相较兔子测试）更为灵敏的 LAL 能够将细菌感染检测出来。

库珀和他的同事们继续探索 LAL 的敏感度。他们从通常出现在人类肠道中的大肠杆菌（*E. coli*）和克雷伯氏菌（*Klebsiella*）中提取毒素，然后将毒素以不同的浓度用在兔子和鲎的身上。克雷伯氏菌是一种抗生素耐药性持续增强的医源性感染源，它能引起脑膜炎、血液感染、肺炎和手术感染。研究者们发现，鲎血对内毒素的敏感度是兔子测试的 10 倍，即便是一些兔子毫无反应的内毒素，鲎血也能检测到它们的存在。尽管如此，LAL 依然是一种未经测试的新试剂，而医药公司也不愿放弃一种已被证明有效的测试方法。1985 年，在 LAL 和兔子测试经历了数千次较量后，FDA 终于认可了 LAL 作为发热诱导细菌替代测试物的地位，它彻底革新了评估注射药物安全性的方法。

巴克斯特是芝加哥一家生产静脉注射药物的公司，它计划开始生产 LAL，但密歇根湖的淡水中并没有鲎。在南卡罗来纳州的博福特县，罗伯特·高尔特拥有大量的鲎。除了捕捞虾、软壳蟹和蛤，他还用拖车把鲎运到纽约，然后卖给打捞海螺和鳗鱼的渔民做诱饵。一天（具体日期他已经记不清了），当一个陌生人到访时，他正带着儿子杰里坐着自制的小船穿过露西海角溪。这个人穿着西装打着领带，罗伯特·高尔特怀疑他是一名保险推销员，于是在一开始拒绝上岸，但是这位不请自来的客人——巴克斯特公司的代表——开出了他无法拒绝的条件。"我那时做诱饵生意挣不了几个钱，"他回想道，"那个人给我提供了一个金饭碗。这家公司会雇我帮他们收集鲎，然后用报纸包好，放到硬纸箱里打包，将它们空运到芝加哥。"之后，当巴克斯特公司在南卡罗来纳州建立工厂时，就将实验室设在了高尔特海鲜公司里，并聘用杰里的妈妈布兰奇作为主管技师，负责给鲎放血，一天处理 50 到 100 只。

研究者们也进入了商海。伍兹霍尔实验室的微生物学家斯坦利·W. 沃森，为他白手起家创办的房地产公司——科德角集团——赋予了新的使命，即生产 LAL。在弗吉尼亚州钦科蒂格岛附近的瓦勒普斯岛上，为联邦政府采集鲎血以制作 LAL 的库珀也开设了医药商店。听闻南卡罗来纳州的鲎体型壮硕且数量庞大，他把家搬到了查尔斯顿，在和渔民的交谈中，他了解到有成千上万的鲎在城市北边公牛湾的沙嘴处产卵。这些鲎是他见过的最大的鲎，并且那里的海水也很干净。他还了解到，在南边的博福特附近，有甚至更多的鲨在隐蔽的罗亚尔港湾的潮沟中产卵。于是他计划把工厂设在查尔斯顿港口的沙利文岛上，但是 1989 年 9 月 21 日，飓风"雨果"的到来淹没了岛屿，也冲毁了岛屿与陆地之间的桥梁。库珀就在机场附近的郊区——一个不那么风景如画但地势更高的地方——重新确定了厂址。飓风的后果之一是海湾水质变差，在工厂刚刚建成时，他没有捉到那么多鲨。

库珀创建的公司现已成为查尔斯河实验室的一部分。芭芭拉·爱德华兹是该公司内毒素和微生物部门的培训经理，她和她的大学室友是库珀的第一批雇员。她们负责清理和查验设备、整理采购订单以及采集鲨血等各种要做的事情。库珀从一家即将倒闭的弗吉尼亚州医药工厂买到了二手设备。他找来了投资者，但由于资本不足，险些失败。由于通过兔子测试的药物使病人发生感染的情况仍时有发生，以及 FDA 加强了管控，医药公司都逐渐开始采用新的 LAL 测试。今天，共有四家大型的跨国生物医药公司利用鲨的血液制造 LAL：查尔斯河实验室，在查尔斯顿运营，也在特拉华湾的"鲨登陆"旧址给鲨采血；瑞士龙沙公司，在切萨皮克湾作业；日本和光公司，在弗吉尼亚州的查尔斯角采集鲨血；以及科德角集团，现在是日本生化学工业株式会社的一部分，在马萨诸塞州的科德角和罗德岛采集鲨血。

约翰·杜伯萨克是查尔斯河实验室内毒素与微生物部门的总经理。他的眼睛和鲨的血液一样蓝。我们聊天时，正值高温天气，我特别渴，不停地大口喝水。他用公司的新产品 LAL 测试卡检测了一下我喝的水。测试结果为阳性，但毒性很低，不足以为之担心。随着医学的进步，人体的心血管和淋巴系统、血液以及脊髓都会直接接触药物和医疗设备，因此，内毒素测试的高敏感性是必要的。刘易斯·托马斯在《细胞生命的礼赞》（*The Lives of a Cell*）一书中写道，人体会将革兰氏阴性菌当作"坏蛋中的极品"来处理。当感知到内毒素的存在，"我们的身体很可能会启动一切可用的防御机制：'轰炸'、剥落、封闭和摧毁该区域的一切身体组织"。结果将是"一片狼藉"，引起发热、发炎、低血压、呼吸困难和窒息、休克以及死亡。为了避免身体对内毒素展开失控的防御作战，人们对药物、疫苗、静脉注射液和医疗器械的内毒素水平进行了限制。LAL 试剂就是用来检验它们是否达标的。

五月的满潮期，海水流入了南卡罗来纳州低地的溪流与河口。这片低地的地势可是名副其实地低，海岸被河流和潮汐冲刷成湿润的沼泽岛屿，与其说是陆地，不如说是海洋。到处都是海的影子：空气中弥漫着沼泽的潮湿气味，道路几乎就要被潮水淹没，生命力旺盛的溪流里到处都是虾和蟹，景致随着海水的来去而变化。在一些几乎与海面齐平的小岛上，在这样持续变化、转瞬即逝的风景里，土地的存在脆弱而又短暂。

高尔特海鲜公司坐落在露西海角溪边。这里有一些居民住宅、几栋低矮的建筑和几辆卡车，前面的标志牌上写着："仅供渔民停靠。其他车辆概不接待。"杰里·高尔特领着我来到他家。进到屋里，有一位妇女正用软布擦拭一只石蟹的大螯，它们呈现出一种漂亮的棕粉色。石蟹是一种公认比龙虾更美味的食物，它们生活在潮沟岸边的泥洞中。19世纪80年代，渔民们捉它们的方式是"冒着被严重夹伤的危险，把手猛地向下伸出几英寸，有时是15到20英寸，够到住在（泥洞）底部的石蟹"。现在，高尔特使用了一种陷阱，但是这种好斗动物的凶猛程度并没有因此减弱。"有个当地渔民的手指曾被石蟹夹断了……适合的抓捕方式和敏捷的动作是不被夹住的窍门。比石蟹动作更快真的很重要。我之前不得不解雇了一个帮手，因为他总是被夹，看着都疼。我总是担心他的手指头会被夹断。"

在另一个房间，清凉新鲜的溪水流进满是蓝蟹的水缸，这些蓝蟹正在蜕壳。趁它们刚刚从旧壳中挣脱出来，身体还没有变硬时，高尔特会把它们运给他的客户。在办公室里，有一个大锅在蒸蟹。我拿到了一盘蟹肉，我整个星期都在吃蟹，但这盘蟹肉肉质饱满，未加过多佐料，只撒了一撮胡椒，堪称最鲜甜的美味。

品尝完毕，当我走上船时，高尔特递给我一副手套，我注意到他穿上了橡胶靴，还在方向盘周围临时搭起了及膝高的胶合挡板。昨晚的潮位很高，所以高尔特收捕了两轮，他在潮水回落前进行了第二次捕鲎。今晚，高潮会晚一点，大概在10点半的样子，所以他打算只收捕一轮。他预计鲎会从晚上7:50开始出现，他在等待"一场大狂欢"。

太阳落山时，我们出发前往华莱士溪、乔万溪和布罗德河，进入了水流错综相连的低地，这里能见到许多有名字和没有名字的溪流以及泥滩，它们每天随着潮水出现又消失。水域变宽，土地的轮廓变得柔和，没入深色的背景，老鹰出现在树上。船员换上了潜水服。我们经过了溪口附近的一大片海滩，那里空无一物。"你大概会觉得这片海滩对鲎来说很棒，但我们很少在这儿看到它们，"高尔特说，"它们的活动地点没有什么规律可循。"

如果说 17 年的经商经验告诉了他什么，那就是鲎的数量看起来增加了一些。高尔特认为这背后有三个原因。第一个原因是"捕虾者现在使用了海龟隔离器"。这种装置的设计是为了避免海龟被虾网误捕，鲎也会从中受益。"第二，捕鲎已经不再用于生产鱼饵了，尽管这一产业之前的规模也并不可观。过去，捕虾者会用死去的鲎在水底做诱饵，现在他们用的是一种混合了干鲱鱼的泥球。第三，你不能继续在这里用拖网了。有了拖网禁令，海底鲎的栖息地就不会被翻动。"这些对杰里来说都是好消息：他收入的 20% 来自于鲎的售卖。

我们经过了一个被鸟群覆盖的低洼小海角。"你可以看出这里有鲎。"高尔特用手势示意那些聚集在海岸上的鸬鹚类。然而，这个海角即将随海平面上升而消失。到某一年，像这片海岸上消失的许多浅滩和沙嘴一样，它可能也会被完全淹没。"这些地方的变化非常大。年复一年，它们不断出现，又经侵蚀而逐渐消失。"地图很快也会过时。在两个自动绘图机和一个深度探测器的引导下，高尔特在这片易变的海景里穿过小溪和河流的迷宫。天光继续变弱，我们沿着帕里斯岛的边缘前往一处牡蛎海滩。高尔特让我下了船，告诉我在他找鲎的时候，我可以四处看看。他的船消失在黑暗中，我没有随身携带手机（很可能带了也不能用）、钱包（也没用）和电筒。我之前看过一张航海地图，但我完全不知道自己身在何方，也找不到我们在哪里。这个夜晚好美。树变成了黑影，牡蛎在闪烁着。这一定是切萨皮克湾 100 年前的样子，在人类夷平牡蛎海滩、带走所有牡蛎以前的样子，以及巨大的珊瑚礁使人类的航海危险重重时的样子。

鲎遍布海滩，它们就藏在满地都是的牡蛎壳里，海滩上随处可见只露出一点的鲎壳。如果有明显被推开的牡蛎壳堆，那么就意味着这下面藏有鲎。在我家附近的潮沟里，鲎和我的手掌差不多大。这里的鲎则超过 1 英尺宽。高尔特回来了。他探出身子拉我上船，白色的靴子在黑暗中发亮，然后他朝黑暗处打了个手势。"那儿，"他说道，"我们要去那里。"我什么都看不到，他却很兴奋："我不知道它们在那里是产卵还是干吗，但出去捕鲎总是那样令人陶醉。"确实令人陶醉——温暖湿润的空气、漆黑的夜晚、海水咸腥的气息、成堆的牡蛎，还有冉冉升起的月亮。每年，满月都会在近地点出现一次。今年，月球的椭圆形轨道距离地球最近的时候就是现在。这个月，满月和月球在近地点出现的时差不到一分钟，创造了一次"超级月亮"，相比平时的满月亮度增加了 14%，看上去大了 30%，它就挂在地平线下方。

我们到达了牡蛎海滩。高尔特凝视着不远处小声说道："它们来了，它们来了。"他的推测没错，现在的时间是晚上 7:52。船员们戴上手套和头灯，把平底小船卸下来，推着它在河里用力前行。风推动着潮汐。高尔特有点儿担心。现在潮水涨到了 9 英尺高，已经与海岸齐平，有可能会将鲎的产卵地淹没。现在，海水里满是向贝壳礁方向行进的鲎。小伙子们只用了 10 分钟就把平底小船装满了，他们把小船中的鲎全部转移到大船上，而后又装了满满两小船的鲎。这下应该够了。在不到两个小时的时间里，我们捕捞到的鲎就多到齐小腿高了。准备返航。甲板上的鲎大概有 4 500 磅（约 900 只）。一条 25 英尺长的船配备一个 250 马力的引擎起初看上去是"杀鸡用牛刀"，不过在装满鲎以后，船都快开不动了。我听见他们讨论是不是多装了 40 来只，超重了。高尔特告诉我，曾经有一条小船因为装了过多的鲎而被压得沉船了。我们的船转入一条通往登陆点的小溪后，船员们开始拿出手机刷Facebook。船在沼泽中穿行。在橡树后面，血橙色的月亮升了起来。

生物医药公司只想要鲎的血液。每年五月大潮期间，查尔斯河实验室的技术人员会给鲎采血。当我早上八点半到达查尔斯顿时，室外的热度和湿度已经让人有点难以忍受了。在建筑物后面的码头上，一位渔夫正卸下拖车上的鲎。他昨夜刚从查尔斯顿北部的罗曼角捕到了鲎，今早把它们运到这里。由于在路途中鲎可能因过热或缺水而死亡，公司是按照鲎的个数付款，他们会检查每一只从拖车上卸下的鲎，排除明显受伤或没精神的，最后再给钱。三个渔民家庭已经为查尔斯河实验室供货很多年了，其中就包括高尔特和他的父亲。

在鲎产卵的月份，送货数量会大幅增加。在最忙碌时，公司会从早上六点开始工作，直到晚上七八点才结束。今天早上就很忙。当鲎进入工厂后，它们先是被刮去身上附着的藤壶，然后被送去洗浴站——一个又长又深的灰色金属水槽，工人们管这里叫鲎的"水疗中心"。在这里，它们将被一一测量，个头小的会被舍弃，剩下的用冷水冲洗干净，再浸入消毒水中，然后被送到"集结待命区"（staging area）。在这里，它们被带子固定在带轮不锈钢台面的一排架子上，以便工人们为其采血。等待时间不会太长。一排采血完毕的雄鲎刚被推走，紧接着就有一排雌鲎被推了进来。工作人员身穿实验服，戴着面罩和手套，头上套着发网。他们用酒精喷洒鲎的身体，然后用14

号针插入鲨心脏周围的膜，血就流了出来。

　　人类的血液中包含铁离子，铁离子在有氧气存在时会呈现出红色。鲨的血液中含有铜离子，流到玻璃瓶里时会呈现出发白的蓝绿色。8到10分钟后，当所有的鲨都采血完毕后，工作人员会将它们送回拖车处。拖车上方有一个遮阳棚，渔夫在这里等着。当他带来的所有鲨都被采完血后，他会把它们放回海里。

　　装满一个瓶子需要两三只鲨的血液。为消灭瓶中的细菌和内毒素，带着箔盖的瓶子已经在高温烤箱里烘烤了3个小时。尽管如此，每隔一段时间，瓶内还是会发生血液凝固的现象，这意味着血液被污染了，于是工作人员就会将它扔掉。这种对毒素的警示反应赋予鲨和它的血液极高的价值。如果我们的免疫系统无法对抗某种感染，医院会为我们准备一系列疫苗和抗生素。而在遥远的大洋中，鲨只能依靠自身的防御系统，当被有毒细菌入侵时，该细菌周围的血液会立马凝固，通过隔隔细菌来防止全身感染。鲨的血细胞会将细菌固定、灭活，最终将其消灭。当有内毒素存在时，一种叫作因子C的蛋白质会引发一系列反应，使得鲨血凝固。库珀认为，或许正是这一套精妙的免疫系统帮助鲨一直存活至今。"我们最大的天敌其实是细菌，"他说道，"当我们的身体对抗有毒细菌时，有时会反应过度，不惜损伤自己来消灭细菌毒素，而鲨能够与之对抗。"

　　在这一整天的时间里，技术人员会把蓝色血液转化成"液态黄金"。他们将血液离心，分离出血浆和血细胞，然后添加无菌水。当淡水渗透到高盐度的血细胞中时，细胞会变得富有弹性、充满水分，最终因渗透压的作用而破裂。破碎的细胞壁下沉，浮在上层的物质就是毒素检测物 LAL。技术人员会对其进行进一步的加工与检验，然后将这瓶淡黄色的液体冻干并封存。

我来到麻省总医院的那天，工作人员正在检测 LAL 的灵敏度。丹尼尔·约克尔是一位一直对化学感兴趣的核药剂师，他担任医院 PET 中心放射性药物生产机构的 PET 化学产品经理。每一天，他都会监管三到六批放射性药物的生产。我到的那天，约克尔正在和两位技术人员进行一个项目，他们用粒子加速器轰击富氧水，将氧与质子和中子融合来形成氟-18，即氟的一种放射性同位素。他们还在制造碳-11，也是一种放射性同位素。因为它的半衰期只有 20 分钟，所以他们必须制造出比进行一次 PET 扫描所需更多的量。

在一个没有窗户的房间里，技术人员在一排电脑上监控生产情况。依据所需同位素的量的不同，轰击原子所需的时间也不一样，对碳-11来说需要花大概 30 分钟，对氟-18 来说则要长达两个小时。放射性物质通过管道进入地下的铅热室，它们将在这里被合成为用作 PET 扫描的示踪剂。技术人员要穿着为生产这些药物所需的超净环境而设计的服装。当他们去往小格子所在的房间时，地板上的蓝色黏性胶带会去掉鞋底的泥沙。一个铅玻璃视窗可以使他们免受放射性物质带来的伤害。

当我的女儿因盲肠炎住院时，鲎血保证了她的静脉输液管和药物中没有高水平的内毒素。多年来，我的每一位家人都接受过疫苗注射，用于预防百日咳、破伤风、肝炎、麻疹和流感。鲎血保证了我们在医院里接受的这些疫苗和静脉药物是安全的。2013 年，医生在美国前总统乔治·W. 布什的心脏里放了一个支架，以撑开他阻塞的动脉。第二天他就回家了，没有出现任何并发症或感染，这也要部分归功于鲨血，因为鲨血确保了植入人体的医疗设备是没有内毒素感染风险的。

LAL 内毒素测试无所不在。而使这项测试成为可能的，是我们绝大多数人从未见过或听闻的鲨。仅仅在 2013 年冬天，就有总共 1.345 亿剂流感疫苗被发放到了美国各地。在美国，医生每年会为心脏病患者植入 50 万个支架，制造商会卖出约 3.3 亿个静脉导管，300 万名眼睛看不清的白内障病人会使用人工晶状体。心脏支架和人工晶状体，人工髋关节、心脏起搏器和隆胸植入材料，静脉注射用抗生素、化疗用药、疫苗和胰岛素，用于给药的注射器和各种导管，上述产品制备阶段的用水……以上所有，都是依靠鲨的蓝色血液来进行安全测试的。

放射性示踪剂的使用在持续增加。我有一位朋友在麻省总医院治疗卵巢癌，要等化疗进行一段时间之后她才能得知治疗的效果，即要等到计算机体层扫描（CT scan）结果显示肿瘤已经缩小了才行。这样漫长的等待时间可能要被缩短了。"放射性示踪剂从根本上改变了肿瘤的治疗方式，"在我们穿过实验室的路上，约克尔告诉我，"代谢亢进的肿瘤会摄入异常多的葡萄糖，当它们捕获了含有放射性氟标记的葡萄糖，医生就能够看到肿瘤的分子变化，从而提前数周甚至数月就知晓化疗是否对癌症有效。"在得知她的药没有起作用前，我的朋友已经接受了数轮化疗。她目前接受的是最常用于骨髓癌治疗的代谢分析疗法，能在早期就将癌症患者引导到最有效的治疗方法上。是鲨血让这些新的疗法成为可能。

正在进行的研究项目提出了放射性药物的其他潜在应用。我在约克尔实验室的这天得知，一种示踪剂将被用于一位阿尔茨海默病患者的大脑受体成像。美国有八分之一的老年人（年龄 65 岁以上）受这种疾病困扰，人数高达 520 万。另外 130 万人患有路易体病，其发病原因也尚不明确。我的爸爸就死于路易体病。他曾热衷于滑雪和网球运动，但当他患病后，他几乎无法穿过房间，清醒程度也在下降。我不愿去回忆他的晚年。情况好的时候，他心满意足地坐在他最喜欢的椅子上阅读《纽约时报》，只是报纸拿反了；或是深情地凝视着客厅，和一只去世多年的爱尔兰长毛猎犬聊天。在情况糟糕的日子里，他感到困惑和沮丧，他会对他的银行账单表示不解，重复地问我 18、180 和 1 800 之间的区别。那真是令人心碎。约克尔认为，放射性示踪剂或许最终可以帮助确定这些让人变得虚弱的痴呆症的病灶，并追踪病情进展。当我爸爸更年轻、头脑和肢体都更灵活的时候，他和爱人在马萨诸塞州的法尔茅斯租了一栋房子。他带着当时还在蹒跚学步的我的孩子去附近一个有很多鲎产卵的海滩玩耍。看着那些笨拙的动物，他和我都不曾意识到，有一天会是这些动物得以让人类理解这种夺去他生命的疾病。

我到达麻省总医院时是上午 11 点半。现在是下午 1 点了，约克尔和我还要去最后一个地方。在放射性示踪剂被合成、灭菌和纯化后，它将会接受品质控制测试，测试内容包括 pH 值、透明度、杂质和药物制造过程中残留的溶剂等，核对清单长达 30 页。他拿出 LAL 测试盒和内毒素测试结果。测试盒很贵，每件 40 美元，但速度很快，只要 15 分钟就能给出结果。旧的测试会花上 1 个小时。病人正在等待，新的药物整装待发。

第七章　数数

　　每当潮水上涨的满月或新月时分，就会有大量科学家和志愿者沿着美国东海岸对上岸产卵的鲎进行计数。他们的路线是从佛罗里达州和佐治亚州向北行进穿过长岛，进入马萨诸塞州和新罕布什尔州。海上，旧渔船上的科学家们正用拖网作业，他们要计算鱼类、甲壳类、水母和鲎的数量。在海滩和飞机上，他们对鸻鹬类进行计数。他们还记录海滩的侵蚀速率，并且计算修复海滩需要多少卡车的沙子。计数工作一刻也不能停。

　　2004 年，科学家在特拉华湾数到的红腹滨鹬最高数量是 13 000只。2012 年，这个数字上升到了 25 000 只，与在 20 世纪 80 年代邓恩看到的 95 000 只还有很大差距，但这也是好的迹象。（因为一部分红腹滨鹬可能在人们数到最高数量之前就离开了海湾，还有一部分可能在那之后才到达，所以在此经过的红腹滨鹬总数应该更多一些。科学家依据模型对总数进行了估算：2004 年，17 000 只；2012 年，45 000 只。20 世纪 80 年代没有可比较的数字，一些科学家认为当时有 15 万只。）

2013 年和 2014 年的峰值数量保持不变。看上去，多年来对捕鲎行为坚持不懈的管控，已使海湾中鲎和红腹滨鹬数量下降的情况逐渐得到遏制。米斯皮利恩港的沙子厚度在慢慢增加，这里继续为迁徙鸻鹬类提供大量的鲎卵，而其他几个海滩上的鲎卵密度也开始上升，部分是因为飓风"桑迪"过后海滩的恢复。更多的鸟——半蹼滨鹬和红腹滨鹬——已能够增加到足够的体重，以支持它们向北的长途飞行。2013 年，46% 的红腹滨鹬增重成功，圆滚滚地离开了海湾；2014 年，这个数字上升到 53%。

这些振奋人心的数字令人欣慰。不过，要确定它们数量没有停止下滑还为时过早。2012~2014 年间，海湾的条件尤其有利于鸻鹬类的迁徙。没有大风暴，没有疾速西风搅起海浪，把鲎逼到有庇护的潮沟中产卵，也没有寒潮推迟鲎前来产卵的时间。一个小小的天气变化就能打乱鸟和鲎之间的微妙和谐。2008 年，猛烈的东北风和海浪让红腹滨鹬遭受重创。鸟到达时，鲎仍在海水中寻求庇护。在红腹滨鹬离开后，特拉华湾海岸上的鲎卵密度才达到顶峰；只有不到 15% 的鸟在离开前增加到了足够的体重。在这一年，直到 6 月 5 日，拉里·奈尔斯还能看到多达 4 000 只鸟在海滩上游荡觅食。到那个时候，鸟要及时到达北极并且成功繁殖已经相当困难了。

时机就是一切。如果冬季延长，而海湾在五月中旬以前没有变暖，那么当鸟到达时，鲎可能还没有开始产卵。此外，鸟在一个补给点遇到的难处可能会对整个迁徙过程造成不利影响。如果红腹滨鹬在南美洲滞留，如果火地岛或西圣安东尼奥的食物短缺推迟了它们的离开，它们就会没有充足的时间在特拉华湾停留，以增加到必要的体重。无奈特拉华湾爱莫能助，因为这里的鸻鹬类数量还没有高到能够应付自然干扰带来的负面影响，更别说我们人类还会给它们带来更多的干扰。阿曼达·戴伊是这样描述的："当鸻鹬类的数量减少，它们熬过艰难时期的能力会很弱。中途停歇地处在这种状况下的时间越长，鸻鹬类的命运就越容易变成一场俄罗斯轮盘赌①。"

海湾里红腹滨鹬的数量可能稳定下来了，但是种群数量还远远没有恢复。这些数字给种群恢复带来了希望。然而，就像远道而来的鸻鹬类，它们在特拉华湾只是做短暂歇息，它们前方还有很长的飞行旅程，种群恢复也还有很长的路要走。从奈尔斯的视角看来，挽回鲎的努力进行了 15 年，都还没有取得胜利。来自新泽西奥杜邦学会的戴维·米兹拉希负责监测迁徙经过特拉华湾的半蹼滨鹬，他对此表示同意。"我们还没有达到目标，"他在电话里告诉我，"鲎卵依然不像曾经那样丰富。现在的数量只够支持很少一部分经过海湾的鸟，但还不足以重建衰退的种群。"之后，他又换了种方式解释："只有当特拉华湾的鸻鹬类种群数量不断增加，且它们的能量状况有所提升时（即鸟的数量更多且体重增加），才说明鲎的种群数量是在提升的。"不断减少的鲎或许可以支持不断减少的鸻鹬类，但还是没有足够的鲎卵能维持红腹滨鹬恢复后的种群数量。鸻鹬类依然处在绝境边缘。鲎卵的密度跟之前不能比， 红腹滨鹬的数量依然只有之前的三分之一。举步维艰的还有翻石鹬和半蹼滨鹬。

理论上，鲎捕捞业的限制条款在允许渔民继续捕捞鲎做饵料的同

---

① 俄罗斯轮盘赌是一种冒着不可预知的风险进行赌博的死亡游戏，赌具是左轮手枪和人的性命。

时，还应保证海中留有足够多的鲎让其种群得以重建。然而，在超过10年的管控后，在纽约和新英格兰，鲎的生存状态依然在走下坡路，年度捕捞不再可持续。据美国鱼类及野生动物管理局的资料，特拉华湾的鲎种群数量的上升已"停滞"。鲎的数量并没有反弹。海湾中幼年鲎所占的比例上升预示着种群数量的增长，这个指标在2009年有所上升，但是后来又下降了。成年雌鲎的数量也没有上升。科学家估测，特拉华湾曾经可以满足1 400万只雌鲎的生存，而现在这里仅有400万只。

或许留给它们的时间还不够。雌鲎需要8到10年才能发育成熟。但目前为止，亚成年鲎的数量理应在更迅速地上升。捕捞配额或许定得太宽松，很难让鲎和红腹滨鹬的数量恢复到20世纪80年代的高水平。在现有的计划下，监管者们设置的目标可能太低了：要使雌鲎增加到海湾能承受的一半数量，将会花上几十年，或许长达60年。此外，在为了保护红腹滨鹬而设计的条款里，没有考虑到数量同样在下降的翻石鹬和半蹼滨鹬的需求。既然鲎对人类和鸻鹬类的健康都如此重要，或许是时候考虑是否有必要捕获那么多鲎来做饵料、被杀死的鲎的数量是否超过了捕捞配额，以及为什么种群数量还没有回弹的问题了。

在秋天的雨夜里，在满月和新月的潮汐中，鳗鲡（俗称鳗鱼），一种习惯于生活在黑暗里的生物，从泥泞的池底现身了。它们穿过河溪进入海洋，游到遥远大西洋的马尾藻海里产卵。春天，处于玻璃鳗期、浑身透明的年轻鳗鱼，追寻淡水的气味返回河口。像红腹滨鹬一

　　　　　　　　　　　　　　　　　　　　绝境

样，它们也是了不起的迁徙者，会游到内陆地区，远至密西西比河的支流和安大略湖的边缘。不过和鸟类不同，它们一生中只进行一次这样的长距离往返旅程，产完卵便死去了。它们的分布区北至纽芬兰岛，南至法属圭亚那。它们曾经在北美洲数量丰富。17世纪初期，于纽约的奥农多加湖，耶稣会传教士亲眼目睹了1 000条鳗鱼在一个晚上被鱼叉刺死的场面。普利茅斯的殖民者们用大桶来装鳗鱼。在东海岸的溪流中，每四条鱼中就有一条是鳗鱼。新泽西的渔民把鲨放在橡木桶里，用作饵料来诱捕鳗鱼，据说切开的雌鲨效果最好，"每次用一半或四分之一"。

至今，渔民还在用鲨来捕鳗。而鳗鱼又被捕捞银花鲈鱼的渔民用作诱饵，或者被运到大洋彼岸做成佳肴售卖，做法包括油炸、制成鱼胶或烟熏。1981到2010年间，每年多达600万磅鳗鱼从美国出口。2012年，从缅因州出口的玻璃鳗售价是每磅2 000美元，在这一价值390亿美金的渔业中，个体渔业的收入高达15万美金。1969年，美国的淡水溪流和池塘里共生活着2 100万磅鳗鱼。如今只剩下400万磅。过度捕捞、水力涡轮机、堤坝以及寄生虫导致了它们的数量下降。2012年5月，大西洋海洋渔业委员会公开宣布，鳗鱼资源已经被耗竭。

渔民还用鲨来诱捕峨螺（whelk），这是一种生长在沙滩和泥滩里的大蜗牛，俗称海螺。我偶尔会看到它们那八九英寸长、带螺纹的壳被冲上海滩。更多时候，我找到的是它们的卵鞘（egg cases），那是一串串堆叠而成、如项链般的半透明圆盘，圆盘里有上百枚卵。［在意大利裔美国人的圈子里，峨螺常被称作蜗牛，可以登上平安夜的七鱼宴菜单。《黑道家族的家庭食谱》（*The Sopranos Family*

Cookbook）一书中，有一章名为"狂怒、内疚、孤独和食物"。其中提到一份用番茄酱、丁子香和红酒做成调味汁的蜗牛食谱，旁边附有一篇托尼·索普拉诺的心理医生詹妮弗·梅尔菲所写的短文。[①]] 在美国捕获的大部分海螺被出口到亚洲和欧洲，用来炸制、同咖喱一起烹饪或加入海鲜杂烩汤。1999 年，弗吉尼亚州的渔民用了 1 400 万只鲎来诱捕海螺。

在 2005 至 2010 年间，海螺在美国东海岸的捕获量增长了 62%，而后这个数字就下降了，这是一类监管不力的渔业的特点："先繁荣后萧条"。在马萨诸塞州海域，没有多少成熟的雌性海螺。自 2014 年起，大西洋海洋渔业委员会既没有对海螺进行数量评估，也没有给渔业设置配额。

鳗几近枯竭，海螺数量正在持续下跌，而鲎在特拉华湾和新英格兰的种群数量分别处于停滞和衰退状态。历史都被遗忘了吗？随着人类对鳗和海螺的需求上升，鲎再一次被耗竭，重演 19 世纪大规模"捞取—杀害"的循环。仅仅一眨眼的工夫，鳗和海螺可能来了又离开。它们在更大范围内发生数量下降。特拉华河的鲱鱼，曾经造就了大西洋河流中最多产的渔业，如今几近枯竭，数量依然在下降。特拉华河曾经拥有美国最大的鲟鱼种群，而现在鲟鱼却是濒危物种名单上的成员，每年仅有不到 300 条鲟鱼产卵。所有这些鱼类都由大西洋海洋渔业委员会管理。我们回顾过去，疑惑地看着在杀死数千只鸻鹬类的猎手和把数百万只鲎变成肥料的渔民，但是有一天我们的孩子可能会更

---

① 《黑道家族》（The Sopranos）是美国一部反映黑手党题材的虚构电视连续剧，剧中的主人公托尼·索普拉诺有严重的心理问题。

加不解地问道，为什么要把一个数量正在下降的物种用作捕捉其他物种的诱饵，它们不是已经在减少了吗？

　　捕捉太多鳗和海螺的行为都是短视和鲁莽的：我们没有必要杀死那么多鲨。特拉华的鲍尔斯海滩上，一位名叫弗兰克·艾歇利四世的水手把鲨作为诱饵放在一个网兜里，然后悬在饥饿的海螺上方。通过这种方法，他只用一半数量的鲨就能捕到同样数量的海螺。弗吉尼亚海洋科学研究所和来自非营利生态研究组织的格伦·高夫里制作并免费分发了 14 000 个这样的诱饵袋给渔民们。

　　特拉华州大学地球、海洋和环境学院的院长南希·塔吉特，将艾歇利四世和高夫里开了个头的事情继续做了下去。最初，塔吉特和杜邦公司一起，尝试识别和分离鲨的特殊气味——那对在肥料加工厂旁边长大的孩子来说是再熟悉不过的恶臭，但对鳗和海螺来说却是一种无法抵抗的香味。十五年后，塔吉特依旧没能找到鲨那独特的"气味精华"，但 2013 年春天，她制成了一种替代物，即仅仅加了一点鲨碎片的海藻凝胶。当加入少量肉球近方蟹后，人类对鲨的需求就进一步减弱了。她的诱饵拯救了鲨，也有利于消灭肉球近方蟹，一种 1988 年在美国开普梅——迁徙鸟类的热点地区——登陆的入侵物种。鸟是飞过来的，而蟹来自巴拿马运河，是随船只的压舱水进来的。

　　肉球近方蟹很快在美国东海岸横行霸道，把其他甲壳类动物统统挤走了。这种擅长投机取巧的杂食动物与蓝蟹和龙虾争夺食物。当不使用肉球近方蟹时，塔吉特的一份诱饵中会用到八分之一只鲨；当使用这个入侵物种时，一份诱饵只需使用十二分之一只鲨。特拉华海洋基金会提供了一个配方（recipe），渔民们使用搅拌机就能完成饵料的预处理。新泽西米尔维尔的拉莫妮卡食品公司——蛤蜊、圆蛤和海螺的供应商——再对其进行生产加工，最后以"生态饵料"的名称销售。如果渔民使用以塔吉特的方法制作的诱饵，被用作饵料的鲎数量能够减少75%~90%。多亏了艾歇利、高夫里和塔吉特，我们不再需要抓捕那么多鲎了。

南卡罗来纳州没有鲎饵料工厂。当詹姆斯·库珀的公司刚刚成立时，他写信给我说，他"震惊地"了解到，渔民把"成卡车的"鲎运送到博福特的拖车处，收购的人会按照"每只25美分"的价格付款。他在南卡罗来纳州自然资源部工作期间，起草了终止南卡罗来纳州饵料渔业的法律。在妻子弗朗西丝的帮助下，该法律于1991年通过。他说，是弗朗西丝"引导了查尔斯顿的立法进程"。这项禁令很有远见。美国东海岸上最大的鲎就出现在南卡罗来纳州：平均1英尺宽。它们的尺寸多年来都保持不变，意味着这是一个稳定的种群。

使用海藻凝胶作为原料并用肉球近方蟹与鲎来调味的饵料还能减轻对鲎的另一个威胁，这个是监管者都没有预期到的，如果不对该威胁加以控制，可能会产生严重的后果。德莫特咖啡馆位于伦敦一个用烛光照明的地下室里，特色是为签署了免责声明的客人提供"危险的晚餐"，如果处理不当就会致命。附近有一辆救护车在待命。晚餐包括蛇酒（这种酒的酒瓶里有一条盘绕着的眼镜蛇）和河豚，河豚或许是海洋中毒性最强的鱼了。烹饪晚餐的厨师通过长达 10 年的训练，才获得了烹饪河豚的许可证。在日本，河豚是一道佳肴。有些河豚种类整条鱼都有剧毒。而在另一些河豚种类中，这种强效的神经毒素——河豚毒素（TTX）——只在肝脏和肠道里累积，需要训练有素的主厨将这类内脏去除，同时防止毒素沾染鱼肉。TTX 的毒性是氰化物的一万倍：一叉沾了 TTX 的河豚肉能在几小时内杀死一个人。美国严格限制河豚的进口。

其他含有 TTX 的海洋动物还包括一种亚洲鲎，在泰国和柬埔寨，曾有几十人因为食用了它有毒的卵而住院。这种鲎的卵吃下半杯（约 120 毫升）就能致命。因此，进口亚洲鲎到美国不仅会威胁到美国本地的鲎、吃鲎卵的鸻鹬类和吃鲎的海螺与鳗，还会殃及吃海螺和鳗的人类。当亚洲鲎开始出现在美国饵料市场时（2011 年有 2 000 只，2012 年有 4 000 只），大西洋海洋渔业委员会便在 IUCN 鲎专家小组的敦促下禁止了它们的进口。

入侵物种能以令人无法预料的方式对生态系统造成严重破坏，并且很难修复。一种寄生于日本本土鳗鱼的扁虫"搭顺风车"进入欧洲，它们感染了欧洲的鳗，然后随之穿越大西洋，并造成了糟糕的后果。粗厚鳔线虫（*Anguillicola crassus*）首次出现在南卡罗来纳州温约湾的一条野生鳗身上，那里离公牛湾里鲎产卵的沙滩不远。这种虫具有高度寄生性，它附着在鳗身上，以其血液为食，引起鱼鳔出血和增厚，减弱它们游泳的能力，使被感染的鳗到达产卵地的时间变晚，并且没有足够的能量储备用来产下高质量的卵。科学家们相信，对鳗来说，这种寄生虫是"对种群繁殖成功率的严重威胁"。

由于人类在一个河口捕捉鳗，然后在另一个河口把它们卖掉用作饵料，这种寄生虫会沿着江河流域迅速扩散。还记得我在当地的鱼饵商店里见过一缸活的鳗鱼，它们来自马里兰州，将会被切成块，卖给马萨诸塞州捕捞银花鲈鱼的渔民用作饵料。没有人觉得这会有什么问题。最初，这种寄生虫并未引起人们的重视，因为它看起来对日本鳗伤害不大。然而现在，对美洲鳗这样一个已经受到威胁的物种来说，这种寄生虫使它们的种群恢复变得更加困难了。

美洲鲎也未能幸免。和鳗的寄生虫一样，亚洲鲎携带的寄生扁虫也能轻易在水中孵化和生存，即便鲎已经被杀掉成为诱饵。鱼类的鳃在头附近，鲎的鳃——数百瓣像书页一样可以翻动的薄膜——在尾巴附近。就像亚洲的粗厚鳔线虫没有伤害日本鳗，却严重伤害了美国鳗那样，亚洲鲎身上的扁虫也会寄生于美洲鲎的鳃，并将抑制美洲鲎从水里吸收氧气的能力。

对鲎的计数工作持续进行。数字并不总能对得上。是时候分析鲎的数量没有回升的原因了。鲎作为诱饵的捕捞配额可能设置得太高，特别是在被杀死的鲎没有被计入配额的情况下：奈尔斯和戴伊认为鲎配额的管理系统"有漏洞"。在一封写给美国鱼类及野生动物管理局、新泽西奥杜邦学会、美国滨海学会、特拉华河流守护者网络和新泽西野生动物保护基金会的信中，从头到尾都表达了担忧，诸如大西洋海洋渔业委员会的配额没有考虑到非法捕获的鲎，以及一些鲎会被目标是其他鱼类或贝类的渔民误捕和丢弃，等等。

至于为生物医学行业所开展的捕捞会对鲨的种群产生怎样的影响，我们还了解甚少。这些影响未被纳入大西洋海洋渔业委员会对鲨总量的评估。大西洋海洋渔业委员会的技术委员会希望将这些数字纳入评估范围，从而能够全面分析鲨持续减少的原因。他们还希望将相关信息按照地域进行划分，让人们更清楚地了解到，不断增长的生物医学行业需求会加速新英格兰地区鲨种群的持续减少，同时也会减缓特拉华湾地区鲨种群的恢复速度。因为每个区域都只有一两个地方的鲨被采血，所以这些公司认为这些涉及具体地点的信息属于保密范围。大西洋海洋渔业委员会和生物医学行业正在研究如何将区域性数据纳入对鲨总量的评估中。

　　为了确保鲨的长期健康，大西洋海洋渔业委员会可能不仅需要评估各区域用于生物医学行业的鲨捕捞量，还要评估每年因生物医学用途而死亡的鲨的数量。大西洋海洋渔业委员会鲨总量评估委员会认为，将这些数据排除在外所造成的统计漏洞急需修补，因为以上数据"可能占了特拉华湾地区鲨的年捕捞量的很大一部分"。大西洋海洋渔业委员会的技术委员会担心的是，在生物医学公司死去的鲨的数量"将使人们在饵料渔业管理方面所做的努力付之东流"。

　　过去，为了蓝血而捕捉的鲨仅占鲨捕捞总量的一小部分。它们最终被放回海里，死亡数量与饵料行业百分之百的死亡率相比不足一提，但是这个曾经很小的行业却在迅速发展：大西洋海洋渔业委员会的技术委员会指出，1989 年到 2012 年，因生物医学用途捕捞的鲨的数量增加了 3 倍，和用来做饵料的数量"基本持平"。

　　大西洋海洋渔业委员会设定了一个上限：每年因生物医学用途而

死去的鲎最多不得超过 57 500 只。自 2007 年以来，该行业导致的死鲎数量每年都超过了这个上限，有时甚至超过 40% 之多。在确定上限时，大西洋海洋渔业委员会假设每年会有 15% 的鲎因采血而死亡，要么是在采血的过程当中，要么是在它们被送回大海后。生物医学行业声称，实际死亡数量低于这一估值。最近的四项研究提供了一个更高的数字，显示多达 20% 到 30% 被采过血的雌鲎可能会死亡。这些发现指出了另一个系统中潜在的"漏洞"，这可能会极大地增加每年在生物医学行业中死去的鲎的数量，而这些损失可能等于或超过许多州用于生产鱼饵的鲎的总量。

鲎卵排列在月光下的昏暗海岸上，我来之前已经预料到会有五六只，甚至十只雄鲎围在一只雌鲎的周围。这些规模更大的雄鲎群可能是最近才出现的现象，科学家们怀疑这是渔民选择性地捕捉更大的雌鲎而导致的结果。历史资料表明，这种扭曲的雌雄比例不是常态。1884 年，理查德·拉思本为美国鱼类委员会撰写的一篇文章中提到了一名观察者的记录，说是鲎会上岸来"成对"产卵。拉思本补充道："对雌性来说这并非罕见，当它爬上海岸后，将会与两三只甚至多达六只雄性相伴……但是，通常最后每只雌鲎只会允许一只雄性靠近。"休·M. 史密斯曾这样写道，1889 年在特拉华湾虽然到沙滩上产卵的雌鲎"有时"身边陪着"两只或更多雄鲎"，但它们常常会"成对寻找沙质海滩"。

在科德角的普莱森特湾，由于饵料和生物医学用途，渔民在这里捕捞鲎的时间已经超过 25 年了，前来产卵的雄鲎和雌鲎的比例变得越来越大，这令人担忧。这个比例曾经是两三只雄性围着一只雌性；到了 2000~2002 年，增加到五六只雄性围着一只雌性；在 2008~2009 年，每八到九只雄性中才有一只雌性。正如一位科学家所说，这样的性别比例堪称"极端"：比如十二只雄性扎堆对一只雌性，甚至三十只雄性对一只雌性。在科德角的瑙塞特河口和莫诺莫伊国家野生动物保护区，没有鲎捕捞业的干扰，只有一到两只雄性会为一只雌性上岸。现在，特拉华湾的鲎产卵调查显示，雄性比例越来越高，高达三到四只雄性对一只雌性。

被捕捞用来制作 LAL 的鲎在被持握和采血后会遭受亚致死损伤，导致它们产卵受到抑制。渔民徒手拣选鲎，或像杰里·高尔特在南卡罗来纳州时那样，用耙子横扫鲎产卵的地方。他们也会在离海岸更远的地方挖掘或用拖网作业，把鲎从海底挖出来，然后把它们丢在船的甲板上。科学家们检查这些鲎时观察到了"外伤"，包括壳上的裂缝，这使得消化器官和生殖器官常常暴露在外，以及"类似刺伤的伤口"，应该是当鲎被挖起来和堆在船上时，一只鲎的尾巴刺进另一只的鳃里造成的。

鲎从海里被捞出用于采血，整个过程会让它们变得紧张：当渔民还未收网时，它们会被堆在甲板上或箱子里，或是挤在围栏里；当它们被装在小艇或是没有空调的卡车里时，可能要忍受高温和脱水之苦。鲎可能会长时间被放在没有水的地方，一次可达 72 小时。此外，对鲎采血和我们去红十字会献血是不一样的。人类的献血者通常会献出 1 品脱 ①，占全身血液的 10%；一只雌鲎一次会被采走体内血液的

---

① 美国 1 品脱合 0.473 升。

30% 到 40%。

一些采完血的鲎会被戴上无线电发射器然后放回科德角，它们在普莱森特湾的水域里沿着海底漫无目地徘徊，分不清方向。在新罕布什尔州的格雷特湾，被采完血的鲎将在之后的两周内变得了无生气，无法回应呼唤它们产卵的潮汐节律。在采血六周后，构成它们血液90%且在循环系统中携带氧气的血蓝蛋白才能恢复到采血前的60%。完全恢复正常要花上6个月。用手拣选产卵中的鲎是不是比用耙子或拖网对它们造成的伤害更小一些？采血后存活下来的鲎还有多少能产卵？这也是需要计算的数字，但大西洋海洋渔业委员会的总量评估和管理回顾记录似乎并未包括这类信息。

鲎的管理系统中还存在另一个"漏洞"。2001年，在特拉华湾湾口，为了保护聚集在此的鲎不被耙拖拽和网拉，大西洋海洋渔业委员会请求美国国家海洋渔业管理局在特拉华湾湾口建立一个鲎保护区，禁止"以任何目的捕捉鲎，包括生物医学目的"，以保护"年龄稍大的幼体和刚成年的雌性"。就在1 500平方英里的小卡尔·N.舒斯特鲎保护区建立之后，生物医学行业获得了豁免资格，被批准每年从保护区带走1万只鲎。保护区的面积对于在特拉华湾产卵的鲎而言足够大吗？当鲎被捕捉用于生物医学行业时，保护区对鲎的保护作用会不会减弱？当鲎的数量无法回升时，我们需要审视保护区是否发挥了我们最初所希望的功能。

大西洋海洋渔业委员会正在和生物医学行业合作，在从业者自愿的基础上，确立最佳管理实施方案。这当中包括禁止有选择地捕捉雌鲎，移动它们时用手拿起壳（即身体主体）而不是拎提尾巴，让它们保持湿润以及远离高温，在有空调或降温条件的卡车中运输，给鲎做标记以保证它们在一个夏天内不会被采两次血，随时监测它们所在的水池和围栏里的水氧含量，以及在采血后的 24 小时内把它们温柔地送回海里。这些操作（其中一些理论上已经在执行了）能进一步降低生物医学行业的鲎死亡率和采血带来的亚致死损伤，并且保证雌鲎能继续产卵吗？它们执行起来难度大吗？让行业标准和做法定期接受审查，将比纯自愿的管理实施方案更有成效。

最终还是要看是否有数据表明鲎的种群数量正在恢复，这才是最重要的。然而由于 2013 年弗吉尼亚理工大学捕鲎调查的临时取消，要在特拉华湾回答这个问题就变得更加困难了。新英格兰和特拉华湾现有的数据提示，为了人类的健康和鸻鹬类的福祉，鲎的死亡率必须降下来。通过终止整个沿海地区的饵料行业并且转而生产新型替代饵料，可以降低鲎的死亡率，对生物医学行业进行更加严格的监管同样可以实现这一目标。鉴于生物医学行业对鲎的需求还在不断增加，全面了解鲎的死亡率并（努力）将其降低，已经刻不容缓。

格伦·高夫里住在特拉华州的小溪镇。他的住宅是一所拥有 220 年历史的老房子，他逐砖逐瓦、饱含深情地修复着它。这所房子拥有低矮的天花板和宽宽的地板，曾经濒临散架而被遗弃。后来的新主人们不堪忍受房屋建筑的破败和庞大的修复工程，都很快地来了又走，老房子几易其主。就像他耐心和细致地修缮房屋那样，高夫里对鲎的照顾也同样尽心尽力。他在世界各地开展工作，包括中国、印度尼西亚和菲律宾的海岸，恒河河口以及孟加拉湾。曾经繁极一时的亚洲鲎已岌岌可危，因为它们被过多地用于餐饮和生物医学行业，家园也遭到了严重的破坏。在日本，它已被列入濒危物种。在一次亚洲鲎的科学与保护国际会议上，报告的主题包括：非法捕捞和无效监管，海岸和湿地开发给鲎的家园和种群数量造成的破坏，鲎消失后人们修复栖息地所面临的困难，曾经繁盛一时的鲎种群已风光不再，亚洲鲎大幅减少而美洲鲎难以满足人类日益增长的需求。

已经异常庞大的药品和医疗器械全球市场还在扩张。如果以每年3%~6%的增速来计算，到2016年，全世界在药物上的支出将会达到惊人的1.2万亿美金。中国、印度和巴西的新兴市场起到了关键性的推动作用。预计到2016年，以上三国的药品行业将以12%~15%的速度增长。到那时，全球仅疫苗这一类药品的市场需求就会达到560亿美金。分析师预测，医疗器械的全球市场会以每年6%的速度增长，到2017年将达到3020亿美金。

人们对那些需要通过内毒素测试来保证使用者安全的药品、医疗器械和疫苗的需求还在持续增长，而亚洲鲎的生存已经岌岌可危。高夫里认为，这会造成鲎数量的持续下降，此外，当亚洲鲎不再能满足人类增长的需求时，还会导致生物医学公司转而从美国获取鲎。美国尚未对生物医学公司为获取蓝色血液而捕捉鲎的数量做出具体限制，但生物医学行业中因采血致死的鲎的数量早已超过了渔委会规定的上限。如果不这样做，就很难获取更多的鲎血。对无畏挑战的高夫里来说，拯救鲎不仅是出于道义，更需要经济的解决办法。高夫里、马克·博顿（一位研究鲎的生物学家）及其同事，已经向

IUCN 成功请愿，开始评定鲎是否应被列入濒危物种红色名录。这将是一个漫长的过程。

就在高夫里和其他科学家论述亚洲鲎数量正急剧下降的同一会议上，来自查尔斯河实验室的约翰·杜伯萨克提出了一个经济的解决办法：在内毒素测试中大量减少对 LAL 的使用。在他的演讲中，杜伯萨克介绍了他们公司生产的、经 FDA 授权的鲎测试盒，就是麻省总医院正在使用的那种。他说，相比以往的检测方法，测试盒使用的 LAL 少了 95%。在会议上，研究者们还做了关于 LAL 的基因工程替代物的报告。

很多普遍使用的合成药物材料源于野生植物和动物。基督教传教士在秘鲁观察到，克丘亚印第安人通过咀嚼金鸡纳树的树皮，来减轻因长时间在冰冷的西班牙煤矿中停留而引起的战栗。牧师们把这种树的树皮带到了欧洲，在那里它治愈了发热和疟疾。树皮中的药用成分是奎宁（即金鸡纳碱），新的抗疟疾药物氯喹和甲氟喹中含有与之类似的成分。最终，疟原虫对氯喹产生了耐药性，甲氟喹则引发了焦虑、多梦和幻觉等副作用，急需找到另一种解决办法。20 世纪 60 年代，越南战争时期，越南民主共和国的许多士兵因耐药的疟原虫而失去了生命。中国科学家团队从另一种植物中提取的物质，后来成为治疗疟疾的新药，那便是经过 12 年的钻研，从黄花蒿中提取出的青蒿素。

如今，美国处方药中有一半药物源自野生动植物的治疗特性：阿司匹林由水杨酸合成，那是一种可以在柳树的树叶和树皮中找到的化合物；抗凝血剂华法林由香豆素合成，它是在一些母牛吃了变质三叶草后发生内出血致死时被发现的；肝素是另一种广泛使用的抗凝血剂，它合成自猪肠提取物；治疗乳腺癌的药物泰索帝是由短叶红豆杉树皮中的紫杉醇合成的。受大自然启发的合成药物无处不在，尽管当它们开始广泛用于医学领域时，它们与自然界的联系就逐渐消失了。如果没有亚历山大·弗莱明，科学家们可能还没有开发出常用抗生素阿莫西林。1928年，当弗莱明度假归来，回到他在伦敦圣玛丽医院的实验室，意外地在被污染的培养皿中发现，葡萄球菌（的生长）在一种蓝绿色的霉菌——青霉菌（*Penicillium*）——边上停住了。立普妥是一种合成的他汀类，也是世界上最畅销的药物。它"诞生"于远藤章的实验室里。他在从京都的商店里买来的大米中分离出霉菌，并从中提取出这种能降低胆固醇的化合物。

一种亚洲鲎（*Carcinoscorpius rotundicauda*）在新加坡富含细菌的河口中迅猛生长。它比生活在美国的同类更小，血液也更少，但它的血液却是一种更有效的内毒素检测物。新加坡国立大学的丁吉玲、何波及其同事，通过漫长艰辛的分离实验和基因工程得到了因子C，即能引起鲎血凝固的蛋白质。最终，他们克隆了这种蛋白质，然后利用酵母、猴子肾脏与昆虫的细胞，得到了相应的DNA编码，成功实现了因子C的表达。

当鲎在特拉华湾产卵的时候，理查德·韦伯和我站在满是鲎卵的沙滩上，数不清的蠓往我们的鼻孔里钻。此时，在400英里外，纽约西边的牧场里，位于芬格湖群、伊利湖和安大略湖之间，另一种动物也在产卵。暴风吹来了夜蛾，它们的幼虫已经孵化出来，长到了1.5英寸长。饥饿的毛毛虫沿路大肆咀嚼着紫花苜蓿、玉米、小麦和黑麦，就像谢尔曼将军向大海进军时那样，肆意毁灭沿途的一切。[①] 在它们扫荡完毕后，美国农业部宣布纽约的13个县遭受了自然灾害。夜蛾幼虫或许是农民的心头大患，但它们却成了生产细菌内毒素测试剂的药剂公司的兴趣所在。新加坡国立大学授予龙沙公司生产重组因子C（recombinant Factor C，rFC）的专利权。于是龙沙公司在生产LAL的同时也制造rFC，通过将编码因子C的DNA片段插入夜蛾幼虫的细胞系来获得rFC。

医药行业顾问凯伦·津克·麦卡洛编写了一本长达400页的内毒素测试操作手册，她曾经在比切姆实验室进行内毒素测试，那是在比切姆实验室被并入史密斯·克莱恩·比切姆公司之前，也是韦尔科姆与葛兰素公司合并之前，以及最后所有的公司都被并入药业巨头葛兰素史克之前。"我在这行的时间快和詹姆斯·库珀一样长了"，她回忆起刚开始使用由鲨血制成的毒素检测物的场景。"我们当时还得把注射用药物送到FDA做兔子测试。"公司的兔子测试结果是阴性的，而FDA的测试结果是阳性的。"我的老板给我看了詹姆斯·库珀关于LAL的文章后说道：'要不你试一下这个？'……那就是故事的开头。LAL已经保护了我们30多年，而现在有了测试内毒素的新方法，这意味着新事物即将诞生了。"

经过基因工程处理过的鲨血提取蛋白质就是其中之一。在另一项

---

① 美国南北战争时期，为摧毁南方部队的作战能力，谢尔曼将军火烧亚特兰大，随后采取"向大海进军"的作战方案，实行焦土策略：他命令军队烧掉庄稼，杀死牲畜，损毁物资。

欧洲开发的新测试中，人体的或是人工培养的白细胞能检测出致热的革兰氏阴性菌和其他致热的细菌、病毒和寄生虫。在新加坡，丁吉玲和何波等科学家继续研究鲎血感知内毒素的独特方式，他们识别出一种氨基酸，如果把这种氨基酸放入黏性树脂中，它就能吸附用于制造药物和医疗器械的水里的内毒素。

让 FDA 及药物产业相信 LAL 比兔子测试更好，花了许多年时间。而让人们接受由基因工程技术制造的 LAL 替代物，前方或许又是一条漫长而曲折的道路。作为一种血液制品，LAL 有 FDA 的认证，但是经过重组的 LAL 替代物不能被明确地归入 FDA 现有的管辖范围。它不是一种药物、医疗设备或对病人进行的诊断测试，它也不具备放射性。当前，代理商并不觉得有为它申请许可证的必要。"rFC 看起来并不属于任何认证范畴"，麦卡洛说。她告诉我，还有很多药物公司的质量管控测试是化学或物理上的——而非生物学上的——比如酸碱度测试、纯度测试和对残留溶剂的测试，都不需要 FDA 授权。除非有迫切的需求，否则对制药公司来说，把一种已经经过 FDA 批准的测试换成不需要 FDA 批准的产品没有什么好处。

Pharmacopeia 的字面意思是"备药"。药物品质控制测试的标准和程序都已写入《美国药典》（*United States Pharmacopeia*，USP）。USP 是全美处方药和非处方药的官方参考，它包括药物的制备和使用标准。专家在药典中设定了标准，药物生产者必须在配方、品质、纯度和剂量方面遵守药典。美国、欧洲和日本的监管机构在细菌内毒素测试的标准上取得了一致。现在三地使用完全相同的测试方法和标准，减少了国际制药公司的监管负担，但在考虑加入新测试的过程中增加了额外的审批级别。2014年版的USP包括兔子测试和取自鲨血的LAL的测试标准，但不包括新合成物的测试。

龙沙公司已经发表了一项研究，对自己生产的LAL和rFC的等效性进行了检验，并准备将rFC纳入USP。在LAL刚为人所知时，一家大型静脉注射液生产公司对其产品实行了14万次LAL测试和2.8万次兔子测试，证明LAL比兔子测试具有更高的敏感度。库珀与FDA合作，用放射性药物和其他药物完成了155次测试。FDA也独立开展了相关研究。这些数字代表了药物的安全性：LAL的测试结果显示，一些药物的特性有时会干扰LAL，改变测试结果，从而需要进一步的研究和完善。用来证明rFC与LAL等效的实验将越来越少。USP委员会在对内毒素检测标准进行的最新修订中备注了一句："修订三地统一测试标准的重要原因可能会是科技的进步。"如果内毒素检测的标准包括使用了基因工程的LAL，那么这个决定必将是由美国、日本和欧洲联合做出的。

2012年，FDA开始允许公司使用rFC，前提是如果药物公司能证明rFC可以表现出与USP中的已有测试等效或具有更佳的表现。"这可能很难，"麦卡洛说，"就好比让'泰坦尼克号'掉转方向。"LAL是已经获得FDA许可的一种可靠的测试。那些公司几乎没有理由为了一个更新、更陌生和没怎么经过验证的rFC耗费时间和金钱，除非他们研发的药物特性没法与兔子测试和LAL测试兼容（因为兔子测试在40年前被证明不适用于放射性药物）。或者，除非当鲨已经不能满足我们需求的那一天真的到来。龙沙公司的监管事务经理艾伦·柏根森把眼光放得很长远："从科学家开始描述鲨的凝血机制到大量药物公司用 LAL 替代兔子测试，过去了好几个 20 年，rFC 进入我们的视野才 10 年。"

此时此刻，鲎还在产卵。红腹滨鹬依旧为了它们的卵而来到这里。我感受到海滩的呼唤。虽然特拉华湾是最有名、最大的红腹滨鹬春季补给点，我还是希望多去几个停歇地。因为南卡罗来纳州有那么多的鲎，我很想知道那里还有哪些鸻鹬类在海边大啖鲎卵。

第八章　低地：
南卡罗来纳州和其他滩涂

　　我一次次地被吸引来到南卡罗来纳州，来到时间不会留痕的海岸，看柔软的海水轮廓乐此不疲地变幻，来到一望无际的盐沼，看潮沟肆意地穿流其中。潮沟是如此之多，我愿意花上一切时间在其中划桨泛舟，却永远不会真正了解它们。我的挚友埃伦·所罗门和理查德·温德姆的家位于一条沿边长着栎树的小路旁，院子里散发着茉莉、山梅和栀子的醉人花香。在那里，我们听不见甚至也看不见大海，但海水知道陆地的方向：飓风"雨果"曾卷起18英尺高的风暴潮，从海滩和盐沼席卷而过，又穿过小树林，来到6英里外的这处小院，留下了6英尺深的海水。

　　他们住在罗曼角国家野生动物保护区的边上，那里有65 000英亩盐沼、沙滩和沿着南卡罗来纳州海滩绵延22英里的开放水域。温德姆热衷于研究旧地图，寻找那些被遗忘已久的溪流（潮沟）名字，并记录沙子的位置变化。每次我去拜访，我们都会坐上他的平底小船，进入沼泽中蜿蜒的重重溪流：从主溪流进入近岸内航道，再到迪普雷溪、卡西诺溪、斯克林溪和康加里船溪，然后进入塔溪和马头溪，经过罗曼港、斯莱克河段和罗曼河，流经保护区细长的障壁岛后注入大海。另一条（行船）路线通向公牛湾的开阔水域。

大概有2 000只红海龟在罗曼角海湾筑巢，这里是卡纳维拉尔角以北最大的红海龟筑巢地。多产的罗曼角有大量小虾，受保护的溪流连成片，是鲨鱼理想的育儿港。长孔真鲨、黑边鳍真鲨、高鳍真鲨、大西洋斜锯牙鲨、路氏双髻鲨和一种新发现的物种——卡罗来纳双髻鲨——在这里照顾它们的幼仔。我到过五英寻溪很多次，科学家在这里捕到过一条6英尺长的路氏双髻鲨。保护区向海70英里处是虎鲨的产仔地，这里是西大西洋水域中虎鲨及其"新生儿"最密集的地方之一。生物学家费利西娅·桑德斯在保护区见过鲨鱼，温德姆也见过。有一次就在海岸边，有三四条鲨鱼在船尾下方几英尺的地方游动，而通常在这里，他已经站在水中拉着船上岸了。我听说过一些鲨鱼和人"擦身而过"的故事，当时人们是站在齐腰深的海水里，但如果鲨鱼从船下游过，我是既看不见也感觉不到它们的。

鲎，对一些动物来说味道很差，但对保护区里的动物居民来说却是很重要的猎物。虎鲨的胃里全是海龟、鱼和鲎壳。双髻鲨经常以鲎为食，高鳍真鲨和黑边鳍真鲨很可能也是如此。鲎是红海龟喜欢的食物，红海龟在《濒危物种法案》中被列为受威胁物种。鲎数量多的时候，海龟来到河口，轻松地用它们的厚喙和大颌挖出鲎卵，扯下鳃和腿以享用鲎肉。

我去过特拉华湾，亲眼目睹了鸻鹬类和鲎之间福祉依存的联系。我也曾在南卡罗来纳州跟随渔民一起捕鲎，与来自大海的鲎为伴，了解它们的血液如何变成毒素识别物，保护着我、我的家人，以及每一个我认识的人的生命。鲎与人类之间的联系和这些原始动物与鸻鹬类之间的纽带一样强烈。我想看看南卡罗来纳州的鸻鹬类。据记录，罗曼角国家野生动物保护区有 293 种鸟，包括很多海鸟和鸻鹬类：筑巢的剪嘴鸥和褐鹈鹕；越冬的蛎鹬；橙嘴凤头燕鸥、小白额燕鸥、白嘴端凤头燕鸥、鸥嘴噪鸥、弗式燕鸥和普通燕鸥；迁徙的红腹滨鹬、黑腹滨鹬、云斑塍鹬、翻石鹬、中杓鹬、斑翅鹬和短嘴半蹼鹬。短嘴半蹼鹬的喙长令人困惑，偶尔还会比它们的亲戚长嘴半蹼鹬的喙要更长一些。沿着海滩的潺潺溪流，绕开被冲上岸的大个儿沙海蜇，我走向自己看到的第一只长嘴杓鹬，它的嘴很细，足足有 6 英尺长，带着新月一样的弧度。

　　长嘴杓鹬是北美最大的鸻鹬类，如今只剩下 140 000 只。奥杜邦曾这样描述长嘴杓鹬在日落时飞来查尔斯顿的海滩的场景："随着鸟群靠近，它的整体轮廓变得越来越大。杓鹬为了寻找夜间栖息地而聚集于此，有时在一小时内，飞来的杓鹬数量就可达几千只。"今天，罗曼角国家野生动物保护区是南卡罗来纳州唯一还能长期看到长嘴杓鹬的地方，可即使在这里，它们也正在减少。2001 年在保护区里，桑德斯常常能看到 8 到 12 只杓鹬。最近这些天，一位观察者在保护区里仅看到了 2 只。

　　桑德斯在南卡罗来纳州政府负责鸻鹬类和海鸟的保护工作。她和丈夫靠海吃海、靠山吃山，他们捕捉鱼虾，狩猎鹿、火鸡和野猪。我第一次见到她时，她正准备把一只鹿从树林里拖出来。她会在任何时候、到任何地方去看她钟爱的鸟儿。她曾经划着单人皮划艇穿过保护区和沼泽，漂入罗曼河，然后到达观鸟的海滩，往返路程需要花费11 个小时。我希望在这里看到几只红腹滨鹬。非常幸运的是，桑德斯和她的同事正在通过研究来证实南卡罗来纳州是红腹滨鹬迁徙路线上的关键站点。她们的发现让我们对红腹滨鹬和其他鸻鹬类的栖息地选择，以及应当采取的保护措施产生了新的理解。

早在 100 多年前，鸟类学家就开始在南卡罗来纳州观察红腹滨鹬了。阿瑟·特雷兹万特·韦恩是一位出生于南北战争动荡时期的贵族，他曾苦不堪言地为一个查尔斯顿的棉花批发商打过短工，后来成为了一名杰出的鸟类学家，著有《南卡罗来纳州的鸟类》（*Birds of South Carolina*）。他只要有时间就会观鸟，甚至走路和划船到数英里之外去寻找鸟儿。1895 年 5 月，他在查尔斯顿郊外的沙滩上看到了 3 000 只红腹滨鹬，并提到红腹滨鹬在公牛岛（现属保护区范围）长期以来数量丰富。1949 年，亚历山大·斯普朗特和 E. 伯纳姆·张伯伦在他们所著的《南卡罗来纳州的鸟类生活》（*South Carolina Bird Life*）一书中确认了红腹滨鹬在南卡罗来纳州越冬。对他们来说，鸟类象征着"无拘无束的野性与自由，没有什么能够与之媲美"。

桑德斯带着我乘船穿过五英寻溪，来到灌丛茂密的沼泽岛和附近的怀特班克斯岛看鸟。海水很浅，大概 1 到 3 英尺深。我们的船偶尔会触底。公牛湾中，低洼的沼泽岛和怀特班克斯岛很少露出水面，今天是个例外，它们被几千只筑巢和栖息的鸟所覆盖：黑剪嘴鸥、白鹈鹕、燕鸥和笑鸥。我们在海草线上看到了蛎鹬的巢。我们没有看到红腹滨鹬，但根据桑德斯团队的调查数据，多达 3 000 只在这里栖息，附近还有 600 只。桑德斯曾于当年五月下旬在罗曼角和博福特旁的哈伯岛观察红腹滨鹬，她见过橘色和红色的旗标，分别来自阿根廷和智利，但极少有浅绿色的。她意识到一些红腹滨鹬可能在南卡罗来纳州补给能量，因为这里有丰盛的食物（鲎卵）和安全的海湾，然后绕过特拉华湾直奔北极。布赖恩·哈林顿一直沿着美洲东海岸寻找红腹滨鹬，他也注意到了这一现象：仅有少数几只在南卡罗来纳州和佐治亚州观察到的红腹滨鹬在特拉华湾被看到过。

桑德斯和生物学家珍妮特·蒂博在查尔斯顿南部和基亚瓦岛进行春秋两季的鸟类调查。2012 年 3 月的一天，他们发现了约 8 000 只红腹滨鹬，从而确认了布赖恩·哈林顿在至少 10 年前给出的体现基亚瓦岛对红腹滨鹬之重要性的观察结果。并非所有南卡罗来纳州的红腹滨鹬都是赤褐色的。2010 年 6 月，一些基亚瓦岛的居民告诉生物学家阿伦·吉文，他们亲眼见到一个不寻常的现象，即一只白化的红腹滨鹬，除了喉部和胸口的一抹红以外，全身都是白的。它的羽色很可能发生了基因突变。这只鸟和其他经过基亚瓦岛的迁徙客一样，在山姆上校沙嘴以小蛤蜊为食。吉文和我走到那片海滩，我们没看到白化的红腹滨鹬，也没有看到另一个被报道过的不寻常现象：当鲻鱼群游过时，海豚会相互协作，进行"搁浅式觅食"，即几头海豚快速地成排游动，把鲻鱼群赶向岸边，当鱼群被水流推上岸时，海豚也顺势趴到岸上，并在滑回水里之前尽量多地吃鱼。戴着数据记录器的红腹滨鹬证实了桑德斯的猜测：有两只鸟春天在南卡罗来纳州把自己喂肥后，便直接飞往加拿大。

桑德斯认为红腹滨鹬可能是在基亚瓦岛集群，并在这里进食蛤蜊，直到鲎开始产卵时才陡然离开。红腹滨鹬具备某种非同寻常的能力，使得它们总能找到最好的食物。欧洲的研究者们注意到，红腹滨鹬"表现得对可选觅食区域内的食物品质了如指掌"。桑德斯对此有着切身体会：一个春天满月的夜晚之后，她看到大量红腹滨鹬从基亚瓦岛散开飞走，后来她在鲎卵数量充足的海岛上发现它们又聚集到了一起。在和团队曾观察到 2 000 只红腹滨鹬的哈伯岛上，鲎晚上产完卵后，会在沙滩上留下又大又圆的印迹。第二天，中杓鹬飞到岛上，整个海滩上全是滨鹬，翻石鹬在印迹处挖沙并寻觅鲎卵，而红腹滨鹬则在附近的沙滩表面啄食鲎卵，肚子吃得圆滚滚的。

桑德斯把这一景象拍了下来，照片上的红腹滨鹬沿着沙滩奔走，嘴里含着小小的鲎卵，这也证明它们不仅在特拉华和马萨诸塞州吃鲎卵，在南卡罗来纳州也是如此，同在这里的其他鸻鹬类——短嘴半蹼鹬、云斑塍鹬和蛎鹬——共享盛宴。亚拉巴马州、佛罗里达州、佐治亚州和纽约的观察者们发现，红腹滨鹬在那些海滩上也吃鲎卵。约翰·塔纳克利迪是莫洛伊学院的一位教授，他监测长岛海滩（从布鲁克林到蒙托克）的鸻鹬类数量。根据他的记录，红腹滨鹬、三趾滨鹬、翻石鹬、半蹼滨鹬和斑翅鹬全都吃鲎卵。

鲎卵不仅与特拉华湾的鸻鹬类息息相关，它们对于整个大西洋沿岸的鸻鹬类都至关重要。在南卡罗来纳州，至少 100 年前，红腹滨鹬就开始吃鲎卵了。在查尔斯·斯佩里对鸻鹬类进食习性的研究中提到，他在 1915 年 6 月 7 日从罗曼角国家野生动物保护区公牛湾的鸟岛捕到一只红腹滨鹬，"在它的胃里发现了 110 粒完整的鲎卵和许多鲎卵的碎片，这说明它几乎只吃鲎卵"。詹姆斯·库珀在为新的 LAL 生产公司考虑选址时，也曾出于和红腹滨鹬同样的原因被吸引来到公牛湾。

鸟岛没有出现在保护区的地图上，但鲎依然在罗曼角产卵——在韦恩提到的公牛岛上，还有怀特班克斯岛、沼泽岛和其他海滩上。博福特附近的溪流水面宽阔，蜿蜒前行，岛上森林茂密，海滩上铺满了牡蛎，是与公牛湾平浅开阔的水域完全不同的另一个世界，其中还零星散布着几个有贝壳和沙滩的小岛。在四月一个温暖的夜晚，月亮几近满盈，潮水高涨，我被带到公牛湾来看鲎。有时，公牛湾的疾风会让乘船穿过浅滩这件事变得很危险。而今晚，风平浪静。

　　我们朝着沼泽岛前进，一些当地人把这里叫作船礁，因为以前很多船只曾在这里搁浅。冬天，岛上挤满了鸻鹬类，多达 13 000 只。迁徙期就更多了，包括蛎鹬、鹈鹕、剪嘴鸥和燕鸥。我们把船靠岸后放下锚。岛上爆发出一片嘈杂的声音。当鲎顺着潮水滑上岸来产卵时，渔民便把它们捡起来放进自己的小船。它们在船底喀喀地相互碰撞。第二天一早，它们会被送到查尔斯顿采血，然后再被放回海湾。

　　大海在不断收回它的沙滩。附近的鸟滩——或许是鸟岛的前身——已经在潮位到达顶峰后消失了。沼泽岛正在发生移动，这里的沙滩面积只有不到十分之一平方英里。海水拍打在一块字迹斑驳的标识牌上，这块标识牌所在之处此前是一块小沙丘，但是现在已被冲走了。鲎也会在公牛岛产卵，公牛岛现在是向公众开放的，但是为了保护筑巢的鸟，保护区会在每年 2 月 15 日到 10 月 15 日期间关闭沼泽岛和怀特班克斯岛。在这里捕鲎的渔民有南卡罗来纳州政府发放的许可证，但却违反了联邦保护区条例。太阳落山时，海平线闪耀着紫粉色。月亮缓缓升起。潮水在迅速退去，鲎开始离开，于是我们也往回走了。

　　到 2014 年鲎产卵季开始时，南卡罗来纳州政府得知了保护区定期关闭沼泽岛一事并对此做出了回应。他们修订了捕鲎许可证的条款，禁止渔民"在联邦政府限制的区域捕鲎"。渔民转而到公牛岛去捕鲎，那里是保护区的非限制区域，这样就为沼泽岛的鸟类留下了安定的环境。

另一个野生动物保护区则因为鲎而走上法庭。位于马萨诸塞州科德角的莫诺莫伊国家野生动物保护区，像罗曼角一样是为了保护迁徙鸟类而建立的保护区。它的使命也和罗曼角一样，是为了保护野生动物，并恢复其种群数量。国家野生动物保护区内允许有休闲娱乐活动，但商业娱乐必须申请特别许可，其做法不得违背保护区的使命。由于人类对鲎的需求上升，一位马萨诸塞州渔民开始在莫诺莫伊国家野生动物保护区和附近的科德角保护区两个地方的浅滩捕鲎。

科德角保护区当时并不知道有渔民在从事非法捕捞活动，而莫诺莫伊国家野生动物保护区清楚地了解此事。20 世纪 90 年代，保护区曾经允许一位渔民在一个封闭起来用于保护觅食鸻鹬类的区域捕鲎并将其送去采血，因为他们在简短的评估之后认为，那样做的影响微乎其微。已退休的保护区负责人巴德·奥利维拉回忆道，是保护区的上一任负责人为渔民发放的捕捞许可证，"生物医药公司会把鲎还回来，而没有人明白它们的卵对于鸟有多重要。"到 2000 年为止，鸻鹬类和鲎的种群数量骤然下降。"在莫诺莫伊，鲎卵是迁徙鸻鹬类的食物。如果你带走了鲎，你就带走了鸟在飞回南方路上的食物。"奥利维拉拒绝续签捕捞许可证。科德角保护区也对鲎的捕捞下达了禁令。于是，这位渔民和他服务的生物医学公司提起了诉讼。

法官最终支持了禁令。一年后，莫诺莫伊国家野生动物保护区进行了长时间的分析，认定从保护区带走鲎有悖于保护区的职责，将导致保护区无法"为迁徙鸟类提供……不被侵犯的庇护所"。这份分析报告指出：成熟速度本就缓慢的鲎一旦被过度捕捞，就难以快速恢复数量；正在减少的鸻鹬类以鲎卵为食；至于鲎的捕捞和采血对它们的产卵成功率、生育力和长期生存会有怎样的影响，我们了解的还少之又少。

这些结论是在 2002 年得出的。10 多年后，马萨诸塞州的鲎依然面临着生存压力：它们的数量还在下降；科德角普莱森特湾里的鲎雄雌比例在上升，在这里，鲎还在被捕捞用于生物医学用途；科学家们正在研究采血对鲎造成的亚致死影响，包括疲倦、迷失方向，或许还会抑制产卵。而红腹滨鹬被《濒危物种法案》列为受威胁物种。莫诺莫伊国家野生动物保护区在 2014 年后复审了捕鲎禁令，计划继续使用，同时为了进一步保护迁徙雁鸭类和鸻鹬类，还将禁捕范围扩大到保护区内的贝类。

我们只是这个地球的租客，与其他先到这里的、被我们认为更弱小的个体分享地球，它们也拥有自己的租期。如果有什么地方是出于鲎、鸻鹬类和其他野生动物的利益应该得到保护的，那么这些地方将是国家公园、野生动物保护区和荒野之地。无论我们对这些动物的理解和评价有多么肤浅，在上述地方，它们都能够生息繁衍——为了它们自己的利益，而非为了人类——并找到庇护所。

鸻鹬类绝不可能是唯一以鲎卵为食的动物。在鲎产卵的这几周里，鲎卵支持着整个群落中的一切生命，来自小小的鲎卵的能量会传遍海滨食物网的每个节点。以鳉鱼为代表的银汉鱼于春季满潮时在水边产卵，它们会大吞鲎的卵和幼仔，在鲎产卵期间它们不会吃其他任何食物。接下来，这些小鱼会滋养其他动物。在莫诺莫伊国家野生动物保护区，数量降到 3 000 对的濒危物种粉红燕鸥，在继续飞往南美洲之前会以这些银汉鱼为食。秋天，马萨诸塞州吃鲎卵而长胖的沙虾，占到半蹼滨鹬所需补给的一半，之后半蹼滨鹬会迁徙数英里到达越冬地。

鲎卵还能喂养银花鲈鱼和蓝蟹的幼仔、鲽类、鲈鱼和鳗鱼。七月和八月，在长岛西岸附近，鲎的卵和幼仔是银花鲈鱼的首选食物。罗德岛的基克穆伊河是一条汇入纳拉甘西特湾的小河，这里的鳗鱼会吃到新鲜的鲎卵。来自 19 世纪的一份记录提到："鳗鱼……把头藏在鲎壳下面，尾巴从鲎的侧面伸出的样子特别怪异。"鲎如果消失，整个生态系统的功能都会变弱。

阿尔·西格斯博士是南卡罗来纳州自然资源部的兽医和 ACE 国家河口研究保护区的管理协调员。ACE 是阿什波河、卡姆比河和埃迪斯托河这三条河的英文首字母缩写。他住在博福特附近的圣海伦娜岛上，住所建在一条低洼的路旁，附近是一条潮沟，这条路会在春天满潮时被淹没。他小时候住在内陆农场。"如果我想和其他孩子玩，就得走几英里，所以取而代之，我干脆赤脚走去池塘自己玩了。"直到现在他最喜欢的还是到外面去。西格斯、桑德斯和我沿着博福特附近的南卡罗来纳州海岸进入 ACE 保护区，三条大河在这里流入大海。我们的目标是看鸟。

为了找到鸟，我们走了很远。在海滩上，大家热烈讨论了西方滨鹬和半蹼滨鹬的区分特征。西方滨鹬有"微微下垂"的喙尖，可惜的是我并未领会这个微妙的差别。返程路上，我们从一条盘在走廊下面的大菱纹响尾蛇身边走过。不像滨鹬，这条蛇并没有引发什么讨论。西格斯带我们去了池塘。黑头鹮鹳高高地栖于池边的树上，那些细长的树枝竟然能支撑这种高4英尺、翅展5英尺的鸟，实在不可思议。靠近地面的地方，帅气的黑腹树鸭在另一个长满香蒲和莎草的池塘里觅食。西格斯告诉我，一对美洲鹤正在ACE保护区里越冬。雕在头顶翱翔。几棵柏树立在富含鞣质的黑水中，每棵树的树干上都有神秘的棕色树节；高大的栎树枝干弯曲多节，枝条上覆盖着青苔与蕨类；芦苇间藏着不露声色的鹭鸟和假寐的鳄鱼。恍惚间我觉得自己仿佛走进了一片繁茂而原始的荒野。

　　然而事实并非如此。这里的柏树比从前细多了。长叶松林被人开发过，取走了沥青和松节油，一些树被砍伐用作木料，这将红顶啄木鸟送入绝境。人们正在重新种植松树，森林中层的植被被烧过以控制长势。桑德斯的丈夫用电钻在一些年纪较大的树上钻孔，为红顶啄木鸟准备可用于筑巢的洞穴。密集的黑头鹮鹳群是近来才出现的景象，1981年的记录是11个巢，现在每年有1 500~2 000个。树鸭和美洲鹤也是新住客，这儿的第一只鹤是在迁徙路上被风吹来的，当时它正从佛罗里达州迁飞至威斯康星州。美洲白鹈鹕——之前很长时间在南卡罗来纳州的数量都很少——现在数量众多，一眼望去，它们就像雪一样覆盖了远处的一个池塘。所有这些鸟都住在被保护区管理的湿地中，湿地的水位被人细心地控制着。

始于 300 多年前的一系列事件的演替，一点一点地雕刻出南卡罗来纳州河口今天的景观。那时，奴隶们挥舞着斧头和铲子，站在齐腰深的水中和齐膝深的泥巴里，砍伐了河边低地的森林，清理了容易让人感染疟疾的沼泽，围出灌溉田用来种水稻。他们用柏木制成 20~30 英尺长的方形排水管，然后在两头安装闸门和升降板，做成经典的低地地区的稻田水闸。看守箱子的人在涨潮和退潮时通过操作升降板来掌控灌溉田的蓄水和放水，同时会尝一尝流入的水，看看是否盐度过高。坚果味道的卡罗来纳金稻为当地创造了极大的财富。到 1770 年，南卡罗来纳州的海岸已成为北美洲财富最集中的地区之一。

1990 年，南卡罗来纳州低地地区却变成了全美最穷的地区之一。因为南北战争，技术娴熟的奴工流失了，整个市场被来自得克萨斯州、阿肯色州和亚洲的价格更具竞争力的水稻占据，飓风击垮了田坝，摧毁了稻田。一些水稻种植园被卖掉，后来被开发成度假村。希尔顿黑德就是其中之一。其他种植园则维持原样被卖给有钱人，比如弗莱施曼酵母公司的马克思·弗莱施曼和"美国印刷大王"唐纳利集团的创始人盖洛德·唐纳利。新主人把水稻种植园作为私人狩猎用地，他们修复了灌溉田，吸引野鸭和大雁光顾。"在原本种水稻的地方，他们养起了野生动物。"西格斯说。

如今，在南卡罗来纳州自然资源部、美国鱼类及野生动物管理局、野鸭基金会、大自然保护协会、其他保护组织和私人土地所有者的共同努力下，这片旧水稻田中的湿地安然无恙。被保护的土地包括但不限于：媒体大亨和慈善家泰德·特纳的种植园，拥有私人保护地役权；杜邦公司的土地，由私募、非营利的内穆尔野生动物基金会管理；前桑提枪支俱乐部（曾于 1900 年面临破产，后得到波士顿百货公司巨头 E. B. 乔丹出资赞助，后者将其中一处野鸭池塘起名为乔丹沼泽）；以及汤姆·约基的土地，他曾是波士顿红袜队的老板。

猎人们也帮忙为鸟类保护买单。整个美国，根据《皮特曼－罗伯逊野生动物恢复法案》的规定，从枪支和弹药交易征收的 70 亿美金消费税被用于购买、租用或获取（500 万英亩）保护地役权，以此来保护野生动物，提升 3 860 万英亩栖息地的质量，以及为超过 900 万土地所有者提供野生动物管理方面的支持。"雁鸭邮票"——狩猎野鸭和大雁的猎人必须购买——的销售带来了超过 10 亿美金的收入，这使美国鱼类及野生动物管理局成功为国家野生动物保护区增加了 500 万英亩湿地。在南卡罗来纳州，成千上万只鸟儿赖以生存的海岸得到了保护——接近 28% 的海岸有潮汐，这个数字来自南卡罗来纳海洋基金会和卡罗来纳海岸大学的迈克尔·斯莱特里。

南卡罗来纳州拥有 7 万英亩传统水稻田。在汤姆·约基的自留地里，管理得当的湿地长期吸引着数万只鸻鹬类，包括春天多达 32 000 只的半蹼滨鹬。在这里，水稻田中的鸻鹬类数量是泥质滩涂上的 16 倍。内森·迪亚斯于春天、秋天和冬天在保护地里开展了详细的每周鸻鹬类调查，他在水稻田里发现了 32 种鸻鹬类，包括半蹼滨鹬、西方滨鹬、斑胸滨鹬、小滨鹬、短嘴半蹼鹬、双领鸻、北美鹬、中杓鹬、红腹滨鹬和翻石鹬等，所有鸻鹬类不是濒危就是数量正在下降。迪亚斯说，在约基保护地，每个月至少让一到两个灌溉田的水位下降，"纯粹是为了鸻鹬类的利益"。

鸻鹬类正在从中受益。在传统水稻田中，迪亚斯记录到了红腹滨鹬和翻石鹬的数量上升，还收获了好几个"首次记录"，如一对美洲蛎鹬为躲避暴风雨而临时到此寻求庇护，在海滩筑巢的厚嘴鸻在水排干的水稻田里筑巢和养育幼鸟。2014 年 5 月 3 日，他在约基保护地的池塘里数到了 5 万只鸻鹬类。几周后，他观察到 56 只红腹滨鹬，这是灌溉田里的新记录。一项研究发现，"当自然栖息地减少时，人工管理的灌溉田能够为鸻鹬类提供重要的栖息地"。来自内穆尔基金会的厄尼·威格斯主持了一次培训低地地区种植园经理的讲习班，内容是如何用灌溉田来吸引鸻鹬类。鸻鹬类的数量在下降，如西格斯所说，灌溉田是"全天都有食物供应的餐桌"，将有助于减轻它们的生存压力。

雁鸭邮票的销售收入以及对狩猎用枪支、弓箭和弹药征收的消费税，确保美国长期有资金来保护鸟类的家园。猎人是动物保护的有力支持者。一项分析这样形容他们的影响："长久以来，美国各州鱼类及野生动物管理机构预算的 90% 都来自猎人和钓鱼者，征收的费用被用于管理其管辖范围内不到 10% 的物种……这是一个存在已久的资金不平衡。"

西格斯相信，就像猎人应为保护狩猎用物种（game species）做出贡献，观鸟者也应该保护非狩猎用物种。他推荐人们购买雁鸭邮票："如果你去这些地方看鸟，你就应该支持当地的保护工作。"我曾不止一次听过这个观点，不仅在南卡罗来纳，还有特拉华和新泽西。奈尔斯也曾直言不讳地说："猎人要为他们的狩猎付钱，观鸟者和野生动物摄影者是通过望远镜和相机镜头'瞄准'目标，他们也应该分担野生动物保护的花销。"

很多人都愿意这么做，但是缴纳购买望远镜、观鸟手册、野鸟喂食器、饲料和休闲性户外徒步及露营装备的消费税这项为调整资金不平衡的举措却未能被国会表决通过。狩猎和保护组织、望远镜制造商、钓鱼运动组织和零售商都对此表示支持，但美国户外休闲联盟、一家休闲娱乐公司以及美国最大的户外用品零售商雷（REI）表示反对。

　　鸻鹬类和鲎正在被挤出它们的家园。走在罗曼角的沙滩上，看着潮水冲刷低洼的海岛，不禁感到担忧。障壁岛的形成始于移动的沙滩。水流和海浪将沙丘越堆越高，然后飓风又将它们吹散。沙子从一片海滩消失，又沿着另一片海滩堆起来。在罗曼角，北面的防波堤、水坝和河道会将沙子拦截，以至于作为保护区的障壁岛无法聚集足够的沙子。年复一年，积聚的沙量远远不及被侵蚀减少的。罗曼角的早期居民曾在海岛的沙滩上放牛。现在它被侵蚀得只剩一条稀薄的沙带，而且还在以每年 20 英尺的速度缩短。温德姆告诉我，在桑迪角附近曾有这个区域最高的沙丘，现在它已不复存在。在它消失以后，剪嘴鸥和燕鸥的重要筑巢地也随之消失，这迫使鸟儿登上现存的海滩。南卡罗来纳州的海平面正在上升，就像美国东海岸的大部分地区一样。在罗曼角，上升的海水使得北面防波堤和水坝的情况进一步恶化。若海平面再升高 3 英尺，罗曼角大部分宽广的沼泽和海滩将变成开阔的水域。早先，由于海滩消失，保护区的员工把被淹没的红海龟的巢挪到了高地。鸻鹬类和鲎可能也会失去它们的海滩。

　　在南卡罗来纳州，超过半数有红腹滨鹬觅食的沙滩极易受海平面上升的影响。同时，全州 40% 海拔低于三又三分之一英尺的旱地和淡水湿地还尚未开发。如果海水上升得不太快，沼泽和海滩可能还有空间吸纳上升的海水。温德姆坐在南卡罗来纳州的旧地图和历史资料旁边，试图理解沙滩曾经历过的兴衰起伏。他家的门廊被"抬高"了——足以在下面停一辆车，这或许可以帮他躲避下一次飓风带来的风暴潮。他热爱这片家园和土地，平静地面对它们转瞬即逝的天性。他和一个朋友站在蓄水田的人造堤坝上，看着在松树周围盘旋的 17 只鹮，它们的羽毛在午后的阳光里闪闪发光。他感动于沼泽、海滩和湿地不断被人类重新改造后呈现出的酸楚之美，想必这里曾经有过流光溢彩，只是这份光华正渐行渐远，或许在我们的有生之年就会消失殆尽了。我脑海中浮现出这样的画面，或许是在今生，或许是在来世，温德姆坐在门廊上，院子里有沼泽，家门口车道的尽头是海滩，长嘴杓鹬依然平静地站在那里，环顾四周，一如既往地把这里当成家园。

弗吉尼亚州的沿海低地处，是巴里·特鲁伊特工作的地方，也是红腹滨鹬的春季觅食地，这里也在发生变化。特鲁伊特在霍格岛上看到过来自南美和加拿大的红腹滨鹬，那个地方曾是宽水镇的所在之处，小镇坐落在岛中心的一片松林里。在它的全盛时期，有 300 位居民居住于此，那里有足够的空间容纳 50 座房子、一所学校、一座教堂，以及一家由格罗弗·克利夫兰总统的朋友修建的狩猎俱乐部和几间小木屋。随着海岛位置的移动，宽水镇滑入了海水中，现在位于距离海岸几百码的地方。如今这座岛已无人居住，可以随意移动。

特拉华湾的海滩至少在 150 年前起就开始被逐渐冲蚀了，这是迁徙鸻鹬类一个相当重要的春季补给点，也是产卵的鲎密度最大的地方。莫里斯·比斯利写过开普梅的历史，他描述了 300 英亩的埃格岛被冲入海里的过程，亚历山大·威尔逊在那里看到了许多鲨。威廉·基切尔是新泽西州地质调查局的负责人，1856 年，他收集了有关海滩侵蚀的数据，然后写进了州地质情况的记录：1786 年，在戈申草甸的一个岛上长满了树，而 70 年后，岛上覆盖着 4 英尺厚的淤泥和沼泽，满潮时会被淹没；长着雪松的沼泽如今已被盐沼取代，当年的海拔高度比现在低 11 到 17 英尺。盐沼的扩张十分常见，"只要你留心关注，就可以亲眼目睹树木正在死去的景象"。

基切尔也描述了正在被迅速侵蚀的海滩：曾经长着树木的沙洲已和水面齐平；开普梅寄宿旅店门前 1 英里宽的海滩全部消失了，旅店往内陆方向搬迁了两次，美国独立战争期间民兵队曾经在这片海滩操练；海湾一侧有一个城镇，后方有一片墓地，这些年来，亚伦·利明眼看着房屋被冲走，他的祖父——开普梅的第一批居民之一——的墓被冲进了海里。今天，开普梅的朴次茅斯镇位于海湾中离岸半英里的地方，而 1640 年曾有捕鲸人于此定居。并非所有海滩都被侵蚀——基切尔也提到了大海后退的地方，他在那些地方发现了埋在泥土下的贝壳——但总体来说，他认为开普梅正在下沉。

当威利特·科森·坎普和他的妹妹回忆孩提时代——那时他们的父亲和祖父在经营鲨肥料工厂——至今特拉华湾发生的变化时，同样提到了海岸侵蚀现象。"潮汐带走了一座房子，"弗朗西丝·坎普·汉森说，"然后开始涌向另一座。我们的房子已经没了，但如果它还在的话，应该是在海湾中间的位置。"她的哥哥同意她的说法。房子不断地滑进大海，海湾里的"幽灵镇"越来越多了。

一个早春的日子，树木长满了嫩芽，鱼鹰正飞回巢中，我顺着一条1英里长的路向特拉华湾的汤普森海岸走去，这条路横穿整个沼泽。1685 年，托马斯·巴德曾在这片沼泽放牛和割米草。狭窄的海岸上堆满了建筑垃圾：覆盖着海藻的大块煤渣，四处散落的水泥碎块，老旧车道上磨损严重的铺路石，一个破烟囱，废旧码头边的一些桩子，最终没能防水的隔水闸。我还在沙子里发现了一个脏兮兮但完好无损的玻璃电绝缘体，是由曾经位于米尔维尔附近的惠特尔·塔图姆玻璃厂用新泽西的沙子制成的。海岸已经被侵蚀，露出下面的泥炭。沙子向内陆移动，堆在老房子地基后的小溪沿岸。我从几只鲎旁边走过，它们曾试图在煤渣之间产卵，但却死去了。1950 年 11 月，一场暴风雪几乎摧毁了汤普森海岸上的所有房屋，88 座住宅仅有少数几座幸免于难。

里兹海滩是新泽西州最适合鲎产卵的海滩之一，这里的沙滩也在变薄。沼泽和海岸之间挤着两排平房，中间被一条道路分开来。尽管人们对逼近路边的沙丘有所围挡，但沙子还是溢出了路面，进入了沼泽。这片海滩正在迁移，但被房子和用来挡海水的隔板堵住了去路。沙子流走了，暴露出下面的泥炭部分。鲎绕过泥炭，在用桩子支撑的房屋下面产卵。这里已经没有什么空间了。飓风"桑迪"扫荡过后，只有少数房子幸免于难，其他房子的门廊和房间都被劈开，变成了沙子里的碎片。

飓风"桑迪"摧毁了新泽西州 70% 的优质海滩。奈尔斯和戴伊已经在 2003 年目睹过一次被暴风雨摧毁的鲎的产卵季，鸟儿只得忍饥挨饿。鸟的数量已然太少，不能允许同样的事情再次发生了。奈尔斯是个执着的人。5 个月后，一个由科学家、政府机构和保护团体组成的团队筹集了 140 万美金，申请并获得了必要的许可。团队成员来自新泽西鱼类及野生动物管理处、美国滨海学会、新泽西野生动物保护基金会和湿地研究所。他们雇用承包商，鉴别适宜的沙源，移除了海滩上的 800 吨碎片，然后将 4 万吨沙子覆盖到 5 处海滩的泥炭层上，这一系列行动恢复了超过 1 英里长的海滩。相比那些受到破坏的海滩，鸟类和鲎更喜欢这些得到恢复的海滩。2014 年，该团队收到了一笔 165 万美元的资助，这笔钱将用来清理废弃砖块、废桩和柏油，以及购买 45 500 吨沙子。2015 年，修复工作继续，内政部拨款 470 万美金，用于帮助提升这片地区未来应对暴风雨的能力。

理查德·韦伯走遍了特拉华湾，在海滩上数鲎卵。他曾经带我来到马翁港，这里曾是一片很不错的鲎产卵海滩。现在，"（这里）简直是特拉华最丑的海滩。这片海滩曾经宽广而均匀，有很深的沙。然而我们正在失去它。可供鲎产卵的区域只剩下不到 20% 了"。多年来，特拉华用超过 300 万立方码的沙粒重建被侵蚀的海岸，以便为鲎提供适合的产卵地。"只要我们好好打理海滩，鲎就能把鸟类照顾好。"韦伯告诉我。当鸻鹬类开始失去它们海边的家园时，或许是米斯皮利恩港的人造防波堤把红腹滨鹬从绝境边缘拉了回来。防波堤为海滩遮挡风浪，创造了有利于鲎产卵的环境，从而造就了特拉华湾鲎卵的最高密度。

据估计，如果海平面再上升 3 英尺，就会造成特拉华州超过 80% 的湿地灌溉田和国家野生动物保护区被淹没，这将对超过 97% 的滩涂湿地造成影响。如果海平面上升 4 英尺，海水将会淹没几乎所有的灌溉田和国家野生动物保护区，改变几乎所有的滩涂湿地。在五月满潮期间，特拉华湾的海滩都被淹没了，这可能对鲎的产卵造成了阻碍。

鲎群随着潮汐游至岸边，我爱在这样漆黑的夜晚，在特拉华湾的斯劳特海滩散步。我静静地站着，聆听海浪拍岸的声音，看着雌鲎挖洞然后藏进沙子里，又在潮汐回落时重新出现。目光所及之处尽是鲎。某个刮风的夜晚，我到达时海滩空无一鲎。风搅起海浪，波涛起伏，鲎只好停留在近海。另一个晚上风平浪静，但鲎依然停留不前。一切都被淹没了：海滩、沼泽、海草线，甚至是裸露的泥炭层。海水几乎快要没过我停车的位置。像新泽西州一样，特拉华州也希望增加海岸线（对极端气候）的应对能力。2015年，650万美元的款项将用于重建鸻鹬类栖息的沼泽。该工程包括把灌溉田移进内陆，修复米斯皮利恩港的防波堤和鲎产卵的海滩。

对特拉华湾海滩的修复是在和时间赛跑——为了鲎，为了鸻鹬类，也为了人类。海滩还会存在多久是个开放性问题。暴风雨和水流最终还是会带走新沙，这个过程一般需要2到6年。几乎可以肯定，未来数年内，特拉华湾会发生巨大的变化。1953年，新泽西用水政策与供应委员会主席瑟洛·C.纳尔逊谈到了新泽西的供水压力，他将压力归因于新型洗衣机和洗碗机、环境污染以及人类的开发活动，并且认为这一压力会由于最近一次冰山融化导致海平面上升9英尺而加剧。随着地球持续变暖，科学家预计海平面在新泽西的海岸还会上升3到6英尺。到2050年，百年不遇的强暴风雨每隔10到20年就会出现一次。1950年，飓风"桑迪"带来的风暴潮是一次反常事件，在我的有生之年仅发生过一次。到2012年，频率上升到每25年一次。

到 2050 年，类似的风暴潮可能每隔几年就会将新泽西的海岸淹没一次。

回顾开普梅的历史，森林和淡水湿地曾经一次又一次地被盐沼和海洋所取代。数百万年来，为了繁衍生息，鲎追随着起伏的海岸线。当上一次冰川时代将海平面降低了 400 英尺时，它们依然在产卵，并且非常可能是在一片现在已经沉入大海的海岸上。当冰山消退，海平面上升，淹没了特拉华河的河口，它们又随着上涨的海水，在后退的海岸上产下卵。自始至终，它们都活着。我们难以预计，鲎的命运在未来数十年的沿海开发面前会变得如何。全球变暖给红腹滨鹬的生存带来自上一次冰川时代以来的第一个瓶颈。奈尔斯的职业生涯始于为鸻鹬类争取海边的家园。当海水上涨，多年来他和戴伊再熟悉不过的海滩一次一次在风暴潮面前退后时，他或许会发现自己绕了个圈回到了原点，在更靠近内陆的新海岸，再次为保护鲎和鸻鹬类的家园而努力。

佐治亚州的奥尔塔马霍河一路向前，奔流 137 英里后汇入大海。河水流经长着柏树和蓝果树的沼泽以及原始的长叶松林，携带着其中的泥沙和沉积物前行，当水流放慢，河水即将注入大海时，沉积物就被留在了在海岛和沙洲上。我想去其中的小圣西蒙斯岛，希望能在那儿看到鲎，也想知道我是否会看到红腹滨鹬。1996 年 9 月 18 日，生物学家布拉德·温将奥尔塔马霍河口的沙岛列入了红腹滨鹬的秋迁路线中。那不是佐治亚州第一次记录到大群红腹滨鹬。布赖恩·哈林顿在美国东海岸积极搜寻关于红腹滨鹬的信息，他找到了一份1971年来自赫尔曼·库利奇的观鸟记录。库利奇的职业是萨凡纳市的法官，他在沿着沃索岛的海滩骑马时，看到了"至少12 000只红腹滨鹬"。后续几年里，鸻鹬类调查员们却再也没在那里看到过它们。甚至早在1890年，自学成才的标本制作师和收藏家威利斯·W.沃辛顿就在奥尔塔马霍河口射杀过几只红腹滨鹬。

温带领保护组织和佐治亚州的海岛管理者们去了沃尔夫岛、埃格岛和小埃格岛向他们说明海岛对海鸟和鸻鹬类的重要性。在这些海岛上他们看到了筑巢的美洲蛎鹬和厚嘴鸻，越冬或迁徙途中的中杓鹬、笛鸻、灰斑鸻和半蹼鹬，还有黑腹滨鹬。还没下船的时候，温就看到了一大群鸟，以密集的队形飞过海堤。"接下来一个小时，"他回忆道，"它们上演了一次绝妙的空中展示。显然附近有一只游隼，虽然我没看见。鸟群开始警惕不安，它们先是落地，再迅速起飞，飞行高度极低，我们都听到了翅膀扇动和气流掠过头顶的声音。"温出乎意料地遇上了5 000只红腹滨鹬。

它们吃侏儒蛤。当蛤蜊数量充足时，红腹滨鹬的数量也很多。生物学家蒂莫西·凯斯来自佐治亚州自然资源部，他告诉我，在情况好的年份，侏儒蛤到处都是，红腹滨鹬每2.5秒吃进一个。在食物丰盛的年份，凯斯曾经感受过长达100码、齐膝深的蛤蜊堆。他告诉我，在干旱的年份，流入奥尔塔马霍河的淡水减少，河水盐度升高，蛤蜊数量减少，红腹滨鹬也就没法那么快地找到它们了——每30到40秒吃到一个。2011年秋天，凯斯和他的同事估计有2万只南飞的红腹滨鹬在奥尔塔马霍河口进行补给。

我在春天去了小圣西蒙斯岛，但不确定我会找到什么，尽管我见过的最大的鲎就来自这座岛。这座安静的岛的主人是温迪·保尔森和亨利·保尔森。儿时的温迪·保尔森会陪着爸爸散步观鸟，长大后，她学会了通过鸟的鸣声认鸟。她在朋友的帮助下到各地观鸟，在亚萨提格岛，她看到了人生中第一只披着灰色冬羽的红腹滨鹬，她当时感觉自己"永远也认不出这种没有什么突出特征的鸟"——直到她再一次见到换上赤褐色繁殖羽的红腹滨鹬。为了回馈朋友曾经的尽心帮助，如今无论自己住在哪里，她都会去做观鸟领队，鼓励那些被难以辨认的鹬鸻类弄糊涂的观鸟者，并且逐渐爱上了红腹滨鹬。她支持瑞尔国际保护组织在阿根廷的工作，在里奥格兰德、里奥加耶戈斯和西圣安东尼奥，她成功地让很多人开始关注和喜爱红腹滨鹬。

　　在小圣西蒙斯岛能看到很多野生动物：树林里的犰狳、北美黑啄木鸟和卡氏夜鹰；喂食器旁的丽彩鹀；粉红琵鹭和白鹭，在它们的群栖地里有密密麻麻的巢和幼鸟，周围有很多短吻鳄，使鸟儿免受浣熊惊扰；大群的鹮（有一天我数到400只）；站在池塘里的长脚鹬，它们长着惊艳的粉色长腿；黑头鹦鹳、三色鹭、美洲绿鹭和秧鸡。此外，还有蛎鹬、斑翅鹬和黄脚鹬，以及橙嘴凤头燕鸥、红嘴巨鸥、鸥嘴噪鸥、白嘴端凤头燕鸥和小白额燕鸥，所有的鸟儿都在无人打搅的宁静海滩上栖息和觅食。我陪着研究生艾比·斯特林寻找厚嘴鸽的巢穴，跟随它们的脚印进入沙丘。

　　鲎刚开始产卵。红腹滨鹬也刚刚到达，数量不是很多。几天前的一个清晨，我们看到1 000只红腹滨鹬在海滩附近细长的沙洲上觅食，同时还有几只云斑塍鹬。这里的海平面也在上升，不过几乎没有东西会阻碍沙子的移动，海滩自由地随着水流的起伏而变化。小圣西蒙斯岛、沃尔夫岛、埃格岛和小埃格岛在来自奥尔塔马霍河的沙子下尽受滋养。我们行走的海滩在仅仅五年内就变宽了 200 英尺。鸟儿平静自如。在这里，它们至少依然能够沿着海岸线迁徙。

在我追随红腹滨鹬时，南卡罗来纳州和佐治亚州成为它们重要的补给点。红腹滨鹬的名字里有个"滨"字，但是它们并不总是沿着海岸线迁飞。在出发去北极前，我绕了一点儿路，随着研究者们去寻找一条位于内陆的迁徙路线。那是一条幽灵之路，不再熙熙攘攘，但仍在为鸟儿所用。

第九章　幽灵之路：
马德雷湖和中部迁徙路线

那是 12 月的得克萨斯州，我们位于科珀斯克里斯蒂。从警卫室通往帕德里岛国家海岸的道路两边都安装了摄像头。一个标识提醒我们障壁岛上的行车路况不好。在进入公园的路上，戴维·纽斯泰德和我在一个池塘边停了下来，池塘里满是美洲潜鸭，它们有着漂亮的深红色脑袋和蓝色的喙，数量极多，我都能听到它们落地时翅膀轻拍的声音。我从来没有见过那么多美洲潜鸭，足足有好几百只，而且还有更多正在飞来。

人行道止于游客中心。"红腹滨鹬在秋天到这里来"，纽斯泰德一边开车一边说道。他的大学专业是英语，后来取得了海洋生物学的硕士学位，现在正为"海湾与河口项目"工作。他的研究专长本是鱼类，但现在迷上了鸟。他对鸟类的研究始于集群筑巢的鸟儿，如棕颈鹭、粉红琵鹭和黑剪嘴鸥。它们在遍布于马德雷湖中的小岛上繁殖。

"这些鸟更容易管理。因为它们是本地的鸟类，而且你了解它们的历史，如果出现问题，你将有很大的把握找出问题所在。迁徙的鸟不一样，遇到问题会相对难解决一些。"纽斯泰德说他希望能尽快"破案"，弄清楚他秋天在得克萨斯州海滩上看到的红腹滨鹬去哪里越冬。

而我将见证他解开谜题的过程。我基本上没有来过得克萨斯州，人们不认为这里是红腹滨鹬迁徙途中的主要停歇地。回到1992年，红腹滨鹬的数量比现在多得多的时候，即使无所不知的哈林顿也没有在得州看到很多鸟——11月有1 400只左右，但到冬天只看到了100~300只的小群。不过，我听说了纽斯泰德做的事，并且对他寻找红腹滨鹬的原因和方式非常好奇。

帕德里岛，世界上最长的障壁岛，延伸到了里奥格兰德河在墨西哥边境的入海口。今天我们要去岛上走走。东北风和上一次风暴把海水推上了沙丘。潮汐尚未将海滩抹平，步行有些艰难，我们需要开四轮驱动车才能穿过柔软的沙地。

纽斯泰德一边开车一边数着雪鸻和笛鸻。在北美大平原繁殖的笛鸻中，有超过半数在墨西哥湾西岸越冬。我们经过了覆盖着小蛤蜊的沙滩，它们的贝壳在阳光下闪耀着蓝色、金色、白色和粉色的光泽。"这里有两种蛤，"纽斯泰德说，"我看过一个炖蛤蜊汤的食谱，感觉好复杂。"这些蛤蜊还没有我小手指的指甲盖大。在10英里路标处是小贝壳海滩，这里的沙子比较粗糙。一头海豚的尸体被冲到沙滩上。25英里路标处是大贝壳海滩，沙粒依然粗糙。夏天，海龟会到这里筑巢。它们从繁盛一时到大量被捕杀，再到重新恢复的种群兴衰史，似乎可以映射出红腹滨鹬的未来。

曾经，在得克萨斯的海湾和潟湖里，海龟到处都是。1890年，100万磅海龟在墨西哥湾被捕捞，超过一半被卖给得克萨斯州。罐头厂与大型肉类加工厂合作，向美国北部地区运送海龟肉和海龟汤。海龟蛋被认为是有效的催情药，价格昂贵。海龟很快就消失了。尽管在 1940 年，一位名叫安德烈斯·赫雷拉的工程师沿墨西哥海岸搜寻如今已处于濒危状态的肯氏龟时，在第 26 天找到了 4 万只。它们成群结队地上岸，在墨西哥塔毛利帕斯州新兰乔的海滩上繁殖。根据他写的报告，整整一英里的海滩上，满满都是海龟和它们的蛋。一些有年头的记录显示，肯氏龟曾在帕德里岛的大贝壳沙滩和小贝壳沙滩筑巢，那里或许也曾布满了海龟筑巢后留下的痕迹。

到了 20 世纪 70 年代，肯氏龟的前景令人担忧。如今，数十年来墨西哥和美国所付出的不计成本的努力开始收获成果。新兰乔的海滩现在成了一个保护区，海龟繁殖季期间禁止捕虾人进入近海区域。在数百名志愿者的协助下，国家公园保护着帕德里岛上的肯氏龟家族。20 世纪 80 年代，只有几百只海龟在新兰乔筑巢，而帕德里岛上一只都没有。到 2012 年，7 000 多只肯氏龟爬上墨西哥湾的海滩产蛋，有 70 到 85 只爬上了帕德里岛。通过这些保护措施，在我有生之年，肯氏龟或许就能够从灭绝边缘被救回来，得以重现繁盛。如果这件事可能在海龟身上发生，那么对鸻鹬类来说也完全有可能。

纽斯泰德在前面带路，他登上沙丘，在海燕麦中穿行。海燕麦四处蔓延的根深深地扎入沙滩，锚定了 40 英尺高的沙丘。在我们脚下的帕德里岛和大陆之间，是马德雷湖的滩涂和浅水区。作为主潟湖的马德雷湖是一条细长的水体，加上里奥格兰德河以南的墨西哥境内的那部分——塔毛利帕斯州的马德雷湖——共有 230 英里长，构成了世界上盐度最高的潟湖系统之一。我们正对着一块聚集着红腹滨鹬的宽阔的绿色海藻垫。海藻垫中间是九英里洞，涨潮时鲑鱼会被困在里面，有时纽斯泰德会在这里捕鱼。"在夏天，水位变低，在太阳的炙烤下，泥滩了无生气。海藻垫变得像石头一样硬，在这儿找不到食物，所以鸟儿会到海滩上去。10月到来，滩涂被海水浸润，等海水齐脚踝深时，鸻鹬类和几百只鹭鸟就会来到这里。"今天，我们看到了西方滨鹬和黑腹滨鹬，没有红腹滨鹬。我们走到靠后一点的海滩上，登上了另一块海藻垫，在某年春天，有人曾在这里看到过1 000只红腹滨鹬。但我们一只都没有看到。

大多数大西洋迁徙路线上的红腹滨鹬都飞往南美洲越冬，少数在美国东南部越冬，主要集中在佛罗里达海湾。我专程来到圣彼得斯堡市的坦帕湾，到德索托堡州立公园里一片美丽的沙滩上，去寻觅它们的身影。棕颈鹭、大蓝鹭和小蓝鹭在沙滩后的红树林里捕鱼。鹮在草丛中散步，在为数不多前来野餐的人们餐桌周围晃悠。剪嘴鸥、燕鸥和蛎鹬，还有20来只云斑塍鹬在一片浅湾对面的小沙洲上栖息着。我从没见到过大群的云斑塍鹬。我们在沙滩上继续前行，终于在一小片用栅栏隔开的空地里发现了大概100只红腹滨鹬，在这里它们不会受到惊扰。我希望在栅栏内的它们有蛤蜊可吃。我们站在一只长嘴杓鹬旁边，观察着这群红腹滨鹬。20世纪80年代，佛罗里达的红腹滨鹬数量是6 000只，现在已经下降到不足1 500只。

这些鸟会在春秋两季频繁地往来于帕德里岛和稍靠北些的马斯坦岛——根据国家公园管理局的报告，红腹滨鹬的单日最高观察记录是1 600只。而纽斯泰德的一个朋友，比利·桑迪弗上校，则在一天内数到多达3 000只，但他们却几乎没看到过来自其他地方的戴旗标的鸟。纽斯泰德在加拿大的明根群岛看到过一只。鉴于约占总数四分之一的红腹滨鹬都佩戴有旗标，这个现象有些反常。"我们需要知道发生了什么。"纽斯泰德说。他认为在这里越冬的红腹滨鹬跟那些沿大西洋海岸飞行的不是同一群鸟，不过到目前为止他还没有找到证据。

海滩上堆积着一次可怕的赤潮带来的死鱼：海鲢、鲑鱼、鲳鱼、牙鳕、胭脂鱼、鲇鱼和瞻星鱼。纽斯泰德指着一条鲇鱼的残骸说："看那些锋利的刺，它们可以直接刺破轮胎。"在 9 月，死鱼被冲上海滩之前，他买了一辆新卡车，然而在沙滩上开车几乎不可避免地会从死鱼上面碾过去。死鱼被车轮压爆，它们的内脏喷出来，经高温炙烤，"臭气熏天"。每次潮水都带来更多的死鱼。到后来，纽斯泰德不用下车就知道死鱼已经在海滩上待了多长时间。"第一天，车轧过去会嘎吱作响；第二天，车刚刚轧过去鱼就爆开了；第三天，轮胎会直接滑过去。听起来很变态吧，但这是你没办法避免的。"一条被冲上来不久的大鲑鱼躺在海滩上，眼窝空空，深陷进去，是海鸥把眼珠啄走了。

桑迪弗住在附近的弗卢尔布拉夫的一辆房车里，他对帕德里岛很了解。纽斯泰德和我前去拜访他时，他正准备烹饪圣诞大餐——玉米粉蒸肉。他在小院里种满了植物以吸引鸟儿。春季的迁徙客，在经历了飞越墨西哥湾的艰苦旅程后，筋疲力尽地落入他的院子。他荷枪实弹地对付那些有问题的入侵者，这已是众所周知。他曾在越南打过仗，服役了七年五个月零十八天，最后带病归来。帕德里岛抚平了他的愤怒，让他恢复了元气。多年来，他拥有公园管理局给的唯一特许权：只有他可以带人们到岛上垂钓。"我在岛上待了 22 年，日复一日，海岛拯救了我。"

他是从钓鱼开始入门观鸟的。"一天有个北方佬到岛上来，他是个讲究人，一个相当厉害的观鸟者。他不愿花太多钱请向导。于是我们达成了一个约定：他教我观鸟，我带他钓鱼。他真是个称职的观鸟教师。当我说'这是一只半蹼鹬'，他就会反问：'为什么不是雪鸻呢？'每个刚刚开始观鸟的人都想发现一些特别的鸟种，但不是这么玩儿的。只有当你了解了所有会出现在这里的常见鸟类之后，才谈得上从中筛出那些'稀客'。"据纽斯泰德说，桑迪弗比任何人都了解帕德里岛，了解这里的鸟，他不仅可以找出稀有的鸟，还能首次发现一些人们原以为稀有，而事实上在帕德里岛比较常见的鸟。他观察红腹滨鹬很多年了。

"我过去常常在秋天看到它们，1 200 到 1 500 只的鸟群，日复一日，就在 15 或 20 英里的路标处。它们是这个季节的标志。我曾见过最多的时候是 8 年还是 10 年前的春天，当时海滩上的风速大概是每小时 45 英里，我正带着别人在兰德卡特钓鱼，红腹滨鹬在那里是受保护的。"多年后，20 英里的泥沙堆成了萨尔蒂约平滩，把马德雷湖一分为二。为修建近岸航道，兰德卡特被疏浚，与海湾重新连接起来。"我看到红腹滨鹬站在从海水中露出的沙洲上，圆滚滚的，有成千上万只。它们现在变得不常见了，你只能零零星星地看到它们。以前在海滩上我曾连续 16 天看不到其他人和车，而现在，这个时间缩短到了 16 分钟。"

大量鱼类的死去让情况变得更糟。"这是我所见过的最糟糕的赤潮，持续时间最长，波及范围最广，从高岛和加尔维斯顿附近的玻利瓦尔平滩，一直延伸到里奥格兰德。"到赤潮散去时（5 个月后），共有 450 万条鱼丧生，州内的所有牡蛎养殖场都暂时关闭，为此工厂遭受了 700 万美金的经济损失。这次赤潮被作为史上最严重的一次海洋灾害记入了得克萨斯州的历史。

赤潮始于一种微小的海藻——短凯伦藻（*Karenia brevis*）。当它开始蓬勃繁殖，水会变成红色或茶褐色。正常情况下海藻是离岸生活的，但这里几乎没有淡水流入，连月干旱让海水盐度升高。加之海风和潮水使海藻聚集于靠近海岸的地方，它们开始在高盐度的水中大量生长。短凯伦藻里的致命毒素会麻痹鱼类的中枢神经系统，当鱼类吞下一定数量的短凯伦藻后会窒息而亡。赤潮还会杀死蟹、虾、海豚，就连吃掉被赤潮感染的鱼的郊狼也会死亡。毒素会在以藻类为食的贝类体内积累，尽管这些动物自身毫发无损，但吃下它们的人、鸟类和海龟会出现严重症状。

数百年来，赤潮一直在墨西哥湾肆虐。最早的记录来自西班牙征服者阿尔瓦·努涅兹·卡韦萨·德瓦卡。在把墨西哥湾海岸收归西班牙的尝试失败后，他命令手下宰杀他们的马作为食物。他们乘木筏逃离佛罗里达，被飓风吹到了得克萨斯州南部，他们在那里住了数年。卡韦萨·德瓦卡在 1534 年写道，印第安人通过果实的成熟和鱼的死去来标记季节变换。1648 年，住在尤卡坦州的方济会修士弗雷·迪戈·洛佩斯·德科洛古多写道，海岸上"堆成小山一般的死鱼"散发出阵阵"恶臭"，从海边飘往梅里达。墨西哥湾的赤潮历史，和关于这个地区的历史记录一样久远。多年来，这种灾害的严重程度、持续时间和地理扩散范围有增无减。对此，桑迪弗并不惊讶："你不能在食物链的顶端乱来，在食物链的底端也同样不行。"

或许真正令人吃惊的，是干扰的复杂程度与影响范围。非洲的干旱和荒漠化持续加剧，甚至对大西洋彼岸的墨西哥湾产生了深远的影响。每年夏天，撒哈拉的沙尘暴裹挟着尘土席卷海湾，其中夹杂的铁屑落入海水。在海洋食物网的底层，漂浮在海水中的束毛藻（*Trichodesmium*）在吸收了铁之后会蓬勃生长，产生水华现象，这让海水中富含氮，反过来为赤潮供给能量。在食物网的顶端，人类先是捞走较大的鱼——红鲷鱼、石斑鱼、鲭鱼，进而又捞走这些大鱼的猎物——沙丁鱼、鲱鱼、鳀鱼、鲱鱼和桃红对虾。当浮游植物的捕食者变少，它们便愈发蓬勃地生长，其中一些还带有毒素。

海湾中的短凯伦藻密度通常很低，并不会造成危害。当情况发展到一茶匙海水里多达 25 个藻类细胞时，贝类养殖场就会被迫关闭。我从海滩看过去，一片片赤潮中的藻类细胞密度可能会高达一茶匙数百万个。人类即使没有食用贝类，也能感受到赤潮带来的影响。在翻涌的海浪中，藻类细胞会破裂，然后把毒素释放到水中。当毒素在含盐的海水中被雾化后，会对眼睛和咽喉产生刺激。"真的太糟糕了，"纽斯泰德回忆道，"开车时，我只能把窗户摇起来。到了海滩上，则必须戴上口罩，即便如此依然嗓子干疼，止不住地咳嗽。红腹滨鹬躺在沙滩上的车辙中，看起来已经病入膏肓。"他将一只死去的红腹滨鹬带给了研究水华的生物学家保罗·津巴，津巴发现它肝脏中的毒素水平已经达到致死剂量的 16 倍。

赤潮绝不是得克萨斯州的独有景观。在红腹滨鹬越冬的佛罗里达湾沿岸，赤潮有规律地发作，每次都持续数月。2013 年，美国国家气象局增加了一项警报，即当坦帕湾的赤潮威胁人的健康时会发出预警。2007年春天，300只红腹滨鹬在乌拉圭的拉科洛尼亚海滩死去了。同一天，人们又在附近发现了1000具无法辨认的鸻鹬类尸体。按照到达时间推测，红腹滨鹬最可能是从火地岛过来的。当地观鸟者认为它们的死亡归因于一次赤潮，但对此并无定论。

在潟湖遭受赤潮之苦的其他红腹滨鹬将在动物康复所接受照料和康复。这家机构由纽斯泰德的另一个老朋友——阿兰萨斯港的托尼·阿莫斯——负责运营。在一个黎明，我在马斯坦岛见到了他，那是一座位于帕德里岛北边、18英里长的障壁岛。出发时，天光仍然暗淡。这里的公路限速特别低，我开着一辆从朋友那里借来的小型丰田车在公路上缓缓前进，好几辆皮卡从旁边呼啸而过。我决定违反限速的规定。有了节约出的时间，我在一个有很多美洲潜鸭的池塘边停了下来。超过90%的美洲潜鸭会到墨西哥湾一带的浅湾和潟湖越冬。天光熹微，我流连于此。在我住的地方很少见到这些鸟：我喜欢就这样看着它们，数量这么多，距离这么近。

和这趟行程中我开车经过的其他地方一样，通往海滩的道路旁边没有停车场。我在沙丘附近看到了一些露营者和卡车，于是把车停在了那里。阿莫斯来了以后，我们坐上他的卡车，开着车在前方的海滩上观鸟。路线总长度为7英里，他把沿途看到的一切都计数并且记录下来。阿莫斯今年70多岁，他每隔一天就会做一次这样的调查，已经坚持了35年。

很快我们看到了2只银鸥、3只笑鸥、5只环嘴鸥、2只斑翅鹬、

2只翻石鹬、1只西方滨鹬、4只灰斑鸻、2个走路的人、4个在车上露营的人和3个空的大玻璃瓶。根据标签上的描述，瓶内之前装过腐蚀性的碱性液体。"它们是从一条船上掉下来的。"阿莫斯说道。每个空瓶上都有标号和日期，他之后会核查这些信息。在最初的0.5英里，他下车用脚步测量海滩的宽度，并且记下走到高潮线、沙丘和里程标记所用的步数。"仅仅是这一段路的行走，我已经累计走完了1 700英里。"

然后我们继续前行。他估算了从海里被冲上岸的泰来藻和僧帽水母的数量。他在看鸟时大声报数：1只斑翅鹬，2只黑腹滨鹬，1只灰斑鸻，7只环颈潜鸭，10只美洲银鸥，1个饮料瓶，4只大尾拟八哥（它们停到他的卡车上吃昆虫），1只大蓝鹭，2只翻石鹬，1只三趾滨鹬，10只笛鸻，2只西方滨鹬，1只笑鸥和1只美洲蛎鹬。他不仅数一次性饮料瓶、从捕虾船扔出来的绿色漂白剂瓶子和鸡蛋包装盒的数量，同时也数狗和红树林种子的数量。"我不喜欢有狗在海滩上，尤其是没有牵绳的狗。它们干扰这里的安宁，还轰散鸟群。"然后他戴上手套，检查一只死去的红尾鵟："正常情况下会有一些鸟死掉。这只鸟的胸腔已经空了。有些鸟我只看到过尸体。"

他在寻找笛鸻。"它们在这儿坚守阵地呢。"他看到一只，拿出相机来，对准旗标上的编码放大并拍了下来。"我知道这只鸟，我第一次看到它是在2010年7月。它是从加拿大大平原飞来的，今年它回到的这个地方，距离去年它被看到的位置还不到100米。"他把这只鸟所在的经度和纬度记录下来。"它们在还没有'地标'时就来到这儿了，比如这些房子，以前都没建起来呢。"他看向另外一只笛鸻，他第一次在这里记录到它是在 2004 年 9 月。"这只鸟我看到过 200 多次了。能和一只每年都飞那么遥远的鸟见面 200 次，让人感觉非同寻常。"

这时开始有电话打进来了。鸟儿依然是赤潮的牺牲品。"有队员看到了一只遭遇赤潮的鸬鹚，它抬不了头，步履蹒跚，无法飞行，就在阿兰萨斯港的霍勒斯考德威尔码头附近。如果可能的话，我们会捉住它，但双冠鸬鹚是那种你绝不想被它咬到的鸟。它的喙前端的弯钩相当有力，能够牢牢叼住扭动的鱼，但同样也可以把你咬伤。"阿莫斯是自学成才的观鸟达人，至今已观鸟多年。他在哥伦比亚大学的拉蒙特－多尔蒂地球观测所工作时，就开始观鸟了。"那时我每天都待在轮船的甲板上操作设备，看灰鹱和信天翁从头顶飞过。此后我开始对鸟儿着迷，我统计它们的数量，然后把它们画下来。"

我们找到一只死去的褐鹈鹕，它的腿是蓝色的。阿莫斯把它带到了沙丘上。雾气弥漫起来。人们遛着狗，或者狗在沙滩上走，主人在旁边开车跟着。阿莫斯接到了另一个电话，有人捉住了那只鸬鹚。当时我们差不多走了一半了。"我开始做这个工作时，这里没有房子，没有公寓楼。我常常来到这个海角，坐在一根被冲上沙丘的老树干上想事情。有一天，有人搬走了我的树干，在那里修了一栋海湾公寓。1980 年，飓风'艾伦'将公寓吞没了。"他又看见了一只之前见过的笛鸻："你好呀，亲爱的。"我们处于科珀斯克里斯蒂的城市边缘，那里的海滩正日渐变窄。"啊，这是小黑背鸥，它们主要在欧洲繁殖，现在正在扩大越冬地的范围。它们曾经在这里很少，如今已经比较常见了。"

一条死去的美国红鱼刚被冲上了海滩。"赤潮还在这里。"我们看到了一个曾装过米饭的巨大塑料袋，然后是一大块被用来盖托盘的塑料布。"这些大片的塑料被埋进沙子里，不可能再被移走。尽管很难，但我想尽量把这些塑料进行分类。"这时另一个电话打了进来。国家公园管理处那里有一只绿海龟，我们要去岸上救它。

来到得克萨斯州障壁岛海滩上的远不止刚刚提到的这些，还包括了桑迪弗的那艘船。船初来海滩时因为卸下了一批大麻，被联邦特工扣押了。联邦特工还拘捕了船员（驾驶员逃上了沙丘），没收了货物然后拍卖了船。后来桑迪弗买下了这条船。

经过 7 英里的路途，我们看到很多鸟和各种塑料垃圾，但没有看到红腹滨鹬。有一年，阿莫斯曾看到过约 1 600 只。1979 到 2007 年间，这个数字下降了 54%。与此同时，到海滩上散步、开车经过和露营的人数量翻了五番。马斯坦岛上红腹滨鹬的没落，是否反映出红腹滨鹬在得克萨斯州种群数量的下降？抑或是红腹滨鹬为了躲避干扰而飞去了另一安静之处？这都很难说清。"下周一要交圣诞节鸟类调查数据，他们一直希望我能够找到一只红腹滨鹬，但我已经明确地表示，这一年内是找不到了。"

那只绿海龟的情况很糟糕，钓鱼线缠绕在它的脖子上，它的呼吸声很粗，看样子它吞下了鱼钩。阿莫斯要为它进行 X 光检查，以确定鱼钩的位置。在动物康复所，阿莫斯给这只瘦弱的海龟称了体重，然后把它放在一个黄色的塑料儿童游泳池中，里面垫了一块毛巾。钓鱼线依然绕在它的脖子上。"我会直接剪掉钓鱼线。如果钩子在喉咙里，它可能要做手术；如果吞进了肚子，我们就无能为力了。"我们还看到了其他受钓鱼线或船只螺旋推进器所害、模样惨不忍睹的海龟。

阿莫斯昨天野放了 5 只美洲潜鸭。"最近看到了很多遇到麻烦的美洲潜鸭，它们都极其瘦弱。如果你在路上看到死去的鸟，很可能就是美洲潜鸭。这很奇怪。我不认为是赤潮影响了它们。"今年以来，阿莫斯帮助 1 400 只鸟儿恢复了健康。我看到了他用来安置红腹滨鹬的笼子。"我把它们放在这个大围栏中，然后用布盖住围栏来让它们安静下来。它们的体重比较轻，我用面包虫和碎鱼肉来喂它们。"当鸟儿恢复健康，纽斯泰德就把它们放回野外。他至今未能和那些康复的鸟儿在野外重逢。

纽斯泰德一直在寻找红腹滨鹬。几天后，我们驾车来到科珀斯克里斯蒂城外，穿过连片的田野。田里刚收割完高粱、玉米和棉花，沙丘鹤在里面觅食。在丰水年，田地被雨水浸透，短期内会变成浅塘，吸引上百只鸟儿来此栖息，不过现在土壤干透了，眼前空空荡荡。这片土地正在出售。人们已经提出了在这里修建风力发电厂的计划。

一眨眼工夫，我们到了毕晓普。毕晓普是一个每年生产超过 700 万磅"艾德维尔"和"摩特灵"牌布洛芬的小镇。今晚睡前我应该需要吃一些。纽斯泰德指给我看田野里的 25 只杓鹬、1 只滑翔而过的草原隼和 1 只他认为终将被加入濒危物种名录的岩鸽。我们在一个标志处转弯，开往毕晓普机场，然后停在了一条跑道边上。安塞·温德姆带我们上了他的飞机。那是一架长 24 英尺的小型单引擎螺旋桨飞机，机身上的红色、白色和蓝色闪闪发亮，机头上有一颗大五角星，整架飞机就像一面硕大的得克萨斯州州旗。飞机底部安着一根长长的天线。我坐进后座，戴上耳机。我们今天大部分时间都会在飞机上度过：听声辨位，寻找红腹滨鹬。

两个多月前，纽斯泰德捕到过 11 只红腹滨鹬，在它们双肩中间贴近皮肤的地方粘上了无线电发射器。每只发射器的电池电量大概可以支撑 3 个月的信号传输。现在，11 个发射器中仍有 10 个在正常工作。第 11 只鸟的发射器在同一个地方发射了 3 周信号。后来纽斯泰德在沙丘后面几百码处找到了这只死去的鸟。有时，速效的环氧树脂黏合剂会老化，发射器随之掉下来，尽管它一直在敬业地工作，但鸟早就飞走了。一段时间以前，这 10 只鸟带着正常工作的发射器离开了海滩，纽斯泰德希望无线电信号会告诉他它们的位置，他打开了接收器。

当日天气晴朗，伴有阵风。4 只沙丘鹤在飞机下方飞行。我们向大海飞去，飞过沼泽地，正常情况下每年这个时候会有 2 英尺深的水，但是这会儿没水。飞机在风中呼啸前行，先是在海军航空站拐弯去寻找一只笛鸻，这属于另一个无线电追踪项目的工作任务，然后再在鹈鹕岛拐弯，那是一个面积 400 英亩的用泥堆起的小岛。20 世纪 70 年代，DDT 的使用让在这里筑巢的鹈鹕数量锐减，仅剩 5 对。禁用 DDT 后，得克萨斯州筑巢的鹈鹕数量回升至将近 8 000 对。7 年前，浣熊和野猪来到岛上，逼走了鸟儿。我们从一只正偷偷靠近琵鹭的郊狼头顶飞过，又经过了一个大概有 1 万只美洲潜鸭的水塘。

温德姆将飞机转向南方，往帕德里岛飞去。大海在我的左边。如果海水清澈的话，我们会看到海豚和鲨鱼，不过取而代之的是沾染上一块块赤潮的海水。沙滩上满是死去的鱼和鹈鹕。我的右边是帕德里岛的沙丘，前方是马德雷潟湖的滩涂和浅水区。

得克萨斯州的潟湖没有河流注入，它的淡水来源只有雨水和时有时无、经由雨水汇成的小溪，湖水的盐度比海水更高。过去，随着水分因为酷暑高温而蒸发，这里湖水的盐度可以达到海湾的两倍、三倍甚至四倍。当湖水变成了浓盐水，鱼就会死去。在情况好的时候，潟湖宽阔的海草草甸滋养了大量的鲷鱼和斑海鳟。这些鱼适应了潟湖的极端条件，在寒流期间向深水区游去，盐度飙升时则游向大海通道。潟湖只占得克萨斯州海湾面积的 20%，而多年来这里出产的有鳍鱼数量却占到海湾全部产量的 60%。

我们从亚博勒水道上空飞过。水道是被飓风刮开的缺口，现在基本上被柔软的沙子填满了。纽斯泰德曾在这里放飞康复的红腹滨鹬。阳光变得刺眼，机舱内开始升温。我们逆风飞行，风速为 30 节[①]。沿着海滩飞行 60 英里后，我们转而沿着曼斯菲尔德通道向西穿过海滩，终于飞到了潟湖上空。红腹滨鹬可能在潟湖 600 平方英里范围内的任何地方。"有时我会想，这是个傻瓜才去做的任务，在这么广袤的空间寻找这么小的鸟。"纽斯泰德说。"我没法绕湖走一圈，即便坐船把湖搜一遍也不现实，面积实在太大了。"在这里通过飞机寻找有无线电标记的鸟是他的最佳选择之一。

在从海岛通往外海的通道上，在从科珀斯克里斯蒂到帕德里岛的大型海堤上，在深 12 英尺、宽 100 多英尺的海湾沿岸航道中，在兰

---

① 相当于风力 7 级。

德卡特，人类留下的痕迹无处不在。潟湖也被高度保护起来。帕德里岛国家海岸、阿塔斯科萨国家野生动物保护区和数英里长的国王与肯尼迪私人牧场占据了潟湖 70% 的边界。浅水区的水极咸，尽管看起来并不适合居住，但这里拥有得克萨斯州 79% 的海草，包括浅滩草，那是潟湖里的美洲潜鸭最喜爱且很可能是唯一的食物。20 世纪 40 年代，在开凿海湾沿岸航道时，人们用挖出的泥沙筑起了几百个人工岛，现在岛上长满了牧豆树和仙人掌，成为近 2 万对水鸟的栖息地，其中包括黑剪嘴鸥、7 种燕鸥、9 种鹭和 2 种鹮。琵鹭也在这里筑巢，还有褐鹈鹕以及美洲白鹈鹕。整个潟湖上筑巢、越冬以及迁徙时经过的鸟类总数超过 200 万只。

纽斯泰德指引温德姆来到阿塔斯科萨国家野生动物保护区，上周在这里他看到过红腹滨鹬。他认为它们可能会在保护区附近的滩涂上越冬。"转到这边来，"他引导着温德姆，"上周这块海藻垫被雨水浸润了，对鸻鹬类来说这里变得很适合觅食，它的厚度在 2 到 6 英寸之间，恰恰是红腹滨鹬喜欢的。"我们开始收到无线电信号，但比较微弱。他好像在占卜似的。"我认为下面有红腹滨鹬！"他对着窗外歪歪头。飞机急速下降。他想看得更清楚，而温德姆无缝配合，让飞机下降了三四次。我感到眩晕，还有点冒冷汗。但我们没有发现红腹滨鹬。机身恢复平稳后，无线电信号又进来了，听起来就像蟋蟀的低声鸣叫。我们俯冲而下。纽斯泰德和温德姆合作默契，显然他们很享受彼此的配合。他们几乎不讨论策略，温德姆全神贯注在信号上，纽斯泰德则紧盯着下方的滩涂，仅仅打个手势或说一句"这里"，飞机就再次下降。这种高效率的配合让我们能够多次俯冲进行观察。

飞机在低空盘旋。纽斯泰德是个乐天派，他变得很兴奋。发射器装在鸟儿身上已经有60天了，我们今天有多次见到红腹滨鹬的机会，不过目前仍没有收获。倒是更容易看到人类。"那是边境巡逻队。"他看着下面说道。我们现在相当靠近墨西哥，此前温德姆在国土安全部做过登记。他告诉我，如果他不这么做，将有严重后果，比如回来时会遇到武装警卫并被搜查。边境线向大海方向弯曲，被里奥格兰德的无数道急弯抛在后面。温德姆一边追踪无线电信号，一边小心地让飞机保持在美国境内。我们贴着边境线前行。他避开一座灯塔，然后飞越了一座带私人跑道的大房子，那是一位野鸭猎人的住宅。当纽斯泰德和温德姆讨论无线电遥感的具体方位时，我努力地听着，但因为整个早上都在空中下沉和翻滚，我真的要吐了。信号重新变强。温德姆转了个急弯，再次下降，红腹滨鹬依然不见踪影。

　　飞机在风中颠簸。一年中的大多数时候，得克萨斯州南海岸的风在傍晚尤其强劲，而且风力稳定，这时是用电高峰，电价也会上涨。得克萨斯州是风能行业的领跑者，这里7.4%的电力来自风能，接下来的几年里，沿海地区的风能发电产量有望翻倍。已经有人提出在帕德里岛建设风力发电厂的计划了。桑迪弗曾见到约50万只黑浮鸥在计划地区的浅水湾里取食鳀鱼。纽斯泰德不确定的是，研究鸟类在近海的死亡率的可能性有多大，因为要在这里弄清鸟类的死亡数量几乎是办不到的。一位研究加州鸟类死亡率和风力发电厂之间关系的生态学家肖恩·斯莫尔伍德对此表示赞同。"没有可行的方法来计算近海的鸟类死亡率，据我了解，还没有人有自信能把这件事做好。"他在写给我的信里说道。

然而这件事必须要做。威廉与玛丽学院保护生物学中心的布赖恩·沃茨发现："沿大西洋海岸扩建风能发电厂，将会形成目前水上最大的一个威胁网络。"很多种鸟能够承受由此带来的风险，但沃茨认为红腹滨鹬、粉红燕鸥、笛鸻、美洲蛎鹬和云斑塍鹬可能不会。罗格斯大学的乔安娜·伯格在评估近海风电厂给濒危鸻鹬类造成的风险后发现，如果在红腹滨鹬越冬或补充能量的关键海湾或河口设置涡轮机，将会给它们带来严重威胁。

　　位于鸟类迁徙路线中段的大量涡轮机让纽斯泰德颇感担忧："在南美洲或中美洲和北部繁殖地之间穿行的鸟儿，正好会经过落基山脉东部和密西西比河西部。"每天在潟湖喝盐水的美洲潜鸭，会不时回到淡水池塘以降低体内的渗透压。肯尼迪牧场的260架涡轮机立在潟湖与一块块淡水池塘之间，那里是8万只美洲潜鸭生息依存的地方。阿塔斯科萨野生动物保护区附近的一块地区正计划安装更多涡轮机，这里是超过400种鸟类的家园，包括濒危的黄腹隼。随着风电技术的进步，涡轮机将变得更大——400多英尺高的叶片能扫过1~1.5英亩的面积，叶片末端以每小时140英里的速度旋转。

　　飞机上的我们收不到无线电信号了。温德姆驾驶飞机掠过了滩涂的另外一部分。"我们需要缩短行程，"他说，"这风在耗尽飞机的燃料，我们还能朝一个方向飞15分钟——你选个方向吧。然后我们返航。"纽斯泰德不想离开，但他也没有太多选择。他俩跟踪了最后一个微弱的信号，然后向北，飞过了肯尼迪牧场的风力发电厂。

　　陆上风力发电厂的鸟类死亡率数据是存在的，但近海的相关数据却还是空白。当涡轮机的数量增加，鸟类死亡率的计算变得更复杂，鸟类的实际死亡数量也在上升。根据美国鱼类及野生动物管理局提供的数据，多年来，风力涡轮机致死的鸟的数量已从 33 000 只激增到 440 000 只。最新的数据来自斯莫尔伍德 2013 年的调查，数量增加到了 570 000 只。得克萨斯州的发电总量在 2013 年度位列全国第一，实际使用的大型涡轮机数量（超过 7 500 个）排名全国第二。全美 10 个最大的风力发电厂中有 6 个在得州，2012 年，得州是美国新增产能最多的（1 800 兆瓦）。鸟类因风力涡轮机致死的大多数报告，在得州都是保密的：斯莫尔伍德没能把这些数据计入调查报告。

肯尼迪风力发电厂拥有高科技雷达，当雷达感应到有大规模鸟群随着暴风雨或浓雾靠近时，它能够传输信号以关停涡轮机，直到鸟群安全飞过。但是因为相关数据尚未公开，斯莫尔伍德认为，这些雷达系统的功能还未经证实，研究风力涡轮机导致蝙蝠死亡的爱德华·阿内特也这样说。纽斯泰德在兰德卡特工作时，曾在一个晴朗的日子里看到一小群美洲白鹈鹕飞过电厂的高塔，涡轮机叶片把其中一只打得粉碎。他不知道自己目睹的是一次小概率事件还是经常会发生的事故。得克萨斯州的数据少有同行进行评审，同时也不对民众公开。另外，斯莫尔伍德相信美国风电产业可能没有进行次数足够多、时间足够长、范围足够大的搜索，以全面评估有多少鸟(尤其是小型鸟类)因此丧生。

风能能够减少美国对化石燃料的消耗，大幅减少二氧化碳的排放，根据美国能源部的数字，风能至少能满足全美 20% 的电量需求。2012 年末，美国有 45 000 架风力涡轮机投入使用，到 2020 年，预计这个数字会翻三番。与每年数以亿计的鸟因与建筑物和窗户相撞而亡相比，风力涡轮机导致的死亡数量仅仅是个小数字，每年被猫捕杀的鸟有 10 亿到 40 亿只，因通信塔而死的有 500 万到 700 万只，被车撞死的有 6 000 万到 8 000 万只，因农业杀虫剂而死的有 7 000 万到 9 000 万只。尽管如此，风力发电厂在修建时还是应当为鸟类的安全问题斟酌再三。

在加州的阿尔塔蒙特山口，风力发电厂造成了上千只鸟的死亡，其中包括金雕、隼、穴鸮和红尾鵟。去除位于鸟类"热点区域"的涡轮机，对老旧的涡轮机进行翻新，以及在冬天停运涡轮机等措施，让鹰科鸟类的死亡率降低了一半。在西班牙加的斯省，有 300 个风力涡轮机位于兀鹫飞越直布罗陀海峡进入非洲的秋季迁徙路线上。科学家们观察到，兀鹫飞近涡轮机时会引发控制塔的警报，于是控制塔的工作人员会关掉涡轮机，直到它们平安飞过，这使鸟的死亡率下降了 50%。

我们的飞机着陆了。这不是一个寻找红腹滨鹬的理想日子。温德姆和纽斯泰德下了飞机后发现有一根天线找不到了，可能是在风中折断了。他们开玩笑说，风速这么大，应该事先把飞机零件拧得更紧一些。纽斯泰德几天后又安排了一次飞行，依然没有找到红腹滨鹬。追踪鸟儿对耐心和毅力都有很高的要求，而纽斯泰德二者兼备。后来温德姆和他坚持不懈地寻找，终于在潟湖入口的巴芬湾附近找到了 40~50 只红腹滨鹬，在阿塔斯科萨野生动物保护区附近的滩涂上找到 500~600 只。数据记录器还将提供更多的信息。

2014 年初，纽斯泰德和拉里·奈尔斯一起，回收了他们在得克萨斯州为鸟儿安装的约 100 个地理定位器的四分之一。得州的数据驳

斥了纽斯泰德的观点，这件事因而被人调侃道，纽斯泰德没有在得州看到佩戴旗标的鸟，是因为他的望远镜擦得不够干净。数据表明，大多数得州的红腹滨鹬在墨西哥湾沿岸地区越冬，它们一年中有超过 9 个月时间待在这里。一只红腹滨鹬的亚成鸟在出生的这一年被装上了定位器，它在得州度过了它的第一个夏天。

纽斯泰德现在了解到，尽管他无法亲眼看到红腹滨鹬，但它们就在墨西哥塔毛利帕斯州的马德雷湖和得克萨斯州的马德雷湖之间，在海湾沿岸地区和潟湖的某个地方，又或许远至北边的马塔戈达岛上。人们曾以为在得州越冬的红腹滨鹬有 300 只左右，而他的飞行调查结果表明，这个数字可能实际上更接近于桑迪弗观察到的几千只。而奈尔斯和他安装的数据记录器提供了额外的惊喜，它们不仅显示红腹滨鹬的成鸟和亚成鸟都在得州越冬，还提供了另一条线索，那就是红腹滨鹬仍然在使用一条古老的北迁路线，一条远离大海、从陆地上空飞过的路线。

1912 年，美国生物调查局的韦尔斯·W. 库克回忆起一场"几乎连绵不绝"的鹬鹬类迁徙鸟儿成群结队地飞过密西西比河流域的大草原，路线途经堪萨斯大草原、内布拉斯加州和南北达科他州，形成了"春季迁徙高速公路"。在使用这条迁徙路线的鹬鹬类中，红腹滨鹬"相当常见"。福布什写道，在 1912 年，红腹滨鹬"成群地"——他没说具体多少——从得克萨斯州向北飞过密西西比河流域，即便当时它们只是一个数量不多的"小分队"。现在，对红腹滨鹬来说，这条道路很安静，大多数鸟儿很久以前就被猎人捕杀了。1958 年的一份关于得州红腹滨鹬的记录显示，红腹滨鹬在迁徙穿越五大湖地区时，偶尔会在冬天经过这里。

美国地质调查局绘制了北美大平原迁徙路线的剩余部分,他们搜集了1986年到1995年这10年的观察资料,在以下地方找到了红腹滨鹬:得州海岸(南至紧邻墨西哥的博卡奇卡海滩,北至帕德里岛和马斯坦岛)、阿兰萨斯港机场的沙滩(阿莫斯曾在那里看到过2 500只红腹滨鹬)、马塔戈达岛和加尔维斯顿附近的玻利瓦尔平滩等地。调查过程中还发现,在更靠北的地区记录到了共计19 000只红腹滨鹬,它们分布在加拿大的拉斯特山湖、萨斯喀彻温省的奎尔湖和卓别林湖、艾尔伯塔省的比弗希尔湖以及美国的以下地区:犹他州的大盐湖、堪萨斯州的阿肯色河、俄克拉荷马州的夏延洼地国家野生动物保护区和为塔尔萨市供水的乌罗加水库。

这些地区的一部分是草原壶穴,即几千年前北美冰山后退而留下的多孔洼地。小而浅、偶尔有盐水的孔穴散布在北美大平原上。得克萨斯州的红腹滨鹬和成千上万只北迁经过得州的鸻鹬类,在这些草原壶穴里补充能量。

由冰川塑造的湖泊正在被人类重新改造。从清洁剂、畜禽饲料、淀粉、地毯除味剂、纺织品和造纸厂提取出来的厚厚一层磷酸钠沉在长而窄的卓别林湖的湖底。萨斯喀彻温矿业公司通过控制盐湖水位来保护鸻鹬类的栖息地。在奎尔湖,野鸭基金会管理湖水的水位,这些工作也提高了野鸭和鸻鹬类的栖息地质量。20世纪90年代早期,这些湖引来了多达9 000只红腹滨鹬。没有人知道它们在那里吃了什么,得以让自身获取能量。三分之一的三趾滨鹬靠卓别林湖、旧怀夫斯湖及里德湖中的蝇类和丰年虾来补充体力。在奎尔湖,半蹼

　　　　　　　　　　　　　　　　　　　　　絶境

滨鹬和塍鹬的食物是蚊蠓和眼子菜，偶尔还有蚱蜢。红腹滨鹬或许也会吃这些食物。

当雨和融雪蕴满湖泊和旁边的牧场，海岸线消失了。红腹滨鹬可能不得不冒着危险到附近的道路上栖息。据报道，2011 年一个雾蒙蒙的夜晚，里德湖边有 10 只红腹滨鹬死于路杀。当湖水严重泛滥，一些鸟会飞过湖泊，继续前往哈得孙湾的纳尔逊河口，这是一处此前未被注意到的停歇地。

ebird 是世界上最大的观鸟记录电子数据库。美国各地的观鸟协会通过追踪和确认 ebird 上的罕见记录，调查红腹滨鹬依然在使用的这条内陆迁徙路线上是否有其他停歇地。观鸟者的记录说明，他们依然能在这条路线上看到红腹滨鹬，通常只有一两只，这些记录出现在：俄克拉荷马州的乌罗加水库，以及为俄克拉荷马市筑坝蓄水而形成的赫夫纳湖；堪萨斯州基维拉国家野生动物保护区的内陆盐沼；南达科他州斯通湖的浅滩上；北达科他州的草原壶穴以及大福克斯市的污水处理池；密苏里州的奥阿希水库；还有北达科他州，1977 年，人们在这里看到了一群有 40 来只的红腹滨鹬。

野鸭基金会等环境保护组织与美国鱼类及野生动物管理局共同守护着这条古老的路线。数百万只雁鸭类从北美大平原的壶穴迁徙经过，或是在这里筑巢繁殖："野鸭工厂"是世界上最为重要的、也是在北美最受威胁的水禽繁殖地之一，因为连片的草地和湿地正在变成种植大豆和玉米的农田。据野鸭基金会评估，50% 到 90% 的草原壶穴已经开始退化。科学家通过计算认为，比之用作农田，那些壶穴在野生动物保护、洪涝防控和碳储备等方面的价值要高出约 40 亿美元。野鸭基金会的当务之急是筹备资金，用于保护 2 000 万英亩草地以及修复 400 个浅水湖泊。

鸻鹬类应该会从中受益。在北达科他州，大多数红腹滨鹬都是在草原壶穴区域被看到的。一些观鸟向导会评估观鸟者看到特定鸟种的概率。美国林业管理局的丹·斯文根和美国地质调查局北方草原野生动物研究中心的劳伦斯·伊格尔给我发来了观鸟向导对红腹滨鹬的评价："看到就是中奖。"红腹滨鹬的观测记录并不多见：这里一只，那里一只，偶尔有一小群。每一次发现都在提示着我们，它们曾经在这里，并且可能依旧在这里。

第十章　多失去一只鸟要紧吗？

从得克萨斯州向北穿过北美大平原，这条红腹滨鹬的迁徙路线曾经熙熙攘攘，现在却格外冷清，并渐渐从人们的记忆里消失，这种境况令人担忧。如果红腹滨鹬这种数量已经大幅下降的鸟儿从海边消失，那将会意味着什么？

每年春天，当地面还是光秃枯黄时，在我家后院就有鹬鹬类开始呼叫伴侣了。一条小河沿着草地流过，有淡水却没有沙滩，而且这里是上游，离潮汐很远。当夜幕降临，几颗星星出现，其他鸟儿停止吟唱时，我们可以听到丘鹬的叫声。丘鹬也是鹬鹬类大家族的一员，但是在演化过程中它们离开了开阔的海滩，选择在内陆生活。我在地面上几乎看不到这些隐居的和善于躲藏的鸟儿，但低低的"哔、哔、哔"的鼻音暴露了它们的位置。在叫声持续了一两分钟后，一只雄性丘鹬便会起飞。有一次一只雄性丘鹬起飞的地方离我只有几英尺，它直接向我飞来，我猜这对我们俩来说，都是个意外。起飞后的丘鹬冲上天空，在森林上方盘旋。一阵羽翼拍打声意味着它的归来。它在空中完成了一连串翻滚和盘旋动作后，伴着悦耳的鸣唱，突然落到深色的地面上，体色与枯叶完美地融合在一起。哔、哔、哔！成功着陆。随着白天变长，每晚它的空中舞蹈也会稍微推迟一些开始。

这种不在海岸居住的鹬鹬类现在怎样了呢？这些年来，原先你唱我和的原野越来越安静了，只有丘鹬还在暗夜的空中盘旋。把其他鸟赶走不需要花费多少力气。盖两幢新房子，再养几条宠物狗，任由它们在田野里奔跑和吠叫，便可打断鸟儿的婚礼。现在，每逢初夏晚上，我不是沿着依然有鸟飞过的路，循声寻找还未找到配偶的鸟儿，就是开车来到城郊，白天渔民们曾经在这里补网和晒网，而晚上丘鹬依旧在这里鸣唱。丘鹬从草甸上的消失，虽然有些令人伤感，但对丘鹬种群的整体状况来说并没有特别大的影响：当感受到压力时，它们或许有更好的选择。在美国，20世纪七八十年代，幼龄林的减少导致了它们种群数量下降，但在过去的15年里，它们数量保持稳定。

对它们热爱沙子的表亲来说，情况并非如此。红腹滨鹬的每个亚种数量都在衰减。北美洲东海岸的翻石鹬数量自1974年以来下降了75%。沿着北美洲和南美洲东海岸，半蹼滨鹬的数量则越来越少：特拉华湾有一点点；安大略省南部和芬迪湾的广阔滩涂上有一点点，它们从这里出发向南迁徙之前，以小型端足类为食，把体重翻倍；在越冬的家园圭亚那，它们的数量猛降——自20世纪80年代以来下降了79%；在位于哈得孙湾的马尼托巴省的丘吉尔镇，海滩上已经没有繁殖的半蹼滨鹬了，但是在20世纪40年代，它们曾是这里繁殖数量最多的滨鹬。

北美洲的其他鸻鹬类——双领鸻、小黄脚鹬和中杓鹬——数量也在衰减。每年，优雅的中杓鹬从马更些河三角洲的繁殖地起飞前往南美洲的越冬地，途中它们会在弗吉尼亚州的障壁岛做短暂歇息，从1994到2009年，它们在这里的数量下降了一半。我曾相信每年我在海滩上看到的鸟——穿着帅气的"黑礼服"的灰斑鸻、戴"黑领圈"的半蹼鸻、在天空中划出弧线的三趾滨鹬——会是我的海景画里永恒的部分。然而，事实并非如此。每年春天，全世界有5 000万只鸻鹬类飞往北极繁殖后代。从统计数据来看，近一半种类的鸻鹬类正在减少。在加拿大北极地区，跟其他鸟相比，鸻鹬类下降的速度要快得多，它们的数量下降了60%以上。在美国，半数依靠盐沼、河口和海岸滩涂的鸟类数量在衰减。在欧洲，1 200万只鸟会在欧洲鸟类迁徙路线的十字路口——瓦登海——进行繁殖、换羽、补给或越冬。在那里减少的水鸟种类（41%）是当地增加的水鸟种类（22%）的两倍。在世界各地，鸻鹬类正在失去它们的家园。

奥尔多·利奥波德在他的《沙乡年鉴》（*A Sand County Almanac*）里提到了丘鹬："丘鹬的存在有力地回击了这种观点：鸟儿只能充当狩猎的靶子，或者只能被优雅地放在一片烤面包片上。没人比我更愿意在十月去狩猎丘鹬了，但是自从了解了它们的空中舞蹈后，我发现对我来说，捕一两只丘鹬已经够了。我必须要确保的是，四月来临时，黄昏的天空不会缺少舞者。"暮色降临，丘鹬奋力起飞，盘旋起舞；春天的傍晚，成千上万只躁动的鸻鹬类会突然横扫过天际；秋天的沼泽上，中杓鹬幼鸟独自寻找一个从没见过的家园，像红腹滨鹬一样，它每年也要飞行上万英里；斑尾塍鹬可能是所有鸻鹬类中飞行距离最长的鸟，从阿拉斯加的育空河三角洲飞到新西兰的越冬地，连续飞行7 200英里……如果所有这些鸟都消失了，我的世界会因为难过而黯淡无光。不过这要紧吗？

在食物网遭到"磨损"之前，它的重要作用可能并未显现；在一条食物链被"撕裂"之前，它的价值可能也不会被看到。19 世纪，鲨因被作为肥料而遭到大屠杀；20 世纪，再次因为被作为饵料而受到毁灭性打击——鲨消失的故事还在海上回响。当海边的家园环境渐渐恶化，当鲨卵这种优质食物开始减少，鹱鹬类是能够感受到这种变化的。贝类渔民也能感到鲨的减少。在马萨诸塞州，鲨因为捕食有商业价值的蛤蜊而被认为是有害生物，每年至少有 100 万只鲨被杀死；有人以高价向贝类渔民收购鲨的尾巴，其中有八个城镇，直至 2000 年，还在要求人们依法捕杀每一只发现的鲨。现在，用旋耕机翻沙挖取牡蛎和圆蛤的人少多了，贝类渔民向管理者要求关闭在韦尔弗利特湾的饵料厂，这样鲨可能会回来。

红海龟能感觉到鲨的减少。它们出生在弗吉尼亚州的海岸，在幼年时随着墨西哥湾暖流穿过海洋，在亚速尔群岛长大，然后回到出生的沙滩上产卵。在旅途中，它们沿着东部海滨觅食。20 世纪 90 年代，当实行饵钓的渔民在弗吉尼亚州和马里兰州沿岸水域捕杀了成千上万只鲨以后，红海龟失去了它们最喜欢的食物，转而捕食蓝蟹。

当蓝蟹的数量下降时，饥肠辘辘且没有选择的红海龟只好去吃小鲱鱼和石首鱼——一种会发出咕咕声的浅水鱼。但是鱼儿动作灵活，能轻松避开重达 250 磅的海龟。红海龟被迫开始吃卡在渔网上的活鱼或渔民丢弃的新鲜鱼。在切萨皮克湾，红海龟的数量自 20 世纪 80 年代以来已经减少了75%。远洋渔线和捕虾网钩住了成千上万只红海龟，直到现在它们依然缺少食物。

海龟是健康的海洋里非常关键的角色。当哥伦布航行至美洲时，多达9 100万只绿海龟在加勒比海里层层叠叠地漂着。一份1774年的历史资料这样描述船队经过牙买加时的情形："在雾气弥漫的天气里，船队失去了方向，船员们完全是跟随海龟游泳发出的声音抵达了开曼群岛。"现在大海越来越安静了。对一些人来说，海龟可能是走错时空的怪咖，是远古的旧物，但是，它们的减少已经在珊瑚礁上留下了印记。现在，珊瑚礁上覆盖着藻类，而曾经是幼鱼庇护所的海草却因此变得垂危。海龟，特别是棱皮龟，每天会吃掉数百磅水母。它们的减少和曾经肆意妄为的大型渔场一起，给大海留下了众多几乎没有捕食者的水母。红海龟的筑巢行为还可以让沙丘保持稳定。变质的海龟蛋留在沙滩上，腐败分解后能提供养料，滋养日益脆弱的沙生植物。

那么鸟儿呢？适合它们生存的地方在哪里？在肯尼亚北部的灌丛中，蜂蜜采集者用手、螺壳或空的椰枣壳吹出哨音，来召唤"蜂蜜向导"——一种名为黑喉响蜜䴕的小鸟。它们鸣叫着飞过一小段距离，停到树枝上，引领人们找到藏在树上、石缝里和白蚁土堆中的蜂巢。蜂蜜采集者把烟吹进蜂巢，赶出蜜蜂，然后取得蜂蜜；而"蜂蜜向导"会吃掉留在蜂巢里的幼蜂和蜂蛹。双方彼此需要。跟着鸟儿，人类只需要原来三分之一的时间便可取到蜂蜜。如果没有人类和大型动物的帮助，这种小鸟将对96%的蜂巢束手无策。当地人和鸟儿之间有一条清晰可见的重要纽带。今天，科学家们开始用经济学与生态学观点来阐释这件事，我们的生活质量会因鸟类的存在而提高，因它们的缺席而下降。

早期，人们出于经济目的保护鸟类。美国农业部的经济鸟类局成立于1885年，后来改名为生物调查局。查尔斯·斯佩里曾在这里分析鸻鹬类的胃内容物。生物调查局的科学家们为保护鸻鹬类不会由于狩猎遭到灭绝努力着，而鸻鹬类的存在能在经济上惠及农民。整个国家的水果、棉花和谷物的10%~20%会被农作物害虫吃掉。鸻鹬类捕食这些害虫。1991年，生物调查局的沃尔多·L.麦卡蒂在一份机构通知中写道，"鸻鹬类保护不仅仅是基于审美或情感因素，几乎没有哪种鸟更值得从经济角度获得保护……确实，它们的存在更具经济价值，对于农业来说，把它们留在狩猎清单上是一种严重损失。鸻鹬类捕食农业中破坏力最强的害虫。"

他发现，双领鸻和斑腹矶鹬会吃夜蛾幼虫。这种昆虫在2012年糟蹋了纽约西边的紫花苜蓿和玉米田。大蚊及其幼虫会危害小麦田，麦卡蒂写道："在它们为数众多的鸟类天敌里，鸻鹬类名列前茅。"同时，他还注明瓣蹼鹬、丘鹬、斑胸滨鹬和黑腰滨鹬及双领鸻都会以它们为食。生物调查局的科学家曾解剖过几千只鸟的胃来分析其食物种类和数量。麦卡蒂发现蚱蜢是包括红腹滨鹬、半蹼滨鹬、鸻类和杓鹬类在内的17种鸻鹬类的主要食物。鸻鹬类还会吃地老虎、番茄天蛾的幼虫、象鼻虫和甲虫。此外，红腹滨鹬会吃淡水龙虾和沙蚕，前者是美国南方的水稻田和玉米田里的害虫，后者常常寄生在牡蛎的壳上。

我和邻居共同打理一个大花园，每年夏季我们总是收获丰富的蔬菜，比如韭菜、韭葱、大豆、豌豆和番茄。直到某一年夏天，即便是多年小心翼翼地混栽、轮种、堆肥和施用有机肥料，我们还是几乎失去了一切。害虫在黄瓜、抱子甘蓝、西蓝花、南瓜和西瓜上大嚼大咽，只有辣椒幸免于难。我们清理了那些恼人的螟、甲虫、苍蝇和贪得无厌的线虫，然后重新种了一次，依然收成惨淡。100多年前，来自马萨诸塞州福尔里弗的 H. W. 廷卡姆看到，斑腹矶鹬清空了夏天花园里的地老虎、菜青虫和南瓜虫。读过廷卡姆的记录，我才了解问题出在何处。

如今，生态学家更为精确地量化了鸟类对农业的益处。鸟儿会吃掉 90% 苹果蠹蛾的虫蛹。鸟类巢箱被引入荷兰的苹果园，从而减少了毛毛虫的危害，苹果产量因此增加了 66%。野鸭在水稻田里觅食，贪吃的福寿螺便减少了 80%。在牙买加的蓝山咖啡种植园，咖啡豆最险恶的敌人是咖啡果小蠹，它能毁掉 75% 的作物，不过鸟会吃掉它。在哥斯达黎加，鸟减少了 50% 的蠹虫感染，每个咖啡种植园因此而增加的产值相当于哥斯达黎加的人均年收入。在林荫下的咖啡种植园，鸟儿可以在附近森林里歇息，所以园中鸟儿较多，蠹虫感染较少。在加拿大的北方森林，鸟类控制虫害的经济价值每年高达 54 亿美元。美国生物调查局的科学家们坚信鸻鹬类能帮助农田减少害虫。许多种鸻鹬类都在减少，很难计算如果它们的数量得到恢复，现在它们能帮我们做出多少贡献。

杀虫剂也可以控制害虫，它的出现结束了生物调查局（后来的美国鱼类及野生动物管理局）有关鸟类经济价值的研究工作。无论鸟类为农业带来了多少经济效益，杀虫剂带来的益处总会被认为更大：在杀虫剂上投入 100 亿美金，可增加价值 400 亿的农作物产量。戴维·皮门特尔计算了杀虫剂对人类健康影响的代价，每年大概在 120 亿美元左右，包括癌症，呼吸系统及神经系统的损伤，认知障碍，食物中的杀虫剂残留，宠物被毒死，有益的自然捕食者的减少，杀虫剂耐药性，蜜蜂等传粉者的减少，杀虫剂对作物、土地和地表水的污染，鸟类、哺乳动物以及其他野生动物中毒或被毒死。这是一个由公众和野生动物付出的代价，很可能被低估了的代价。如此看来，以经济价值来衡量大自然，并不能反映真实情况。

在蕾切尔·卡森《寂静的春天》出版 50 多年后，在美国，杀虫剂每年至少会继续杀死 6 700 万到 9 000 万只鸟。美国鸟类保护协会担心现在最畅销、适用范围最广的杀虫剂——新烟碱类杀虫剂——也在危害蜜蜂和鸟类，他们要求美国国家环境保护局禁止使用经新烟碱类杀虫剂处理过的种子，以及在其对野生动物的影响完全通过测试前，禁止使用此类杀虫剂。根据一份 2013 年由美国鸟类保护协会的科学家出具的调查报告，仅一颗沾染了新烟碱类杀虫剂的玉米粒就能杀死一只鸣禽，而相对较低的剂量则能抑制它们的繁殖。在荷兰，农田里新烟碱类杀虫剂的浓度超过了百万分之 0.000 02——大约是一滴水在一个奥林匹克游泳池里所占的比例，而每年鸣禽数量都会下降 3.5%。美国地质调查局的科学家对此类杀虫剂进行了监测，数据表明在种植季的雨后中西部溪流里杀虫剂的浓度会增至原先的两倍多。现在，科学家们发现有毒杀虫剂与草原鸟类数量减少的相关性是栖息地丧失的四倍多。我们已经经历过一个寂静的春天。难以置信的是，我们正在对第二个寂静的春天发出邀约。

　　1963 年 11 月的一天，冰岛南部的渔民看到海水变成了棕色，水中升起了烟，接着爆发出的岩浆打翻了他们的船只。在铺天盖地的火山灰和岩浆雨中，叙尔特塞岛从海上升了起来。岛名源于北欧神话中的火神叙尔特。火山喷发持续了三年多。科学家们无法登上灼热的海岛。当熔岩冷却，荒蛮的石头上出现绿色。海藻开始沿着海岸生长，而火山口的边缘出现了苔藓。随水流漂来了芝麻菜和石竹的种子，风吹来柳树的种子，以及地衣、蕨类植物和苔藓的孢子。鸟也携带种子而来，岛上长出了越橘、毛茛、酸模、早熟禾。在叙尔特塞岛诞生后的 50 年里，有 70 来种种子植物在这里扎根：其中 75% 是鸟儿带来的。鸟儿带来的美洲越橘、黑莓、接骨木、草莓及花楸的种子，可以帮助圣海伦火山在 1980 年喷发后重新恢复植被。"鸟类作为种子传播者最容易被忽略的贡献就是，它们能让后冰期火山喷发后的荒芜而偏远的地区恢复植被，并重建生态系统。"

　　150 多年前，达尔文让世人知道了鸟类可以在世界各地传播植物。他从鸟粪中捡出种子种在花园里，看着它们发芽。想到狂风会把鸟——连同它们嗉囊里的、胃里的或脚上粘的种子——带到海的另一边，他在《物种起源》中写道："鸟儿很难不在运送种子的事情上成为高手。"达尔文的观点现在依旧适用。

　　现在，科学家们估计 33% 的鸟类传播种子。曾经，大型哺乳动物在热带森林中游荡时也散播过种子。随着很多物种的消失，鸟类扮演着越来越关键的角色。在巴拿马的雨林中，如果肉豆蔻种子掉到地上，然后在母树下发芽，几乎总是会死于象鼻虫的感染。而羽色鲜亮的犀鸟会把坚果整个吞下去，飞走，之后才吐出种子，让肉豆蔻树得以扩散。相似地，如果没有鸟儿帮忙把种子带到能生根的活树枝上，槲寄生也无法迎来自己的春天。

33%这个数字没有把雁鸭类、鸻鹬类及其他水鸟算进去，比如黄脚银鸥吃一种非洲小灌木的半透明果实，它们能把种子散布到加那利群岛。安迪·格林和他的同事们仔细分析数据后发现，鸻鹬类在远距离传播种子方面的作用被低估了。他们来到西班牙西南部的瓜达尔基维尔河三角洲，在多尼亚纳国家公园的咸水池塘和沼泽中捕捉鸟类，在越冬的红脚鹬羽毛中发现了盐沼植物的种子。在附近的奥戴尔沼泽和盐池里，他们像达尔文一样，收集鸟粪并从中拣出种子。他们播下从红脚鹬和塍鹬的粪便中找到的苦苣菜、盐角草和番杏科植物的种子，发芽率为45%到76%。这两种鸟从奥戴尔飞到北欧，飞行距离长达数百英里。

不是只有鸻鹬类才吃种子。在西班牙加的斯湾的盐沼中，越冬长脚鹬和杓鹬的粪便里也发现了盐沼植物的种子。法国卡玛格湿地的塍鹬，美国得州盐湖的反嘴鹬、半蹼鹬、姬滨鹬和西方滨鹬，还有加纳海岸潟湖的红腹滨鹬和弯嘴滨鹬都吃种子。每年150万只鸻鹬类——包括约70万只红脚鹬和塍鹬——沿着东大西洋迁徙，往返于非洲和北极之间，它们或许会在沿途海岸传播种子。

随着上一个冰河期的结束，鸟儿在裸露出来的广阔泥滩和岩石间传播种子，把它们变成了郁郁葱葱的盐碱滩。如今，气候变暖，海平面上升，一些盐碱滩开始消失，但鸻鹬类会拯救其中一些植物：杓鹬、红腹滨鹬或长脚鹬会在稍稍靠近内陆的地方通过粪便排出那些植物的种子，从而给草滩带去新的成员。

狐狸、郊狼、渔貂、鹿和火鸡都会定时来到我们的草地。一天，当一只雌火鸡带着四只小火鸡悠闲地穿过草地时，一只郊狼从草丛中跳出来，抓住了其中一只小火鸡。捕食者和被捕食者一眨眼工夫就消失了，只留下受惊的雌鸟和四散的小火鸡。另一天，一只鹿在草地里被杀死。数分钟内，红头美洲鹫到达。数小时后，乌鸦到来，它们很快把骨头也清理干净了。

在印度琐罗亚斯德教的传统葬礼中，帕西人会把遗体放在石质的"寂静之塔"的塔顶，在那里秃鹫很快就会把尸体清理干净。对帕西人而言，秃鹫"在保持环境清洁方面为人类提供了巨大的帮助"。在藏族的天葬中，当灵魂离开了躯体后，遗体也会被带到山顶，交给秃鹫。秃鹫对待其他生命也是如此，然而直到它们遭遇灭顶之灾，人们才意识到其重要性。

在印度，人们曾用消炎药双氯芬酸治疗跛脚的牛，这严重威胁到秃鹫的生存。1992 到 2007 年间，在此药被禁止前，两种秃鹫的数量分别下降了 96.6% 和 99.9%。秃鹫所遭遇的迅速、广泛和致命的中毒，是一场不可预料且后果严重的悲剧。没有了秃鹫清理动物遗骸，野狗的数量开始爆发。在拉贾斯坦邦一个垃圾场里，野狗的数量暴增了 95%。印度的狂犬病感染率居世界之首，而 96% 的死亡都是因被狗咬伤造成的。因此秃鹫不仅保护人们远离狂犬病，而且它们强酸性的分泌物会杀死尸体上携带的炭疽杆菌、布鲁氏菌和结核杆菌。把秃鹫逼到几近灭绝，人类也因此而付出代价：健康受损，制革者和骨骼收集者失去收入来源，社区专门花钱去处理尸体，等等，每年的损失差不多要 25 亿美金。祸不单行。在 2013 年春天，西班牙为双氯芬酸发放许可，将其用于治疗猪和牛等家畜的疾病，同样让当地的秃鹫和雕处于危险的境地。

印度不是唯一一个因一种鸟的数量减少而付出了高昂代价的国家。美国也在应对类似的危机——来自灭绝鸟种的"遗赠"。我家后面的草地和小树林是孩子们非常喜欢的地方，灌木丛中有秘密的通道，发源于林间池塘的小溪汩汩流淌，一尊石牛雕塑竖立在蓝莓灌丛的边缘，林子的隐匿处铺着柔软的苔藓。这里生长着携带疾病的蜱虫，有些还没有罂粟籽大。我的孩子们在长大的过程中从没感染过莱姆病，但当我们在这里住了 30 年后，邻里间却对莱姆病的症状开始熟悉起来，比如"牛眼"皮疹、发烧和发冷。大部分人在注射抗生素后很快病愈，但其余一小部分人却由于关节和肌肉炎症住进医院，甚至有人丧失了相应的身体机能。

蜱虫幼虫在春天孵化出来，它本身不携带疾病，但是在白足鼠和花栗鼠身上吸血后就获得了致病的螺旋体。当携带病原体的稍大一些的若虫叮咬人或鹿这样的大型动物后，疾病就传染到后者身上，接着便传播开来。每二到五年，传染的病例就会激增；原因在于栎树和山毛榉树会结出大量的坚果，使白足鼠和花栗鼠——蜱虫的寄主——的数量暴增。据疾病控制中心估计，每年被诊断为莱姆病的美国人有

30 万，由此引发的花费——就医、验血、住院、治疗、药物和收入损失等——多达 25 亿美元。

　　人口增长和人类生存空间向林地和草地的扩张有助于解释在过去几十年里汹涌而来的莱姆病。另外，像白足鼠和花栗鼠这样的蜱虫携带者，并不总会发生如此急剧的种群扩增。曾经占美国鸟类数量四分之一以上的旅鸽——约 30 亿到 50 亿只——或许对莱姆病的传播起到了控制作用。美国国家科学与环境协会的资深科学家戴维·布洛克斯泰因认为，旅鸽会吃大量橡子，和老鼠之间存在食物竞争，这有助于减缓鼠类增加，从而抑制蜱虫生长，防止莱姆病传播。当我们成群射杀旅鸽，扫荡它们的森林家园时，我们是否预料到了莱姆病的暴发？同样，如果我们失去了鸺鹠类，我们的后代可能也会以我们想象不到的方式来买单。

　　1999 年，西尼罗河病毒第一次出现在纽约市，或许它是由飞机上一只被感染的蚊子带进来的。西尼罗河病毒现在已遍及整个北美，在 10 年间传染了 1 800 万人，1 000 人因此丧生，并导致 13 000 例脑炎或脑膜炎，数百万只鸟也因之死去。在美国受影响最严重的地区，短嘴鸦的数量下降了多达 45%。随着夏日接近尾声，乌鸦和冠蓝鸦的死去喻示着病毒回来了。我在院子里和常去散步的森林中发现了它们的尸体，这警告我要在黄昏之前躲回家里。虽然西尼罗河病毒在全美蔓延，但各地发病率是有差异的。有些鸟类不会传播这种疾病：装点这片大地的鸟儿种类越多，人类的疾病发生率就会越低。

禽流感病毒（AIV）对人类和数十亿只产业化养殖的家禽造成了疾病风险。AIV 对野鸭、海鸥和鸻鹬类无害，但如果 AIV 的菌株出现在拥挤的鸡舍里，这些基因会迅速重组成致命的组合，杀死数百万只鸡；一旦有家禽感染了 AIV，人们将不得不对它们执行安乐死。科学家们认为，2007 年萨斯喀彻温省的一个家禽养殖农场暴发疫情的原因，是农场使用了从附近水塘抽出的未经处理的水，导致家禽感染了野鸭身上的低致病性 AIV，而平时他们都是使用市政供给水源。

上千万只迁徙途中的鸻鹬类、成对繁殖的银鸥和笑鸥都会来到特拉华湾，因此这片海滩是禽流感病毒的"热点"所在。研究者们在那里发现的携带 AIV 的鸻鹬类和海鸥是全世界所有其他监测地点之和的 17 倍之多。携带病毒的野生鸟类密度最高的地方集中在春天的里兹海滩附近。佐治亚大学兽医学院东南地区野生动物疾病合作研究项目的戴维·斯托克尼希特是这样形容的："特拉华湾很独特——在世界上任何其他地方，我们都看不到鸻鹬类身上如此多样的禽流感疫情的暴发，而且每年都会发生。"

特拉华湾的红腹滨鹬几乎不会被传染，翻石鹬是所有鸻鹬类里禽流感感染率最高的，达到了 11%，而其他物种只有 0.5%。原因还不清楚：翻石鹬初到海湾时"几乎零感染"。无论它们是否在到达时被海湾里的野鸭或海鸥所感染，还是有其他传播途径使得它们被感染，每年这一流行病都会出现，而似乎又没有引起什么严重后果。在特拉华湾，科学家们拥有"得天独厚"的条件，去深入研究 AIV 的传播和循环，然后用研究成果帮助美国人民及家禽养殖业渡过难关。2006

年，科学家从鸻鹬类和海鸥身上分离得到了一株非致病性 AIV，它曾导致了 2004 年加拿大养鸡厂的疫情暴发。按照斯托克尼希特的说法，这给当地的家禽养殖厂"敲响了警钟"。

他们还从海鸥和鸻鹬类身上分离出禽流感基因并完成测序，以研究 H5N1 禽流感病毒的传播途径，它主要在亚洲养鸡场暴发，并且能够传染给人。分析结果表明，迁徙鸟类基本不可能将病毒带入北美，这让人稍微松了一口气。流行病学家力争理解禽流感在国家与国家、大陆与大陆之间的传播方式，并对其进行风险评估，特拉华湾相当于提供了一个重要实验室来寻找答案。正在进行的特拉华湾鸻鹬类和海鸥疫情监测提示我们：迁徙经过特拉华湾的翻石鹬 AIV 的感染率在持续上升（与此同时翻石鹬的数量在下降），并且预计会因为地球变暖和它们每年到达海湾的时间与当地野鸭的 AIV 疫情高峰期重叠而致使情况进一步恶化。

针对特拉华湾日益严重的禽流感疫情，科学家指出："在不断减少的中途停歇地，动物的聚集可能会为病原体在野生动物物种之间的传播创造生态热点。"鲎的种群衰退，加之它们产卵的海岸不断被侵蚀，成群的鸟儿只能聚集在鲎卵依然丰足的少数海滩上。所幸的是，特拉华湾野鸭、海鸥和鸻鹬类身上的温和的菌株还没有侵入附近的养鸡场。这里的萨赛克斯县是美国名列前茅的畜牧生产县，每年会卖出上百万只肉鸡。如果鸻鹬类的海滨家园持续被破坏，食物不断减少，迁徙的时间点发生变化，便会增加禽流感的感染率和病毒向本地农场散播的机会，这将是一个悲剧。在特拉华湾，鲎、鸻鹬类和海滩都需要空间。

洪堡洋流清凉而富有营养，携带着丰富的浮游植物，它们是鳀鱼群的食物。曾经，数百万吨鳀鱼能满足 6 000 万只海鸟的需求，那便是在秘鲁海岸外的钦查群岛筑巢的鸬鹚、鹈鹕和鲣鸟。几百年来，这些海鸟的粪便堆积成了约 150 英尺高的小山。富含可溶性硝酸盐和磷酸盐的鸟粪被寻找南美洲金银矿的西班牙殖民者忽视了，但它们其实是很棒的肥料。1858 年，在秘鲁"鸟粪时代"的鼎盛期，超过 30 万吨的海鸟粪便由中国劳工挖掘，然后被出口到英国。在使用海鸟粪作为肥料之前，特拉华湾的农夫们用鲨作为肥料，英国农夫则使用不可溶的、效果甚微的动物骨头来施肥。

南美太平洋战争也被称为鸟粪战争，是玻利维亚及其同盟国秘鲁为了鸟粪与智利挑起的战争。在这之前，销售鸟粪为秘鲁清偿外债提供了资金。秘鲁鸟粪的故事没有因鸟粪战争或者人工肥料的引进而结束。如今有机肥料的市场需求开始上涨，但是现在几乎没剩多少鸟粪了，400 万只海鸟每年生产 12 000 吨粪便。由于鳀鱼被过度捕捞，海鸟的种群数量骤减。一个由于过度捕捞而变得脆弱的海洋只能支持很少的海鸟，也失去了往昔的繁荣。

一种鸟的失去将对整个食物网造成影响，而我们才刚刚开始了解网中纷繁复杂的食物链。生物学家道格拉斯·麦考利对巴尔米拉环礁的研究揭示了摧毁食物链的一环如何影响到整个系统。巴尔米拉环礁是太平洋中部的一系列珊瑚礁和小岛，是 45 万平方英里的海洋中唯一的海鸟筑巢地，也是红脚鲣鸟的第二大群巢繁殖地——数量超过

6 000对。现在的环礁上，由叶子花和天芥菜构成的本土植被被一排排椰子树破坏了，这些椰子树是商业种植者为收获椰油栽培的。海鸟并不喜欢椰林，选择当地树种栖息，在那里它们的数量比原来多出了5倍。结果是，环礁上的海鸟栖息地减少了。

红脚鲣鸟以海里的鱿鱼和飞鱼为食，环礁上的土壤因为其粪便而变得肥沃，氮元素含量是椰子树脚下土壤的5倍。从当地原生树林流向海洋的水，其氮含量是从椰林流出来的水的26倍。这些富氮的水由潮汐或雨水带入海洋，让海岸水域变得丰沃，滋养了大量浮游植物。而浮游植物又继续喂养更大的浮游动物，吸引了很多蝠鲼游过来觅食。在巴尔米拉环礁的本地树种上筑巢的红脚鲣鸟引发了目前已知的较长的生态级联效应。在这里，海洋的能量和营养被重新分配给岛上贫瘠的土壤，然后又回到海水，经由最小的被捕食者层层传递给大型捕食者。人工引入的椰子树削弱甚至危害整个循环。擅长潜水的红脚鲣鸟在海上度过一生中的绝大多数时间，而当它们在巴尔米拉环礁筑巢时，它们身处于复杂的食物网中，这张网中集结了食肉动物和食草动物、生根的树木和漂浮的植物、会飞的和会游泳的动物……一种鸟将那些住在陆地上和住在海里的生命联系起来，形成了一个富有生命力的整体。

道格拉斯·麦考利和他的同事描述了一种海鸟如何让一张食物网变得丰富起来，以及这种鸟如何为整个生态系统带来稀缺或丰足的状态。格林和同事们才只是刚刚开始描述鸻鹬类是如何使海边的生命变得丰富多样，它们携带能量，远跨重洋。谁知道沿着整块大陆的海岸线展开的这个故事将带来怎样的惊喜呢？

再失去一只鸟要紧吗？这不再只是失去一只或者几只鸟的问题。纵观地球的历史，动物们来了又走，一个物种的平均存在时间是100万年。按照这个速率，结合今天生活在地球上的1万多种鸟计算，每100年会消失一种鸟。一个人可以过完自己的一生而不会遇上一种鸟的灭绝。但是，目前灭绝的节奏在加快。在我的有生之年，至少有19种鸟已经消失了。八分之一的鸟类面临着灭绝的危险：1 373种。IUCN正在考虑把名录里面的另外960种划到"近危"级别，这意味着我们需要关心的鸟类数量上升到了五分之一。

达尔文曾经站在巴塔哥尼亚平原的古生物化石之间，观察它们与活着的动物的相似处。他让我们了解到所有物种之间都有千丝万缕的联系，而且在地球上居住的所有生命都是亲戚。演化告诉我们，只有当我们回头看时，那些联系才能够显现。比如，鱼看上去和人没什么共同之处，而3亿多年前，鱼走上了岸，打开了最终通往人类自身演化的道路。失去五分之一的鸟类是要紧的，即使我们无法预期也说不清楚会发生什么。

地球五次物种大灭绝中最可怕的一次是2.5亿年前的二叠纪大灭绝。岩浆如河流一般淹没了西伯利亚，地下煤层熊熊燃烧，大气层和海洋充斥着二氧化碳。这场浩劫持续了6万多年，其间96%的海洋物种灭绝了。如果我们那时在场的话，我们能否意识到眼前看到的景象暗示着什么？我们能否注意到温室气体和含有二氧化碳的海洋是如何变得对生命有害的？情况惨烈，但当我们感到时间的流逝时——日复一日，月复一月，年复一年——我们可能看不到损失的逐渐累积，当我们和我们的孩子迎来这个依然美丽却在大幅坍塌的世界时，心中没有紧迫感，同时，我们对这个世界一无所知，也不注意或关心这个世界可能会变成什么样子。安东尼·巴诺斯基和他在加利福尼亚州大学的同事说，如果灭绝的速率保持这种势头，仅仅几个世纪后，我们就会让地球第六次物种大灭绝脱缰而来。生物学家斯图尔特·皮姆直言不讳地指出："打个比方，人类的影响使物种的寿命从一小时缩短到一分钟，而且可能很快就会变成几秒钟。"

失去红腹滨鹬不是失去一种鸟的问题，带走红腹滨鹬的家园，我们可能迟早会失去其他在海边生活的鸟。危及这种鸟的生命就是危及成千上万只鸻鹬类的生命。失去这么多鸟很可怕——就算才刚刚开始——即使我们感觉不到这一切是如何发生的。海里的鲸没有从前那么多了，事实上，它们的存在可以把碳循环延伸到水底。在我居住的格洛斯特，人们的生活很清苦。曾经靠海捕鱼生活的人们，因过度捕捞，现在只能抛售渔船，寻找其他谋生的方式。鳕鱼还没有灭绝，但海中生物的生命力已经被削弱了，或许已无可挽回，曾经鱼类的数量多到可以直接拿瓢舀，现在已经很少了。珊瑚礁还没有消失，但早在最后一只海龟被捉走或最后一条鲨鱼被叉走以前，它们的生命力就已经开始减弱了。大量富有活力的野生动物在灭绝前很久就不再繁盛了。

在面临灭绝之前，鸟类的数量已经下降了，可能多达 25%：数百万只鸟已经消失，后续还有数百万只鸟的离去。巴尔米拉环礁上，把鸟类从它们的家园赶走的生态后果相当严重。在热带地区，科学家开始关注大型动物消失造成的生态后果和演化后果。他们关注在散布种子、传播花粉或以鱼为食的鸟被赶走后，食物网和生态系统的可塑性将如何减弱的问题。此外，还有很多需要为海鸟和鸻鹬类去做的事情。

当我们量化大自然的价值时——不一定是特定动物的价值，而是它们家园的价值——得到的数字会逐次上涨。罗伯特·科斯坦萨初次评估地球生态系统的经济价值时，得到的结果是每年 49 万亿美元，比如碳的回收利用和净化水体。而他最新的评估结果是每年价值 143 万亿美元。珊瑚礁要比以前珍贵 42 倍，不是因为它们比以前起的作用更大，而是我们比以前了解它们更多了。斯坦福的科学家也做出了类似的分析，发现海岸和盐沼抵御风暴潮的作用价值数百万美金，因此呼吁将现有的这些区域保护起来。这些讨论为保护鸻鹬类的海边家园提出了有力的论据，也将有助于保护鸟类自身。

每种鸟的经济价值都需要被证明吗？每种鸟都必须要对我们有好处吗？绒鸭很可能经得起支出—收益评价，仅在冰岛，它们的绒羽价值就高达 4 000 万美金；但杀光旅鸽时，我们没法预计到莱姆病的后果；此外，如果我们在注意到鲎的血液有惊人凝血特性之前就给鲎定价的话，它们可能已被我们株连九族了。如果我们在 DDT 把白头海雕逼向绝境之前对其进行经济评估的话，那么美国国鸟价值几何？我们永远不要把红腹滨鹬和其他鸻鹬类当作商品来估价。在每一次长距离飞行中，红腹滨鹬会调整它们的肌肉、心脏、肺和肌胃，一次一次从强大的长距离飞行者变成动物世界最快速和最高效的能量消耗者。或许某天科学家会把红腹滨鹬的表型可塑性应用于解决某个紧迫的人类医学问题，但话说回来，他们也许不会。因为我们或许永远不会完全了解鸻鹬类如何增强海岸食物网中的联系，以及让海边的生物变得更丰富的方式。

我喜欢在海滩上散步，当笛鸻幼鸟在亲鸟的关注下快速奔走于沙滩时，当燕鸥在头顶盘旋或瞬间扎进海里捉鱼喂给它们的幼鸟时，我收获了夏天的快乐。我喜欢在海滩上散步，季复一季、年复一年，当半蹼滨鹬、矶鹬、红腹滨鹬和黑腹滨鹬自顾自地飞走，又从遥远的海岸上定期归来时，我收获了春天与秋天的满足。我喜欢在海滩上散步，当我发现蹲在沙子里的三趾滨鹬，或是在防浪堤避风的紫滨鹬时，我收获了冬天的喜悦。鸟类滋养人类灵魂的经济价值是多少呢？在经济利益的基础上，当我们决定哪些物种会存活，哪些会死亡时，我们如何能够心安呢？

麦考利写道，当自然能带来经济利益时，能促进人们对自然的保护；但把经济利益作为唯一标准，衡量究竟是保护湿地、草原还是海岸这种做法是短视的，是"出卖自然"。科斯坦萨两次价值评估的核心区别在于我们对相关知识有了越来越多的积累，这阐明了一个道理：我们的经济体系已揭示了我们都心知肚明的后果，大自然的全部"价值"可能永远没法查明，而一张无论多么精细的资产负债表，也不可能完全包含或衡量赐予我们生命的地球的价值。

如果第六次物种大灭绝逼近，我们的曾孙和他们孩子的生活可能将变得难以承受。这次灭绝的帷幕或许正欲升起，但还没有发生。生物学家发现，如果我们按照现在的生存方式活下去的话，只要几百年时间灭绝就会发生；他们也写道："近来物种的灭绝速度很快，但是

第十章　多失去一只鸟要紧吗？　　　　　　　　　　　　　217

还没有达到物种大灭绝的水平。"还有很多物种可以被拯救，但是难度令人生畏。红腹滨鹬向我们诉说遥远的地方，沿着大陆边缘的海岸线，我们团结起来。它们飞过浩瀚的天际，到达地球一端然后飞回另一端，这恰是我们自己的渴望与梦想。在洛马斯湾那群升到夜空的红腹滨鹬身上，在闯过暴风的那只中杓鹬身上，我找到了鸻鹬类的希望和信念，这让我们能够直面最困难的挑战，让我们相信地球依然有可能托起芸芸众生。

第十一章 最漫长的白昼：
北极

最终，我踏上了前往北极的路。在那里，红腹滨鹬将产下卵，同样是在那里，下一代红腹滨鹬会开启迁徙的旅程。我的第一站是渥太华，加拿大环境部要求我在射击场花上一天时间，学习并掌握12号猎枪的用法。刚开始，困难重重。枪会产生很大的后坐力。我被告知需要继续练习，以应对恶劣情况。所谓恶劣情况是指，当有大风吹的时候，当拿枪的手冻僵了的时候，当我没有戴护目镜和隔音耳机的时候。

从巴芬岛的伊卡卢伊特启航，向西飞行了三个小时，穿过福克斯海峡后，我们接近了目的地——南安普敦岛的东湾，这里位于哈得孙湾最北边。飞机的着陆跑道是一片满是砾石的山脊，不远处就是大海，海面上仍然是厚厚的冰层。飞行员在跑道上空绕了一圈，降低高度来评估降落条件，然后再次盘旋上升，进行了一次在我所见过的最短跑道上的降落演习。第三次，这架"双水獭"小型飞机在一堆砾石中着陆了。从空中俯瞰，营地看起来特别小——只有两间小木屋和两顶帐篷，立于萧瑟荒冷的不毛之地。

南安普敦岛属于努纳武特地区，努纳武特在当地原住民的语言中，意为"我们的土地"。努纳武特是加拿大面积最大、位置最靠北的领地，居住人口却最少。32个小村庄散落在哈得孙湾和北极群岛之间，村庄间没有道路相连。南安普敦岛由21 000平方英里的山岩、河流、湿地和池塘组成。人类在北极居住的历史已长达数千年，但是具体在南安普敦住了多长时间并不为人所知。欧洲探险家们曾经在这里看到或听到过人类居住的迹象——升起的烟、脚印和叫喊声。曾10次来到哈得孙湾狩猎弓头鲸的乔治·科默船长，还和岛上的居民打过照面。

1896年，科默船长沿着这座岛的南岸航行，他看到岸上有男人和孩子跟着他。当捕鲸者不顾后果的做法让捕鲸的前景变得愈发严峻，科默船长"渴望就捕鲸问题向当地人咨询"，于是他登上了岸。因纽特人通常住在雪屋和兽皮帐篷里。科默发现南安普敦岛上的萨德勒缪特人（因纽特人的一支）居住在由石灰岩和草皮搭建的简易小棚屋里，屋顶和窗户分别由鲸腭和半透明的海豹肠制成。石灰岩形成于数百万年以前，当时的南安普敦岛位于赤道上。科默根据他在测水深时发现的一些化石为岛上唯一的村落起名为珊瑚港。

1899年，苏格兰人在南安普敦岛建立了一个捕鲸站。1902年，一艘苏格兰捕鲸船在此靠岸，船员们卸下了鲸脂、象牙和皮毛，也给当地带来了严重的痢疾。除了一个女人和她的孩子逃离海岛活了下来，其他萨德勒缪特人无一幸免。如今岛上的这座村庄是950个因纽特人的家园，可能比夏季在这里的红腹滨鹬数量还要少。

加拿大环境部的北极海鸟研究学家格兰特·吉尔克里斯特慷慨地邀请我加入了位于东湾的这个遥远的野外营地。科学家们在这里研究鸻鹬类的筑巢习性。这个由吉尔克里斯特在 20 年前发起建立的营地，现已成为加拿大北极地区有史以来持续运作时间最长的鸻鹬类野外营地。野外研究团队的米根·麦克洛斯基和娜奥米·曼·英特维尔德提前一天飞抵这里，她们搭设好营地来迎接其他成员——卡拉·安妮·沃德、阿兰娜·凯塔鲁克 - 普里米奥、队长吉尔克里斯特和我。在 4 英里外的海湾，另一个同样由吉尔克里斯特管理的营地坐落在一座小岛上，科学家们在那里研究绒鸭、鸥和雪鸮。直到几天前，由于可怕的风暴，南安普敦岛还笼罩在浓雾和雨雪中，飞往营地的航班被推迟了两周。这条迷你的跑道上没有信号灯，也没有控制塔。当云层过低时，飞行员就停飞了。

几天前，营地的工作人员对周围的海冰进行了预判。海冰有 3.5 英尺厚，足够支撑一架 DC-3 型双引擎螺旋桨飞机，这架飞机配备了着陆滑雪板，装载了两个营地所需的补给：8 周的食物、数罐丙烷、煤油、加热器、炉子、雪地摩托车和全地形车所需的汽油；野外专用计算机、收音机；枪支和弹药；羽绒含量高的睡袋；一个新帐篷；几个工具箱；紧急救生包；测量设备。飞机在短暂的晴空中抵达了小岛。乔塞亚·纳库拉克从珊瑚港赶来与团队见面，红腹滨鹬从那里过来要飞越 45 英里，而骑雪地摩托车穿过冻原要花上 3 小时。作为团队的一员，纳库拉克熟悉这里的冰雪、天气、熊和武器，他的到来对于营地的安全和顺利运作非常有帮助。自 1996 年起，他就和吉尔克里斯特的团队在一起工作了，他们共同设计和建造小木屋，设计在冻原用陷阱捕鸟的方式，并帮助团队安全地穿越冰雪地带。在麦克洛斯基和曼·英特维尔德的协助下，纳库拉克用他的木轮雪橇将装备运往大本营。因纽特人曾经用鲸骨制作雪橇滑行板，他们用湿润的熊皮来摩擦鲸骨表面使其结冰，从而使它和雪的接触面变得光滑，以确保雪橇在崎岖不平的地面上能够平稳地滑行。当供给和装备被放下后，吉尔克里斯特会使用特氟龙来涂抹滑行板，以保证其光滑。纳库拉克是南安普敦岛最后一批用木轮雪橇的因纽特人之一，但是他现在也不得不转而使用雪地摩托车了。

当沃德、凯塔鲁克－普里米奥、吉尔克里斯特和我到达时，纳库拉克、麦克洛斯基和曼·英特维尔德已经看到了两只北极熊。第一只出现在他们乘雪橇滑过冰面时，那只熊还跟着雪橇跑了一段；另一只是他们到达山脊时发现的，它已经死了。沃德回忆说，它的毛很漂亮，就像"碎裂的玻璃"，但却"瘦骨嶙峋"。纳库拉克认为它是饿死的。北极最大的北极熊种群有 2 600 头，它们生活在福克斯湾。北极熊以环斑海豹为食，它们会在冰面的洞口耐心地等待，当海豹浮上水面呼吸时将其捉住。春天是北极熊在福克斯湾的觅食巅峰时间，它们常常回到东湾来捕猎小环斑海豹。当冰融化后，它们会上岸，其中很多会到南安普敦岛去。

这是一支坚忍又强壮的队伍。麦克洛斯基曾在海军预备队服役，她头脑冷静、思维敏捷、聪明有趣，动手能力不俗，还有一手好枪法。在紧急情况下，她绝对是值得依靠的对象，远比我自己可靠。野外工作结束后，她将骑行 1 600 英里穿越美国西部。她以前在东湾工作过，沃德也是。沃德拥有生物学硕士学位，秋天将到医学院读书。她熟知东湾野外环境中的所有复杂细节。她模仿鸽鹬类求偶的鸣声可以说是原音重现。曼·英特维尔德以前是一名科学老师，她即将获得社会工作硕士学位，还有在巴哈马群岛研究蜥蜴以及在马更些河三角洲研究鸭子的野外经验。她是个乐天派，拥有一种不可思议的能力，能在艰苦的环境下冷静地预估困难并化解压力。她还不惜违反营地规定，带来了许多东西，令我们不胜感激。

凯塔鲁克－普里米奥和我一样，都没有在野外营地工作的经验，但她学得很快。来自巴芬岛北部庞德湾的她，与这片景观之间有一种毫不违和的、我们当中的其他人或许永远也无法达成的微妙和谐。秋天，她将到伊卡卢伊特的努纳武特北极大学就读，她已经被环境科技项目录取了。吉尔克里斯特组建了一个卓越的团队，每一位成员都拥有独特的能力和重要的角色，并且都有着非凡的奉献精神。他用心培养自己的团队，以身作则。当他不在营地时，团队依然按部就班地开展任务，和他离开前没什么区别。

在东湾的野外工作期间，春、夏和秋都被压缩得很短。东湾在北极的纬度不算高，气候却和北极高地毫无二致。在最开始的几天，我们完成了营地的准备工作：搭好厨房帐篷，在炉子里挂上钩子；在蓝色的桶里填满雪——这是我们的淡水来源；埋好一个装满冻肉的金属盒子；整理成箱的卷心菜、洋葱、苹果、胡萝卜，以及调味酱、面条、松饼粉和脆麦片；用大石块压住帐篷四角以防暴风雨来袭。我们在雪地里练习装卸霰弹枪、瞄准易拉罐发射橡皮子弹和铅制子弹。我们第一次长途步行的路线是沿着山脊走到海边，去数在冰雪融化时到达的鸟儿。

在家时，我常在家附近的山地跑上三四英里，再沿着海滩在齐膝深的水中行走两英里作为锻炼，这些都帮助我为东湾的野外长距离行走做好了准备。尽管如此，我还是没有预料到将要面临的挑战：

穿着厚重的衣服长距离行走，同时操作 GPS 和无线电，带着双筒望
远镜、水瓶、野外记录本和枪，并且任何东西都不能掉到雪地里。
在光滑而不平坦的地面上步行，同时观察空中的鸟而不摔倒，这项
技能我还没有学会呢。

在营地所在的山脊和大海之间、大约一英里以外的地方，冻原因
散布其中的池塘而呈现出斑驳的景象，其中最大最深的一个被非常随
意地起名为"不方便的湖"。在这个季节的晚些时候，冰雪融化，湖
的面积将会扩大，到那时我们需要与湖面保持安全距离，但现在我们
可以直接穿过湖泊。雪没到大腿处，我们只能匍匐前行。正在融化的
冰雪虽然难以穿行，但却承载了春天的允诺。成百上千只雁从头顶飞
过，曼·英特维尔德统计了数量，她能很轻松地把细嘴雁和体型稍大
一点的雪雁区分开来。雪雁的喙更大，头更扁平，脖子也更长——这
是我后来才发现的区别。

鸻鹬类开始陆续到达。一只白腰滨鹬落在一片裸露的冻原上，它
向上伸直一只翅膀奔跑，或许是在标记一块领地，又或许是在做求偶
炫耀。当我们靠近海岸时，看到翻石鹬在岩石间疾走。在接下来的日
子里，孤寂的冻原将不断地回响着鸟儿约会和求爱的歌声。在晴朗宁
静的夜里，我们能听到它们发出的呼唤声，在它们到达之前，这里看
起来广袤而空旷。我们听到了黑腹滨鹬的叫声，有点像炸弹在远处落
下时发出的声响，还有灰斑鸻如有哀思的声音，白腰滨鹬发颤的、似
昆虫般的叫声，以及红腹滨鹬柔和的叫声。在最开始的日子里，我们
总共听到或看到了 12 只红腹滨鹬。

其中一只红腹滨鹬戴有旗标。凯塔鲁克－普里米奥和我陪着纳库

拉克待在泥泞的冰面上，看他从用苔藓作为巢材的鸟巢中收集雁蛋；我们还发现了一只海豹，它正在自己的呼吸洞旁休息。我返回营地时，得知沃德在几个小池塘旁边发现了六七只在雪地里相互追逐的红腹滨鹬，其中有一只戴有绿色旗标：4KL。这意味着这只鸟是在特拉华湾被环志的，于是我立马给在新泽西的拉里·奈尔斯打了个卫星电话。他告诉我，4KL上一次被看到的时间和地点是5月19日在特拉华。它可能是在我们刚到伊卡卢伊特的时候抵达东湾的。看上去它携带的"随身行李"可少多了啊！

　　几天后，我们就会听到融雪开始变成溪流的潺潺水声，但现在，95%的冻原仍然被冰雪覆盖。周围如此寂静，我甚至能听到红腹滨鹬走过时发出的声音。或许它们是在觅食，寻找大蚊或石蛾的幼虫。在这些晴朗的夜晚，在繁殖季真正开始前，这些此前化身飞行机器的红腹滨鹬正在经历另一次蜕变。在这个迟到的寒冷春天里，在没有足够食物的时候，它们瑟瑟发抖，让自身保持温暖，同时它们的肌胃、心脏和肝脏发生变化，调整到适宜成功繁殖的大小，它们开始消耗多余的脂肪和多余的适于远距离飞行的大块肌肉。

　　傍晚的光线会持续到次日早晨。王绒鸭——之前我只远远地看到过它们——现在来到了大池塘里，那显眼的橙黄色的喙一览无遗。山脊上出现了虎耳草粉色和紫色的花，它们低低地伏在岩石间来保持温暖。红腹滨鹬在鸣唱。

　　19世纪，英国海军派船穿越大西洋，寻找传说中的西北水道。

阻碍这次北极探险的艰苦条件，恰恰促进了鸟类学研究。船往往会在冰里困上 9 到 10 个月无法动弹，不过这恰好让随船的博物学家有机会追踪在春天抵达的鸟儿。威廉·帕里爵士自始至终没有找到穿越北极的安全路线，但在第一次尝试（1819—1820）中，船上的天文学家和鸟类学家爱德华·萨拜因报告说："大量红腹滨鹬在北乔治亚湾群岛上繁殖。"今天，那里被称为帕里群岛，包括巴瑟斯特岛、康沃利斯岛和梅尔维尔岛。探险队在这里度过了冬天，他们用帕里自己种的芥末和水芹来防止坏血病。

约翰·理查森爵士在帕里的第二次探险（1821—1823）中报告，一只红腹滨鹬在南安普敦岛北部的"约克公爵湾被杀死了"。（帕里在约克公爵生日那天从这里登陆，于是以公爵的名字为岛屿命名。）蛮酷残忍的环境，从附近水域的名字——冰冻海峡、驱逐湾、上帝怜悯之湾——便可见一斑。帕里在浅水湾找到了红腹滨鹬。帕里的第二艘船"赫克拉号"的船长乔治·弗朗西斯·莱昂在穿越冰冻海峡时，于梅尔维尔半岛的奎利安溪附近发现了一个红腹滨鹬的巢："它们在一丛枯萎的草上生了 4 个蛋，显然没有为筑巢耗费多少心力。"

这是属于红腹滨鹬的光辉时刻，寻蛋比赛接踵而至。1875 年到 1876 年，内尔斯率领的英国探险队中，有两名博物学家差一点就找到了：在埃尔斯米尔岛被冰雪围困了 11 个月后，亨利·威姆斯·费尔登找到了 1 只红腹滨鹬和 3 只未出巢的幼鸟，附近的亨利·奇切斯特·哈特找到了空巢。1881 到 1884 年间，美国陆军中尉阿道弗斯·格里利到北极的探险活动在悲剧中结束——船在埃尔斯米尔岛搁浅了三年，大多数船员死于暴晒和饥饿，而幸存者则被指控食人罪。在灾难发生前，格里利找到过一枚蛋。他确信有 20 对红腹滨鹬在附近筑巢，但"我们没有找到鸟窝。我不仅花了很多个小时观察一只筑巢的鸟，还让几个最耐心的猎手专注于类似的任务，但是都没有成功"。1883 年 6 月 9 日，他的船员射杀了一只红腹滨鹬，在把这只鸟剖开后，发现了"一个结构完整、即将被诞出的硬壳蛋"。一份期刊首次刊登了格里利的发现，题目是《红腹滨鹬的蛋终于被找到了！》；而另一份期刊则对此委婉地提供了一条更正信息，提醒读者，莱昂船长的发现要早 60 年。

理查德·沃恩在信息翔实的《寻找北极鸟类》（*In Search of Arctic Birds*）一书中写道："在收藏家们寻找和重视的所有鸻鹬类鸟蛋中，红腹滨鹬的蛋是最被看重的。"以至于美国人至今还宣称是他们最先找到了红腹滨鹬的蛋，沃恩觉得这个行为 "难以解释"，因为在 1900 到 1903 年间，俄罗斯探险队在北极射杀了至少 14 只成年红腹滨鹬，然后带回了 7 窝蛋和 26 只幼鸟。1904 年，该发现以英文发表。1909 年 6 月，在结束了寻找北极的探险后，海军上校皮尔里的船员在皮尔里助手的帮助下，于返航途中在山里发现了两窝红腹滨鹬的蛋，分别位于离海岸一英里和两英里的地方。唐纳德·巴克斯特·麦克米伦写道："此前这些鸟蛋从未被找到过。"

1916 年，麦克米伦发起了另一次探险，目的是想寻找一个后来被证实完全不存在的岛屿。他们宣称是自己首次发现了红腹滨鹬的蛋。船上的外科医生哈里森·亨特写道，红腹滨鹬的蛋"从来没有被发现过，虽然鸟类学家一直在寻找……他们寻找了很多年，找遍了北美"。植物学家 W. 埃尔默·埃克布劳满怀激情（但或许没那么严谨）地写道：

"对全世界的鸟类学家和鸟类爱好者来说，近来最重要的发现，毫无疑问是克罗克·兰德探险队的观察结果……他们发现了红腹滨鹬的巢和蛋……几枚被人类急切寻找的蛋……直到美国探险队发现它们，红腹滨鹬难倒了此前所有的探险者。"

莱昂船长发现的鸟蛋是在难以到达的北极中部找到的，那里的水域至今还很少为人涉足。1853 年 7 月，罗伯特·安德森，"奋进号"上的医生，在维多利亚群岛的剑桥湾附近射杀了一只红腹滨鹬。1919年，约瑟夫·伯纳德船长被冰困在了毗邻维多利亚岛的泰勒岛。他收集了雄鸟、幼鸟、亚成鸟和鸟蛋。鸟类学家戴维·帕米利在 1960 年和 1962 年来到维多利亚岛及其相邻岛屿，听到了红腹滨鹬交配时的鸣叫。他说那叫声听起来像"普米——普米——"[1]，声音从 600 英尺高的佩利山上传来，这是一座剑桥湾附近、距离海面 9 英里的蛇形丘[2]。佩利山是"最严峻的地方，极地的狂风常年在山顶呼啸"，帕米利这样写道。

红腹滨鹬似乎喜欢像佩利山或附近的珍妮林德岛那样严酷、任狂风肆意凌虐的地方，帕米利在这里看到过 12 对。他目睹了雄鸟的求偶炫耀：它们鸣唱着，在石坡上方快速振翅，保持短暂的悬停。在离海较远的岛屿内陆，在有池塘和莎草的低矮沙地，他看到一只红腹滨鹬耷拉着翅膀，装作受伤的样子。"那只鸟的巢肯定就在附近，但我

---

① 原文为"poor-me, poor-me"，意思是"可怜的我啊，可怜的我啊"。

② 蛇形丘（esker）是在冰川边缘或前端由冰水沉积形成的狭长、曲折如蛇的垅岗。

　　　　　　　　　　　　　　　　　　　　　　　　　　绝境

们没找到。"4年后他返回珍妮林德岛，听到了更多的红腹滨鹬鸣叫，还找到了两窝雏鸟。8月，当鸟儿聚集在一起，准备南迁时，他在海边找到了50只亚成鸟——这在北极地区是名副其实的大群了。

科学家一直在寻找红腹滨鹬的窝，但由于种群数量下降，找到它们依旧并非易事。从1999年开始，拉里·奈尔斯和阿曼达·戴伊组队在北极寻找红腹滨鹬的窝，现在加拿大环境部的研究员保罗·史密斯、罗格斯大学遥感和空间分析中心的里克·莱思罗普、加拿大皇家安大略博物馆的马克·佩克也加入了他们的团队。多年来，团队为超过250只红腹滨鹬戴上了无线电发射器，并且飞行数百英里寻找它们发出的信号。可能有红腹滨鹬筑巢的干燥山脊，范围广至7.7万平方英里。这些年来，他们幸运地追踪到其中45只鸟。他们通过分析无线电信号、卫星图片和地面调查数据，甚至ebird的观察数据，不断缩小红腹滨鹬在这片广袤地带上可能的筑巢范围。

自2002年以来，加拿大环境部的生物学家珍妮·劳施7次深入北极中部，到北极圈以内的多座岛屿寻找鸻鹬类，足迹遍布维多利亚岛、珍妮林德岛、威廉王岛、威尔士王子岛、巴瑟斯特岛、德文岛、康沃利斯岛和班克群岛。她描述了一个"关于红腹滨鹬的令人失望的故事"，在寻遍以上所有地方后，她只找到了10只红腹滨鹬，而且依然没有找到巢。数据记录器为我们提供了有用的信息。为了运用地理定位器的数据计算一只鸟所处的纬度，工程师罗恩·波特需要知道晨昏的具体时间，然而北极夏天的白昼无比漫长，地理定位器在此无法使用。有一种更敏感的新型数据记录器，能够感知北极地区极其微弱的光线。2002年，科学家开始为红腹滨鹬佩戴这种记录器。数据显示有一只鸟在维多利亚岛繁殖，就在剑桥湾西边一点。或许它曾经在佩利山上筑巢，也就是帕米利50多年前听到红腹滨鹬求偶的地方。

卫星追踪器会让研究变得容易许多。鸟类携带的卫星追踪器会传回实时数据，所以不需要重新捕鸟即可下载数据。但是，追踪器务必要重量轻巧，这样当体型较小且体重变化很大的鸻鹬类长期背在身上时不会感到不适。最新的追踪器比1便士的硬币还要轻，可能在2015年投入使用，或许最终，它会让人类跟随红腹滨鹬到达难以捉摸而令人惊奇的北极角落。

奈尔斯目前捕到了60只佩戴地理定位器的鸟，其中至少有一只在南安普敦岛筑过巢。无线电信号最强的地区是南安普敦岛和威廉王岛。奈尔斯和戴伊曾八次长途跋涉，来到南安普敦岛和上帝怜悯之湾的遥远冻原。热衷于寻找鸟巢的史密斯介绍说，就发现沿北美洲和南美洲的东海岸迁徙的红腹滨鹬鸟巢的数量而言，奈尔斯、戴伊及其同事是最有成就的人。成绩最显著的一年是2000年，他们找到了13个鸟巢。而接下来的几年，红腹滨鹬的种群数量不断下降，他们能找到的巢也越来越少。

早在20世纪初，出于偶然，南安普敦岛开始获得鸟类学家的关注。在这之前，关于这个岛的鸟类的书面记录很少，仅限于捕鲸者和探险者的航海记录。乔治·米克施·萨顿1898年出生于内布拉斯加州的贝瑟尼镇，他的父亲是一名钢琴家，也是一位牧师。萨顿10岁开始画鸟。长大后，他开始追随它们。他曾经为了追随鸟儿，钻进了一根年代久远、早已朽空的原木并被卡在里面，那根原木当中有一只正在给雏鸟喂食的红头美洲鹫，旁边还有几枚尚未孵化的蛋。后来萨顿成为一名优秀的鸟类学家和杰出的艺术家。在到加拿大拉布拉多地区和哈得孙湾的旅程中，他爱上了"北极一尘不染的美"。他为海冰迫使他在夏季中旬才来到这里而感到惋惜，此时已经看不到鸟儿求爱和筑巢的景象了，他迫切希望自己在那里过冬，这样就能安心地迎接下一个春天的到来。

几年后，在一艘回蒙特利尔的蒸汽船上，他认识了萨姆·G. 福特。福特是哈得孙湾公司在南安普敦岛新贸易站的负责人，他邀请萨顿前往珊瑚港的贸易站。1929 年 8 月，也就是美国股市崩盘、经济进入大萧条的两个月前，萨顿坐上了哈得孙湾公司的供应船"纳斯柯比号"。他写道：

> 对探险家来说，在极地海洋中航行，是渴求在"人类知识的总和"里添加一点新东西，或是为了梦寐以求的财富和名誉。对科学家来说，奋力开辟冻原和穿越冰野，是希望征服那看似高深莫测的海洋、冰雪覆盖的荒地和极光笼罩的天空，破解其中的奥秘。对爱鸟者来说，只因对身边常见迁徙物种的筑巢行为了解得如此短浅而深感羞愧，于是走进荒凉的不毛之地或偏远的极地群岛，满怀信心地寻找这些四海为家的生灵的夏日家园……

> 所有这些探险家、科学家和爱鸟者都承认北极的魅力，但没有一个人能精准地予以诠释。当一个人身在北极时，会不禁思考

自己为什么会为这样寒冷而荒夷的土地离开舒适的家园，以及生命究竟要多么顽强才可以在那里存活与延续。当一个人离开北极时，会思考自己是否能重新融入过于循规蹈矩的文明，这是每个来到北极的人都必须面对的。当他们从北方的海洋安全地回到家中，想到冬日漫长的孤寂、冻僵的脸颊和双手，以及食物的缺乏时，还是会感到些许畏惧。尽管如此，他们依然梦想着有朝一日能回到冻原气势恢宏、无可置疑、不带烟火气的友善里。

他在那里住了一整年，然后在下一个夏天和"纳斯柯比号"一起离开了。当他在贸易站冰冷的房间里工作时，冰晶冻住了他的画笔尖端。在整个漫长而漆黑的冬天，每隔一个周六的晚上，在完成了全天的计划后，如果无线电正常工作，他就会把频率调到私人频道，收听来自朋友、家人和同事的消息（包括歌曲）以及来自匹兹堡KDKA电台的广播节目。他的日常饮食胆固醇含量很高，包括鸟蛋、驯鹿肉、海豹和鲸脂（生熟兼有）。他和一个名叫阿莫里克·奥德拉纳的因纽特人乘坐狗拉雪橇穿越了整个小岛，还去了趟东湾。他称奥德拉纳是一位"机械专家、船夫、猎人、雪橇驾驶员和圆顶冰屋修建工"。萨顿把探险的胜利归功于奥德拉纳，就像吉尔克里斯特感恩纳库拉克的帮助那样。

萨顿把在南安普敦岛观察到的许多鸟类习性写了下来，这篇超过250页的文章后来成为他的博士学位论文。他只发现了几只红腹滨鹬。虽然他怀疑它们应该就在附近的约克公爵湾进行繁殖，但他从来没有看到它们在春天到来，也没有发现过它们的幼鸟或者浅绿色带斑点的蛋。秋天，有几群鸻鹬类自顾自地沿海岸聚集起来，"它们的举止高贵稳重，尤其是和翻石鹬相比，后者在整片海滩上到处翻找，咔嗒作响"。

后来，其他生物学家追随萨顿的足迹来到南安普敦岛，证实了红腹滨鹬在那里繁殖的观点。1979年和1980年的夏天，生物学家肯·亚伯拉罕和戴夫·安克尼在东湾扎营，将41种鸟编入目录，其中就包括欧绒鸭。有一次他们登上了一座小岛，在那里繁殖的欧绒鸭非常多，巢的数量高达3 800至5 900个，这一数据后被证明是加拿大北极地区中最多的。生物学家们确定了红腹滨鹬沿东湾繁殖，而且注意到它们"在（沿岸）四个地点进行求偶飞行、追逐和鸣唱"，他们还看到一只雌性红腹滨鹬正准备在内陆营地的山脊上三英里半的地方产蛋，以及"一只成鸟与一只不会飞的幼鸟待在一起"。史密斯在沿岸看到过三四十只红腹滨鹬，它们聚集起来准备向南飞行。要想找一个研究鸻鹬类——或者红腹滨鹬——的地方，东湾看起来大有希望。

和萨顿一起工作的因纽特人把六月称作"生蛋月"。我们都很想找到鸟蛋，但倾盆大雨和暴风雪阻碍了搜寻进程。雨雪强劲地从背后吹过来，要是我试图让身体后仰，都可以被风雪托起来。屋顶都快被风掀走了。我们被迫待在屋子里面，擦拭着枪，挑出嵌在枪管里的石子。我们蜷缩在帐篷里，穿着户外内衣、毛衣、抓绒衫和冲锋衣外套，跟着凯塔鲁克－普里米奥学习因纽特语，分吃纳库拉克做的班诺克（一种扎实的因纽特圆面包），以及曼·英特维尔德做的法压咖啡和特制姜汁巧克力。

我们为自己的烹饪创意感到骄傲：使用罐装的烟熏牡蛎和蟹肉做海鲜炖菜，用咖喱烧制炒菜，时不时还有凯塔鲁克－普里米奥和纳库拉克打来的大雁。他们把一整只雁和饺子一起放在速食高汤里炖煮。吉尔克里斯特还按照1974年出版的《烹饪的乐趣》（*Joy of Cooking*）中的菜谱烤了另一只大雁。凯塔鲁克－普里米奥把生的大雁肌胃切成薄片，拿给我们吃，用来搭配这种"刺身"食用的是两栖蓼的叶子。南安普敦岛上的居民每年射杀的北美驯鹿和北极熊都有定额，但雪雁到处都是，可以随意猎取。

在我们的小屋里，每根橼子上几乎都晾着湿衣服。我的防水连靴裤闻起来有煤油味儿。营地成员会给每一个认识的人织手套、帽子和围巾。睡袋是唯一温暖的地方，我们缩在里面研究鸟类识别手册，看曼·英特维尔德带来的电影，或者大声朗读《五十度灰》（*Fifty Shades of Grey*）。夜晚，若是风停了，我们会听到红喉潜鸟苍凉的叫声。我们不太清楚到底外面温度有多低或湿度是多少。因为在冬季，熊和狐狸会帮助气象站进行一些新规划和调整。

我们被要求必须随身佩带枪支，即便是去如厕。纳库拉克拥有感知熊出没的第六感。我时常会发现他盯着一个略带黄色的小白点，等过了好一会儿，这个小点才会变成一只快速移动的巨大的北极熊。营地的小屋设有一道加固过的窄门，以确保在万一有熊闯入时，我们有足够的时间醒来应对。我希望自己不会经历这些。如果有熊从岛上向我们走来，绒鸭营地会发出无线电警告。每天我们都在那里集合签到，确认当天的工作和天气，分配工具和补给。有一天，营地队员给我们送来了自制的法棍面包，送到的时候面包还是热的。营地分给我的睡袋很厚，盖层和垫层中均含有多层羽绒。无论天气多么冷，多么潮湿，寒风多么刺骨，在夜里我总是感觉很温暖。

在美洲大陆追踪鸻鹬类和在岛上监测绒鸭是完全不同的经历。吉尔克里斯特开始关注因纽特人对绒鸭数量下降的担忧。1995年，纳库拉克和他在东湾群岛上进行了一次长途考察，跟亚伯拉罕和安克尼20多年前的考察颇为相似。在扎好他们的帆布帐篷、架好科尔曼双头炉并设置好海港无线电通信器后，他们坐在不起眼的低洼岩石上等待。一些绒鸭飞过来，它们围着小岛盘旋，然后便离开了。它们也在等待。

最终有6只绒鸭飞了过来，然后是10只、12只、上百只，直到成百上千只。由于太胖，它们没能落在地面上，而是滑到了结冰的池塘里。这个池塘是春天冰雪融化后新形成的。吉尔克里斯特的团队认为，在1 000英里外，即绒鸭过冬的西格陵兰岛上，绒鸭已被过度狩猎。格陵兰人开始管理狩猎行为和缩短狩猎季后，东湾的绒鸭繁殖种群数量很快增加到了原来的3倍。

这些绒鸭很快就会从我们头顶飞过。人们认为绒鸭的肉、蛋和绒羽具有极高的价值，因纽特人使用它们的绒羽制作暖和的皮大衣、帽子和手套。萨顿认识的那位因纽特人用至少5种名字来称呼绒鸭。相比之下红腹滨鹬就没那么受关注。萨顿说，因纽特人没有专门给红腹滨鹬起名字，因为他们觉得它们和半蹼滨鹬以及白腰滨鹬差不多，就是海边的鸟而已。在伊卡卢伊特，我遇见了来自北极各地的因纽特人，他们来到圣裘德大教堂，庆祝期待已久的因纽特语版《旧约》的完成。这座教堂是在一场火灾后重建的。共进午餐时他们告诉我，他们知道红腹滨鹬这种鸟，不过因为红腹滨鹬和它们的蛋太小，所以不是他们的狩猎对象。像纳库拉克一样，他们把体型小的滨鹬——包括红腹滨鹬——统称为海滩上的鸟儿。

当天气转为晴好，我们就开始搜寻鸟巢。我们打包的午餐通常是头一天剩下的晚餐，以及卷着吞拿鱼或花生酱的墨西哥玉米饼，如果这些都吃光了，还有飞行员饼干，这长期以来都是北极特有的主食。在伊卡卢伊特当地学校的老照片上，每张课桌上都有一个飞行员饼干盒，用来装文具。坚硬致密的飞行员饼干由盐、水和面粉制成。无论是我们的装备剧烈晃动，还是我在冻原上被绊倒摔了一跤，它都毫发无损。刚开始吃的时候会觉得特别干硬——这种饼干大概永远不会腐烂——并且也没什么味道，不过重点是它几乎坚不可摧。

绒鸭繁殖时会聚集成群：吉尔克里斯特的研究刚开始时，每块样地上有50只绒鸭筑巢。当种群数量恢复后，这个数字增加到了250只。相较之下，鸻鹬类似乎更爱独处。对比岛上60英亩的面积，陆上面积高达3 000英亩，然而在陆上研究区域，每块样地上仅有不到10个巢，我们每天花七八个小时搜寻，有时要费力地爬上浮冰，有时要在池塘中艰难跋涉。当我踩进一片无法预估的池塘，我永远不知道自己是会被脚下的冰滑倒还是被淤泥吸走。当水位渐深，我的防水连裤靴承受的压力渐增，我很庆幸它没有在压力下脱线。如果天气允许，我们一天可以行走八到九英里。我们偶尔会在中午短暂歇息，坐在温暖的阳光下，脱掉外套。更常遇到的情况是，天气寒冷刺骨。在被冰雪和暴风雨刷洗过的冻原上，偶尔遇上的漂砾可以让我们暂时躲避夹带着冰碴的湿风。我们都涂了厚厚的防晒霜，即使阴天也会涂，不过我的手依然被晒伤了，起了水泡。

尽管如此寒冷，我还是爱着东湾，爱它的宁静平和，爱它的宽广开阔，那顶着干燥碎石的幽静山脊令人赏心悦目。季节变换，冰雪消融，我喜爱流水潺潺、鸟儿啁啾、几乎一夜之间绽放的花丛和岩石间深深浅浅的绿——不屈的生命啊。与纳库拉克在冰原上走了一天后，我们在一处远远的山脊停了下来。在这里，唯一能说明曾有人类待过的迹象，就是在一个没有窗户的胶合板木箱上有一个被太阳晒得发白的海象头骨，某位因纽特猎人曾在那里睡了一晚。

我所在的营地有着良好的管理和充足的供给，但我知道自己没有在北极生存的技能，在没有足够支持的情况下，我甚至没办法抵达这个荒芜之地。一天晚上，吉尔克里斯特和我收听了"加拿大极地大陆架项目"的广播。这个项目为北极研究人员提供后勤支持。无线电信号是从我们北面700多英里的雷索卢特湾（意为勇敢湾）发射过来的。它能够联系上方圆1 500英里以内的北极地区的野外营地，从埃尔斯米尔岛上的阿莱尔特到马更些河三角洲上的伊努维克。在这个看似空无一物的地方，我们一点都不孤单。

营地山脊和海岸之间的冻原上，到处都是鸟。银鸥用干燥的海藻和潮水带来的数量不多的细枝，在池塘中央裸露的岩石上筑巢。北极燕鸥把蛋产在石堆间浅浅的凹陷处，然后鸟蛋就和石滩几乎融为了一体。燕鸥是优雅轻盈的飞行者，当我们靠近时，它们会向我们俯冲下来，这暴露了巢的位置。它们是世界上飞行距离最长的动物之一，每年往来于地球最冰冷的两个区域之间，飞行总距离长达 5 万英里。灰头萨氏鸥以爱德华·萨拜因的姓氏命名。在帕里搜寻西北水道期间，萨拜因是第一个看到它们的人。它们在靠近海岸的地方筑巢，如果我们接近，它们会发出一阵喧哗。

翻石鹬、半蹼鹬和白腰滨鹬等鸻鹬类的巢被巧妙地隐藏在一眼望尽的视野中，在石头之间的浅凹里被几片地衣遮掩着。在佐治亚州，我可以跟着厚嘴鹬的足迹穿过沙滩，觅得它们的巢，但这里的鸻鹬类不会留下足迹。我们要么是偶然发现鸟巢，要么是等被我们惊飞的鸟儿回来之后再接近鸟巢。如果鸟儿被惊飞，就没有什么参照物能指示鸟巢在乱石堆的哪个方向。如果我们先是跪着然后站起来，或者原本就站着，然后稍稍走了几步，观察视角和对深度的感知都会发生极大变化。在我改变姿势后，原本看起来连在一起的石头不再相连，之前看好的标记物也无法从上千块石头及其凹陷里被识别出来了——比如两块被地衣垂盖的石头之间那一处浅凹。可是其他人却能够奇迹般地保持他们的视线，解读着难以参透的风景。

在被暴风雨耽搁数日后，史密斯终于加入了我们。他精力无限。在倾盆大雨中，他可以轻松灵活地穿过冻原。他用肩膀把枪托顶高，来抵御海鸥和燕鸥的凌厉攻击，他还能轻松识别出伪装的鸟蛋。没有一只翻石鹬能逃过他的眼睛。我们甚至还找到了在小池塘里的石块间涉水前行的红腹滨鹬。这种对我来说颇为陌生的景象，对鸟类学家而言早已屡见不鲜。在这里，它们看上去悠闲平静，和我在米斯皮利恩港看到的疯狂进食状态截然不同。

史密斯白天搜寻窝巢，晚上担当电力技师。在全天的野外调查结束后，他把太阳能板装到营地屋顶上，接上发电机，为 GPS、无线电设备、卫星电话和电脑电池充电，这样可以减少汽油的消耗。他还安装了两个灯泡，这项在北极的夏天看上去非常奢侈的设施在暴风雨的日子里和接下去的数周发挥了极大作用。他没有如此前所希望的那样看到许多翻石鹬的巢。它们的繁殖季似乎推迟了，这是一个令人担忧的问题，因为在这里繁殖并沿着大西洋海岸迁徙的翻石鹬数量在大幅度地持续下降。

我们走在海岸附近的一块样地上，我正抬头观望前方是否有鸻鹬类被我们惊飞，史密斯却往我的脚边一指，原来一只瓣蹼鹬正坐在那里。这些美丽的红灰相间的鸟儿在冻原的池塘里觅食，它们迅速转圈，形成局部真空，从而把猎物——小型水生昆虫的卵和幼虫——吸到水面。它们异常顽强，一年在海上生活 9 到 10 个月，只在繁殖的时候上岸。在其他种类的鸟儿躲避风暴时，它们勇敢地对抗恶劣的天气，去寻找食物。因纽特人把它们装在独木舟的船头作为护身符。瓣蹼鹬的数量也在下降。这次，史密斯没有找到他预期数量的瓣蹼鹬。他认为或许它们正在浮冰边缘等待着暴风雨过去。

我们从营地走到内陆，抵达潮湿的草甸。黑腹滨鹬用草筑造小巧精致、结构完美的杯状鸟巢。沃德发现了一只高跷鹬，这可能是南安普敦岛上的第一笔记录。我们沿着高高的山脊前行，灰斑鸻和欧金鸻被我们惊飞到 300~600 英尺之外。当一只鸻飞离巢后，我们就等待它的归来，然后用慢至极致的速度匍匐靠近鸟巢。它的配偶往冻原俯冲下来，假装一只翅膀受了伤。这个伎俩它平时百试不爽，总能成功骗过捕食者。可一旦我们上当，即便只是目光被它吸引片刻，我们也将错过之前观察到的鸟巢方位。凯塔鲁克－普里米奥耐心地观察一只灰斑鸻两小时后，才等到它回巢。

沃德正在同时观察各个方向，她有一个能辨别出下面藏着卵的小石堆的诀窍。她会蹲下或躺下来，而当我们冷到身体僵硬，就快坚持不住的时候，鸟儿（通常是白腰滨鹬）便会走向它的巢。当然，有时那也不过是个障眼法罢了。我们见过半蹼鸻坐在地上，尾羽上翘，好像正在孵卵，而它的配偶则偷偷溜回了位于其他地方的真正的巢。我们看不到它们躲避捕食者的其他方式。滨鹬会用尾脂腺分泌的蜡质来整理自己的羽毛。当鸟蛋开始孵化时，这些蜡质会变成更加黏稠且挥发性更低的油脂，如此一来，狐狸便很难察觉到它们的气味。

红腹滨鹬的巢十分隐蔽，与鸻鸟不同，红腹滨鹬不会轻易离开自己的巢，除非它们马上就要被踩到。2009 年在东湾，沃德监测过一只红腹滨鹬的巢。她的同事达里尔·爱德华兹是一位进化生态学家，他已经连续三年在东湾观察红腹滨鹬了。他写信告诉我，"我们常在东湾看到红腹滨鹬，却鲜能找到它们的巢。"2007 年 7 月中旬，在离内陆一英里多一点的地方，爱德华兹看到了"一只表现出防御行为的亲鸟……根据它的行为，这只鸟很可能已有幼鸟需要照料"。他认为这只已在内陆筑巢的红腹滨鹬正在飞往海岸的途中。2008 年 7 月 7日，他的团队发现了一个巢；两天后，一只贼鸥到巢里进行了掠夺。2009 年 6 月 25 日，团队发现了两个巢，其中一个巢里有 4 枚蛋。10天后，巢空了，但是并未找到原因。（可能是贼鸥偷走了蛋，而没有留下证据。）7 月 3 日，他们发现了另一个巢，7 月 12 日，里面出现了 4 只幼鸟。2010 年，他们发现了"一只带着三只幼鸟的红腹滨鹬"。我们也一直在寻找，但是没有收获。

如果任务执行的话，我们在这里要做的事情就会很少：首要任务是保证自身的安全，然后是照顾好彼此，最后才是进行调查。我在家里习惯了的信息轰炸——来自电子邮件、Facebook、报纸和广播的各种资讯——在这里统统没有。身处宁静之中，我仿佛能感受到地球的呼吸。鸟儿纤小的身板里蕴藏着惊人的耐力，使它们得以完成迁徙这一不可思议的壮举。年复一年，鸟儿飞越上千英里来此地筑巢、孵蛋，然后在这片地球最北边的荒凉之地，在另一处"世界的尽头"，迎来它们的新一代。夏天——如果有的话——很是短暂。鸟蛋一旦产下来，就可能被吃掉。对于北极的鸻鹬类来说，这里漫长而光线充足的白天、数量丰富的昆虫、相对较少的寄生虫和捕食者，会抵消它们为了来到这里所经受的巨大的能量消耗。若是筑巢地的纬度再增加 29°，到达詹姆斯湾和埃尔斯米尔岛之间，巢捕食率就会下降 65%。然而鸟儿的生存环境依然残酷。史密斯告诉我，在年景好的日子，仅有不到 60%的鸟蛋能孵化。在一些不太好的年份，孵化率或许只有 10%，而且很多幼鸟在出飞之前就被吃掉了。如果一对成鸟在这个短暂的北极夏天没能成功地孕育出下一代，它们基本上就没有时间再做尝试了。

捕食与掠夺无处不在。我们看到毛色胜雪的北极狐叼着大雁或绒鸭的蛋，一路小跑穿过冻原，它们还会为了下次用餐而把食物暂存起来。银鸥反复欺负潜鸟，把它们逼到水里，然后对鸟巢加以掠夺。还有短尾贼鸥，它们像鹰一样从一条山脊滑翔而下，向成年滨鹬俯冲。萨顿曾在一只短尾贼鸥的胃里发现了一只被完整吞下的瓣蹼鹬雏鸟。红腹滨鹬的亲鸟轮流孵蛋，尽量少地让巢处于暴露状态。史密斯把摄像机藏在东湾的鸻鹬类筑巢地附近，他把这些机器称作"保姆镜头"。他发现当双亲共同分担孵化的重任时，巢和后代幸存下来的比例是仅有一只亲鸟孵化时的 4 倍。

如果狐狸和贼鸥的菜单里包括了旅鼠，鸻鹬类会活得舒服许多。旅鼠的数量定期激增然后下降，但是科学家还没有完全弄清原因。如果赶上一个旅鼠大年，到处都能发现这种啮齿类动物，它们在冻原表面，在夜间的营地里，还有我们的靴子里乱窜。除去天气，还没有其他迹象表明这是一个艰难的夏天。拜洛特岛的雪雁、西伯利亚的黑雁和红腹滨鹬、东湾的翻石鹬，这些鸟类的筑巢成功率和旅鼠的数量有关：旅鼠数量多，鸟的数量则多；反之亦然。科学家将旅鼠数量的变化趋势与 19 世纪的狩猎记录相比较，想知道旅鼠的缺乏是否会导致红腹滨鹬种群的衰减。其他人则认为旅鼠数量暴跌可能和北极变暖有关。

我们经历过一些阳光灿烂的日子。高度不过两英寸的小柳树开花了。我们发现的鸟巢里现在有了四个蛋。红腹滨鹬就在附近，但我们没有找到它们的巢。傍晚，天光不会完全消失，山脊和池塘沐浴在一种柔和的玫瑰色中。好天气没有持续多久。现在是七月，因纽特语把七月称作"蚊子时间"。但是大量蚊子和其他可以喂养幼鸟的昆虫，不会在如此寒冷的天气中孵化。瓢泼大雨令人沮丧。凯塔鲁克－普里米奥教给我们一句因纽特人的古老谚语,意思是"我们对此无能为力"。我们常常重复这句话。

雨差不多停了。当风减弱,我们走出帐篷,但是天气并没有如我们所希望的那样变得晴朗。在一块遥远的样地上,麦克洛斯基和我被浓雾笼罩着,旁边是冻原、草地和池塘。能见度极低,我们慢慢往回走,沿着 GPS 记录的路线返回。此时在几英尺远的地方,出现了一个模糊的身影:一只北美驯鹿。红腹滨鹬轻声鸣叫着。大雾中,麦克洛斯基通过一个银鸥的巢搞清了方位,然后她找到了一处冻原的"街道标志":一个因纽特石堆。因纽特人通过搭建石堆来帮助自己辨认方向、寻找狩猎地点或是食物的储藏处。很快,营地所在的山脊在她预计的地方出现了。大陆上的野外考察季差不多已经过半。夏天即将过去了。

很快红腹滨鹬的蛋就会孵化——如果有的话。在 1900 年到 1903 年的俄罗斯北极探险中,赫尔曼·沃尔特观察到, "雄性红腹滨鹬总是把小鸟照顾得更仔细,而旁边的雌鸟像个事不关己的路人甲"。雌鸟不会逗留太久。蛋孵出来后,雌鸟就会踏上向南的漫长旅途,它们的任务已完成。在孵化后数小时,雏鸟就能离开鸟巢自己找东西吃了。它们由雄鸟带着,从干燥的山脊进入湿地,那里有大量繁殖的蚊虫。这段路长达两英里。成年雄性红腹滨鹬也会先于幼鸟离开北极,幼鸟要靠自己飞往越冬地。鸻鹬类和野鸭离开后,白鲸会游过东湾,穿过哈得孙海峡前往它们的越冬地,度过一个逐渐变暖的冬天。

我们到达东湾不久,承载着 DC-3 型飞机的坚冰开始融化,雪地

摩托车的轮胎和木轮雪橇的滑行装置几乎完全陷了进去。纳库拉克、凯塔鲁克－普里米奥和我足足花了一个小时才把它们拉出来。温室气体的排放让北极的变暖速度是地球上其他地方的三到四倍，加拿大北极地区的夏季温度达到了44 000年以来的最高值。1979年，科学家开始用卫星监测北极海冰的情况。2007年到2013年的夏天，北极海冰发生了创纪录的消融。那些更厚、更稳定，且存了四年以上的海冰正在消失。这些更耐高温的海冰曾经占据了冬末北极海冰的四分之一，到2013年，这个比例降低到了7%。

融冰引发一系列连锁反应，这些反应会影响北极圈内的食物网，进而波及筑巢鸟类的生活。每年夏天，3万对厚嘴崖海鸦在南安普敦岛南边的科茨岛绝壁上筑巢。这种黑白相间的鸟像企鹅一样孵化它们的独生蛋。每当夏天来临，它们会从绝壁上看到海冰。科学家们躲在灌木丛后面看着崖海鸦喂养幼鸟，一次一条鱼。1980年，北极鳕鱼是未出飞幼鸟的主要食物。这种鱼生活在浮冰之间，它们自身会生成防冻剂。现在，海冰比以前提早三周消失，鳕鱼提前离开，亲鸟不得不选择毛鳞鱼、玉筋鱼和鳎鱼来喂小鸟。两条半毛鳞鱼才能抵得上一条鳕鱼提供的能量。小鸟由于营养不足，长得很瘦弱，比起在离开鸟巢时应有的体重轻了10%。曾一度增长的种群数量，可能也会下降。

另一方面，崖海鸦深受蚊虫困扰。科茨岛的管理者、生物学家安东尼·加斯顿说，因为蚊虫"太厚"，鸟看起来像"穿着毛靴子"。2011年夏天蚊虫尤其严重。当团队到达时，巢里的崖海鸦面对暴晒和蚊虫攻击不胜其扰。北极熊的到来让情况变得更加严重。以往会有单只北极熊对巢群进行短暂的突袭，但是这一年每天会有多达 4 只北极熊对着巢区虎视眈眈。为了取出鸟蛋或捕杀幼鸟，它们在峭壁上灵活地移动，让自己贴在只有 16 英寸宽的岸礁边缘。它们每 10 分钟就会杀死一只成鸟。附近筑巢的成鸟惊慌失措地逃走了，巢里的蛋变成了案板上的肉。熊扫荡了 30% 的巢，如果这样的情况持续下去，崖海鸦的种群数量将受到严重的威胁。

加斯顿在科茨岛上用了 30 多年时间观察筑巢的厚嘴崖海鸦。当崖海鸦食用的北极鳕鱼数量变少，而其他小鱼数量变多时，他对巢内幼鸟的体重进行了测量，并且监测巢区持续增长的北极熊和蚊虫数量。他认为，北极熊对巢区的入侵只是暂时现象，随着北极持续变暖，北极熊的数量会下降。厚嘴崖海鸦在科茨岛筑巢的时间长达 2 000 年，但是因为北极变暖，它们也将消失，将被疆界正在往北移动的刀嘴海雀和北极海鹦所替代。刀嘴海雀已经来了。海鸟依然在北哈得孙湾繁殖，"但北极不再是从前那个北极了"，加斯顿说。

春末夏初，在海冰开始破碎前，北极熊会一如既往地捕食环斑海豹以储备能量，这些能量多达其全年所需总数的三分之二。刚断了奶的胖乎乎的小环斑海豹身上 50% 都是脂肪。夏季伊始，环斑海豹就会从海水中爬上靠近东湾绒鸭群栖地的浮冰。与 35 年前相比，在夏季，科茨岛沿岸的崖海鸦群和东湾海冰的减少，将迫使北极熊提前上岸，这意味着它们每年捕猎海豹的时间会缩短两个月。

在东湾，北极熊对绒鸭群的入侵次数比 20 世纪 80 年代增加了 7 倍，给鸟群带去了毁灭性后果。绒鸭的群巢聚集点先是遭遇禽霍乱的重创，然后又被北极熊破坏。现在，绒鸭的繁殖率已经低到无法维持种群数量。队员们通过尖叫和模拟放鞭炮的声音来让北极熊远离岛上的 5 000 个巢。仍有 7 只北极熊到过鸟群聚集点，其中包括一头母熊和它的小熊。它们总是过来享用这份绒鸭蛋自助餐。吃饱喝足后，有时熊会入睡。在失望与疲惫的队员们离开时，繁殖季末留下的 700 个巢中，只有七八个是安然无恙的。今年队员们离开的时间还较往年提早了一周半。第二年的情况更加糟糕，一场暴风雨把所有的浮冰都推远了，于是两只——有时是三只——北极熊经常来光顾绒鸭的聚集地。赶不走的北极熊将成为越来越大的危险：在未来的几年里，研究团队会在海冰破碎前离开，留下摄像机来记录绒鸭和熊的行为。

东湾的情况绝不是个别现象。在海冰覆盖率很低的年份，即 2010 到 2012 年间，巴芬岛南部和魁北克北部的 70 座岛上，都出现了北极熊袭击绒鸭聚集地的事件，致使几乎全部绒鸭繁殖失败。多塞特角附近的巴芬岛上，从东湾跨越福克斯湾方向的一座小岛上，在北极熊光顾了 334 个活跃的鸟巢后，只有 24 个巢——不到 10%——留了下来。在小岛上集群筑巢，这个曾经在北极狐的捕食压力下演化出的成功的适应性表现，现在变成了一种负担。吉尔克里斯特现在担心的是，从过度捕杀中恢复过来的绒鸭会再次面临风险。"如果北极熊继续提前上岸，"他说，"鸭子们是没有招架之力的。"他观察到，一些东湾的绒鸭已开始做出改变，以应对新的生存危机。"绒鸭为了逃避北极狐而离开大陆，但现在却有几只回来了。它们在离城镇更近的地方筑巢，因为人类——它们曾经的捕食者——如今为它们提供了安全感。"当地球变暖，海冰后退，吉尔克里斯特和他的同事们在这里观察与体会北极地区发生的变化。

　　鸻鹬类的巢在冻原各处都有分布，不过饥肠辘辘的北极熊对此并无兴趣。当下另一个更直接的威胁来源于北美大平原上的农业。人们通过使用化肥把玉米产量翻了一倍，把水稻产量翻了两倍，多出来的谷物留给了越冬和迁徙的大雁。因为有了充足的营养，在 2009 年飞越密西西比河流域和北美大平原的细嘴雁与小雪雁的数量激增到至少 1 600 万只。这还是在允许被捕射的鸟类数量增加的情况下。

　　南安普敦岛现在有 94 万只筑巢的大雁。饥饿的北极熊在寻找它们的蛋。2004 年，在上帝怜悯之湾，一头形单影只的北极熊在两周时间里掠夺了 400 个雁巢里的全部内容。2006 年，科茨岛的野外研究团队目睹了北极熊有条不紊地洗劫一处大雁群巢地的全过程，它们先是锁定目标鸟巢，然后狼吞虎咽地吞食鸟蛋。2010 年，加拿大环境部的詹姆斯·利夫罗尔在南安普敦岛和科茨岛上对筑巢的大雁开展了一次空中调查，数到"约 29 只北极熊，大多数都在离海岸很远的内陆，那里是雪雁的聚集地"。夏季食谱中的北极红点鲑和浆果并不足以替代环斑海豹。曾经北极熊可能一周会猎杀环斑海豹一到三次。很难想象，那样小的大雁蛋——无论它们的数量有多丰富或是富含多少蛋白质和脂肪——将如何取代 100 磅重的成年环斑海豹和肥胖的小海豹所能提供的能量，又将如何弥补一年里减少了两个月的海豹猎捕量，或者说如何为一种因海冰后退而濒临灭绝的动物提供长期的食物保障。来自美国地质调查局的卡瑞恩·罗德和她的同事，通过分析之前的研究发现，哈得孙湾西部的鸟蛋最多只能提供北极熊在海里觅食一天或两天所消耗的能量。

　　大雁会啃食北极棉草和薹草，并把这些植物连根带起。这会透支筑巢地的环境，把淡水草甸变成亮绿色的苔泽，或者会把海边的一片沼泽变成毫无生命迹象的盐沼。大雁在东湾筑巢的地方，地衣和欧石南长得很瘦弱，莎草正在消失，草甸正在枯竭。

　　在东湾的几处沿海样地，常常会踩到大雁粪便。沿着山脊行走，我看到数量不等的雁群站在远处泥泞而光秃秃的草甸上，有 40 只、50 只、100 只和 200 只的。史密斯想了解大雁是否在侵占半蹼滨鹬的筑巢区域，他把半蹼滨鹬东边的种群形容为"储备军"。他说，大雁很少去东湾的内陆沼泽，因此那里的鸻鹬类仍然有很多，但是哪里有很多大雁，哪里就没有半蹼滨鹬。史密斯的团队只找到了两个半蹼滨鹬的巢。现在看来，红腹滨鹬因为筑巢地偏远而受到了保护。

　　然而它们的生活可能很快会因北极变暖而刷新状态。在南安普敦岛上这个寒冷的夏天，我没有看到那个新世界的预兆——来自南方的竞争者、捕食者和寄生虫的到来，幼鸟孵化与蚊虫暴增的时间不匹配——但正在融化的海冰预示着变化的到来。到 2080 年，当气温按预期上升了 5 到 11 度，冻原面积会缩小，莎草和禾草会被常绿的灌木和乔木所取代，森林将开始在南安普敦岛上出现。红腹滨鹬可能会向北方迁移避难，它们以前已经这样做过一次了。历史上红腹滨鹬突破了两个瓶颈，一个瓶颈是它们在冻原的繁殖地因冰山的前进而变成了不毛之地；另一个瓶颈是它们的数量因地球变暖、森林线往北移动而锐减。当冻原再次后退，未来将会发生什么？答案正在逐渐揭晓。

　　吉尔克里斯特、史密斯、营地的大部分成员和我都要离开了。当"双水獭"飞机抵达时，我走向山脊的边缘向下俯视：海冰正在破裂，裂缝形成的图案仿佛一个巨大的爪印。当飞机起飞，快速升空时，我向窗外看去，脚下的营地慢慢地缩小，消失在视野中。在过去的三周半，营地就是我的整个世界。我会想念这些慷慨、友善和才华横溢的科学家们：是他们欢迎我来到他们的夏日家园，与我朝夕相伴；是他们年复一年地统计数据，见证和记录人类的活动如何影响这片陆地和海景。北极正在改变，它所支持的生命网正在改变，一些动物正在减少，或许会永远地从这里消失，而另一些动物却又悄然到来，或许是以令人吃惊的方式……我会想念这片披着冰雪却富有温情的地方。

　　这个夏天对鸻鹬类来说是糟糕的。吉尔克里斯特将它列为整个项目历史上最糟糕的一年。在令人沮丧的一天，团队给我打来电话。除了几个晴天，暴风雪天气、刺骨的寒冷和疾风并没有真的减弱。到了季末，他们总共找到了56处鸟巢，比去年少了25%，比前年少了50%。56个巢里，只有8个巢成功孵出了雏鸟——惨淡的结局。曼·英特维尔德说，鸟开始离开了，冻原即将进入可怕的寂静。

　　在北极的最后一天，凯塔鲁克－普里米奥、曼·英特维尔德、麦克洛斯基和沃德分头行动，再次检查了剩余鸟巢的情况。沃德写信给我说，凯塔鲁克－普里米奥率先在营地附近的山脊上找到了一只红腹滨鹬。它向她飞来，落地，然后"展示了一次断翅行为"。但她没有找到鸟巢，鸟儿"一次次地消失又再次出现"。曼·英特维尔德随后来到这里。"她也和这只滨鹬相遇了。这次，它不停地大喊，两只翅膀都竖了起来。"她同样没有找到巢。沃德也做出了尝试。"在离营地 600 英尺的地方，一只红腹滨鹬被惊飞，展示了断翅行为。"她不理会那只鸟，而是慢慢往巢的方向逼近，随后"几乎就在面前出现了一个鸟巢，里面全是毛茸茸的雏鸟"。"我以为我找到红腹滨鹬的巢了！"仔细看后她便失望了：它们的妈妈是一只白腰滨鹬。

她的正前方就是那只红腹滨鹬。"我无意间经过了一个白腰滨鹬的巢。我迅速标记了鸟巢，然后把注意力移回那只红腹滨鹬身上。它叫了一声，然后竖起两个翅膀，飞快地向南跑走了。跟踪这只红腹滨鹬的难度让我吃惊，它的身影和石头融合得天衣无缝。过了一道山脊后，我跟丢了。我坐了一会儿，希望能再次看到它，可惜并没有。"她们决定快点吃饭并且收拾好行李，然后回去看最后一眼，但她们的飞机却赶着大雾天短暂的晴空间隙，出乎意料地早到了，所以她们不得不选择离开。在伊卡卢伊特，团队给史密斯打电话告知了这些情况，史密斯也认为这只红腹滨鹬的行为提示着附近有幼鸟。

繁殖季过后，很多红腹滨鹬离开了北极，在返回南方之前，它们会到哈得孙湾另一头的詹姆斯湾聚集觅食。或许我还会在那里看到这些鸟。

第十二章　返回南方：
詹姆斯湾、明根群岛和圭亚那

一个小小的、质朴的克里族印第安人的狩猎营地隐藏在詹姆斯湾西边的一处林间高地上。这片海岸有不少类似的营地，周围是沼泽和碎石山脊，以及宽广的泥滩。繁殖季过去了，超过 100 万只鸻鹬类会飞入詹姆斯湾觅食，其中至少有 30% 是沿着大西洋迁徙路线往南飞的红腹滨鹬。我希望能在朗里奇角的营地看到它们：可能会是一小拨成鸟或亚成鸟，这取决于刚刚过去的那个繁殖季的情况。

到这个遥远海角的旅程，始于在多伦多的一段长途公路自驾。我的旅伴琼·艾恩是一位退休的小学校长，和其他团队成员一样，她也是安大略观鸟者中的骨干人物。她的白色丰田小汽车上载满了装备，这辆车常常行驶在观鸟的路上，有时还要经受驯鹿鹿角的顶撞。出发前一个朋友用皮掖子修复了车身上的一处鹿角顶出的凹痕。我们向北前行，翻过一座小山，山顶海拔大概有 1 000 英尺。在这里，小溪和江河向北汇入詹姆斯湾和哈得孙湾，然后注入拉布拉多海。当风景开始回应来自遥远的北极的呼唤时，我几乎感觉不到车子的攀升或下降。

我们从未经铺砌的路绕道前行。我闻到了一股针叶林的气息。艾恩下了车，用双筒望远镜看向树林。北美乔松树枝低垂，上面挂满了沉甸甸的松果；白云杉和黑云杉上也同样坠满了松果；干了的柔荑花序悬在白桦和颤杨的枝头。看到这个信号，艾恩的搭档罗恩·皮塔维做出了他的年度冬季雀类预测。这份预测将告诉安大略的观鸟者，他们很可能会在哪些地方找到红交嘴雀、白翅交嘴雀、蜡嘴雀、黄雀、朱顶雀和紫朱雀。另一辆厢式货车的司机是加拿大野生动物管理局的克里斯蒂安·弗里斯，这辆车也去往詹姆斯湾。弗里斯为那里的夏季鸻鹬类监测做协助工作，这是由加拿大野生动物管理局、安大略自然资源部、皇家安大略博物馆和加拿大鸟类研究会开展的一个联合项目。虽然其他人可能对在充满蚊子的沼泽里艰苦跋涉数周这件事望而生畏，但弗里斯却期待和享受在偏远的野外工作。他的女儿萨宾学会的第一个单词就是"bird"（鸟）。

　　弗里斯把厢式货车停在波沃森，这是一个只有1 000来人的小镇。他们绕道行驶是为了前往小镇上的污水池，这里受到严格控制的水位和富氮植被给迁徙的野鸭和鸻鹬类提供了重要的停歇地。队员迈克·伯勒尔和他的兄弟肯从孩提时代就开始观鸟了。据他们说，站在污水池周围加高的堤岸上，能看到漂亮的景色。安大略的观鸟圈里流传着一份有90个观鸟点的特殊地图，上面标出了所有污水池的位置。迈克·伯勒尔说："每一个认真的观鸟者都去过几个污水池，而且不止一次。"他们希望在波沃森看到红颈瓣蹼鹬，但并未如愿。

　　经过10个小时的车程，我们到达了科克伦，这是一个英国人和法国人各半的小镇，也是蒂姆·霍顿的出生地。蒂姆·霍顿是多伦多枫叶队的前曲棍球球星，以及一家广受欢迎的咖啡和甜甜圈连锁店的创始人。我们沿着安大略北部地区的铁路继续向北行驶，穿过森林，林间长着树冠呈金字塔形的白云杉、外形相对瘦弱的黑云杉，和针叶会在秋季脱落的较矮的美洲落叶松。我们沿着大河前行，途经阿伯蒂比河、马塔加米河和穆斯河，以及两座水电站大坝。一路上，团队成员在电线上寻找着尖尾松鸡、猛鸮和鹰。

5 小时后我们抵达了终点——穆索尼。詹姆斯湾曾是亨利·哈得孙的航行终点，他在 1610 年驾船驶入哈得孙湾，认为这么大的水体完全可以承载他的"发现号"穿过西北水道。结果当船进入了詹姆斯湾，却没有找到任何出口。于是愤怒的船员发生了暴动，把哈得孙和他的儿子扔到一艘小船上，自此他们再无音讯。50 年后，英格兰国王授权哈得孙湾公司在 300 万平方英里的哈得孙湾流域做生意，皮毛贸易商沿着海湾建立了贸易站。安德鲁·格雷厄姆和托马斯·哈钦斯以前在海斯河与纳尔逊河河口的约克法克特里贸易站工作，他们保存了大量期刊，其中一则 1770 年的红腹滨鹬记录，可能是北美洲最早的相关记录。今天，有大约 14 000 个克里人住在穆索尼、穆斯法克特里和沿岸的村庄里。

我们正位于一个广阔、未经开发的湿地中间，团队前往穆索尼的污水池寻找鸟儿。他们看到了 15 只环颈潜鸭、10 只小斑背潜鸭和 75 只鹊鸭。队员们停在一棵颤杨前，嘴里发出"扑斯、扑斯"的声音，来吸引可能出现的各种莺。迈克·伯勒尔的手机响了，他用不同的鸟鸣声为朋友和家人设置了不同的来电铃声。当直升机到达时，我们分头行动，前往三个克里人狩猎营地，营地主人把它们租给了项目使用。

朗里奇角位于穆索尼以北 35 英里处，坐落在一片云杉和美洲落叶松组成的森林中，长长的碎石山脊沿着海岸延伸至远方。接下来的两周，我们每天都要在外面行走，并把生物钟调整到和潮汐同步，统计鸻鹬类的数量。芭芭拉·查尔顿是一位热情的安大略人，也是当地顶尖的观鸟者之一，进行鸟类调查已超过 30 年。艾恩、查尔顿和我的第一次调查是向南走到贝卢加角（又称帕斯克瓦奇角），我们看到美洲白鹈鹕浮在水上，红嘴巨鸥站在小岛的岩石上，翻石鹬、棕塍鹬和红腹滨鹬在一片（即将随涨潮而消失的）泥滩上觅食。我们常常会在这里看到棕塍鹬，它们总是成群出现，一群至少有 200 只。我很开心能够看到它们：棕塍鹬从詹姆斯湾一路不停地飞到南美洲，只会偶尔在美国经停。查尔顿和艾恩数到了 58 只红腹滨鹬，其中有两只戴着旗标。天空下起毛毛雨，随后变成瓢泼大雨。红腹滨鹬起飞，往南去了。第二天贝卢加角的海滩上满是滨鹬——25 只姬滨鹬、1 110 只白腰滨鹬和 179 只大黄脚鹬。其中很多都是亚成鸟，它们的羽毛刚长出来，闪闪发亮。这些亚成鸟还不怕人，因此我们可以走到很近的地方，蹲在石堆后面观察它们。

　　在海角尽头，有 70 只被水花溅湿的红腹滨鹬，它们在岩石边缘的海藻中觅食。与东湾相比，这个海角很热闹。超过 500 只鸟从我们头顶飞过，向南飞去。朗里奇角长久以来就是迁徙鸟类喜欢的站点。1942 年 7 月底，来自皇家安大略博物馆的克利福德·厄恩斯特·霍普和特伦斯·迈克尔·肖特划着独木舟经过 100 英里从奥尔巴尼堡向南来到穆索尼。10 多天的时间里，他们看到了南飞的鸻鹬类成鸟，一天黄昏"一片庞大的鸟群……在空中至少绵延了 1 英里长，像一团

　　　　　　　　　　　　　　　　　　　　　　　　　　绝境

浓厚而又无尽的云"。1976 年，莫里森和哈林顿飞过詹姆斯湾时，在朗里奇角遇见了他们看到过的最密集的红腹滨鹬群——多达 5 000 只，在后来的几年里，他们又在海湾看到了 15 000 只的大群，从而证实了这里是关键的停歇点。在詹姆斯湾，莫里森在空中和泥滩上都开展过调查工作。地理学家彼得·马蒂尼和莫里森沿着 800 英里长的詹姆斯湾滩涂采集泥样，从中发现了为南飞的鸟儿提供能量补给的食物——密集的小蛤蜊和贻贝，每平方码有 2 000 到 9 000 个。

在这里，全天都很安静，看不到什么人，只是偶尔有独木舟经过。海岸边有一条冰雪建成的冬季道路，供当地居民使用。当路面融化时，会有船或飞机运来新的冰雪用于修路。西面是 144 500 平方英里的泥塘和沼泽，即哈得孙湾低地，这里是北美洲面积最大的湿地，位居世界第三。湿地边缘有些不透水的泥土，过去，在这片湿地的范围更大的时候，这些泥土位于哈得孙湾的水底。地形平坦的积水平原与海岸自然地连接起来，这里几乎没有水排出过。仅安大略低地就包含了 21 000 个沼泽、内陆湖和池塘。由死去的植物堆叠而成的湿软泥炭有 5 到 14 英尺厚。池塘散落分布在泥炭沼泽地里，湿地表面覆盖着泥炭藓。发育不良的黑云杉和颤杨在稍稍高出河流、土壤水分没有那么充盈的岸堤上扎了根。

就在查尔顿、艾恩和我在朗里奇角数鸟的时候，弗里斯、伯勒尔兄弟和珍妮特·古利特正身处北边 62 英里外的契可尼角。契可尼角位于奥尔巴尼河的北边，除了泥浆就是泥沼，以至于他们要没完没了地把自己连同靴子从泥里拔出来。肯·伯勒尔受够了，干脆赤脚前行。经过白天的艰苦跋涉，晚上他们会慰劳自己，分享伯勒尔兄弟带来的美味香肠，倒掉超大瓶水果罐头里的糖水，再用"哈瓦那俱乐部"牌朗姆酒把它重新填满。在契可尼角，他们无法像我们那样接近鸟儿，因为仅仅是到达海湾也要长途跋涉一整天，但他们每天都看得到低空飞过的鸟儿。在满潮前两个小时，他们就开始计数，统计的数量大大超出预期：两周的总数将近 100 万只，单日最高数量超过了 10 万只。单个物种的单日上限多达几千只：白腰滨鹬最多达到 28 570 只，下限从没低于 10 800 只；半蹼滨鹬和黑腹滨鹬的单日上限分别是88 130 只和 19 420 只。红腹滨鹬则情况不同，总共只数到 391 只，单日上限是 125 只，其中包括一只亚成鸟。

和契可尼角比起来，我们从朗里奇角走到海边就轻松愉快多了。我们会穿过一大片开遍野花的莎草沼泽，不过在温暖安静的白天，沼泽里会有很多蚊子，每英亩多达 500 万只。哪怕是团队中最健壮的人也要戴上手套，穿上超轻的密织夹克，披上防虫网，以抵御这些吸血的昆虫。穿过沼泽时，我们有时会看见一样东西，乍一看像是枯死的树干，但是比营地周围的云杉和美洲落叶松粗很多，它们与周边环境很不协调，而且每次出现的位置都有所不同。其实，那是以后腿站立、直起身子看着我们的黑熊妈妈，而野花上方露出一截截熊宝宝的耳朵，它们正在吃草莓。

曾遭受两英里厚的冰盖重压的哈得孙湾周围的陆地，如今每年都在向上反弹，这也使得詹姆斯湾的海岸线逐渐变宽，从营地到山脊之间的距离也越来越远。7 500~8 000 年前，当上一次冰川时代结束时，海水涌入了冰川留下的洼地，淹没了加拿大努纳武特的部分地区，包括南安普敦岛和蒂勒尔海水下的安大略和马尼托巴。当摆脱了冰山的重压，陆地有所回弹，使得蒂勒尔海及其遗留部分——哈得孙湾和詹姆斯湾——缩小（詹姆斯湾现在只有 150 英尺深），曾经被海水覆盖的地方正在变成海岸。仅仅 30 年前，朗里奇南部舍格高溪旁边的营地曾经就在高潮线上。而今天它离海岸有两到三个足球场的距离。海平面上升在这里并非迫在眉睫的威胁。

随着哈得孙湾边缘的陆地逐渐浮出海面，它的地质历史也越来越为人们所了解。前往贝卢加角的路线在泥滩中蜿蜒，滩中散落着岩石和冰川漂砾。熊和驼鹿——现在这里的居民——的足迹穿过泥滩，从古珊瑚礁的碎片——来自 4.45 亿年前某个时间的数片蜂窝珊瑚和角珊瑚——之间穿过，那时这里的土地还属于一片温暖的热带海洋。我们团队成员之一，安德鲁·基夫尼，后来在这里发现了一块三叶虫化石。三叶虫是有多对节肢、硬甲壳和触角的动物，在曾经的海洋里，它们无处不在，在水中游泳、挖洞和爬行。鲨曾和这些古老的动物共享同一片海洋。鲨一直存活至今，而曾经囊括了约 15 000 个物种的三叶虫，以及曾经装点我们脚下古海底的珊瑚都灭绝了。来自皇家安大略博物馆的戴维·拉德金告诉我，三叶虫化石可能来自南安普敦岛，它们随着冰山、经过一段漫长的旅程而来，这段旅程和一只红腹滨鹬飞行一天的距离差不多长。

基夫尼、伊恩·斯特迪和乔希·范德穆伦从小皮斯科瓦米什角出发，沿着 14 英里长的泥泞海岸一路向南，最终抵达他们监测鸻鹬类的地方。在那里，他们曾在一天之内数到 910 只红腹滨鹬。因为朗里奇有 6 个人，所以我们每天都能把海岸完整地看一遍。基夫尼是一位来自多伦多的退休店主，对他来说，在詹姆斯湾待上两周，是学习鸻鹬类识别的好机会。他的技能还包括创造性地修复被松鼠戳破屋顶防水油布的小屋。基夫尼和范德穆伦也是专业的博物学家，他们今年都参加了安大略的观鸟大年，就是在一年时间内比赛谁能看到最多鸟种的活动。他们希望能看到北极燕鸥。

一天，查尔顿、范德穆伦和我步行 5 英里穿过山脊后面一个平宽的浅湾，去看随潮汐而来的鸟。沙丘鹤会在晚上飞过小屋，我常被它们响亮、尖锐的叫声弄醒。它们白天常在这里活动，站在滩涂上，锈红色的羽毛在阳光下闪耀着光彩。海湾远端，查尔顿调试着她的双筒和单筒望远镜，来仔细观察停在远处石头上的一个黑点：一只白翅斑海鸽。它的繁殖羽尚未褪去，翅膀上有显眼的白色斑块。这只海鸟的出现是意料之外的，而这对 22 岁的范德穆伦来说又加新了。根据体形辨认出一只鸟是查尔顿的第二天性。"这和你在晚上看到 16 个人的剪影，就能从中认出你的女儿，是一样的。"她这样说道。几只红腹滨鹬飞过头顶。

另一天，当艾恩和我走在海边时，看到黑腹滨鹬聚集在一起。斑胸滨鹬在草地上漫步，它们有着一副求偶时会膨胀的喉囊。我们停下来闻着野生鼠尾草的香气。对艾恩来说，观鸟不只是，甚至最重要的不是为自己的鸟种清单增添新记录，而是从美学角度出发，来欣赏"鸟类千姿百态的美"，比如冰岛鸥飞羽的曲线美，比如站在开阔的泥沼里仰望千万只滨鹬掠过头顶时的激动震颤，比如沿着漫长的山脊找寻飞越"不可能的距离"的鸟儿。她指引我看向斑胸滨鹬，这些在北极繁殖的、长距离飞行的佼佼者还将继续向南美洲的大草原飞去，它们每年往返旅程的总距离长达 19 000 英里。

对查尔顿和艾恩来说，统计鸟的数量以及记录鸟儿的往来也是迫切要做的事情。她们从中发现了无可比拟的快乐，沉浸其中数月而不知疲倦。"为了在为时太晚前保护它们，"艾恩说，"我们需要记录鸟儿穿越这片原野的路径。"艾恩通过她的网站将詹姆斯湾介绍给外面的世界，她展示的鸟类特写照片，是把照相机用香料瓶盖连在单筒望远镜上拍摄的。她还和安大略野外观鸟会分享她的经验，这是一个有 1 000 位会员、专注于研究安大略鸟类生活的组织，她已经担任了 9 年会长。她梦想着，他们付出这么多时间收集的数据能为这里赢得国际上的关注，隐蔽而壮观的詹姆斯湾鸟类庇护所需要，也理应得到这些关注，或许它将成为西半球鸻鹬类保护网络的一部分。

清晨和傍晚，我们坐在室外用餐的时候，总会看到站在云杉树枝上的白翅交嘴雀用嘴撬开松果并取出种子。很多鸟儿在打开松果找吃的，到处都能听到种子碎屑和外壳掉在地上的声音。我们听着秧鸡嘀嗒、嘀嗒的叫声。在大多数日子，我走过山脊时，总会惊奇地看到一大群紫翅椋鸟，约 450 只，它们在树顶盘旋。1890 至 1891 年间，它们被引入美国并在中央公园放飞，当初的 100 只椋鸟如今已繁衍至多达 2 亿只，"这堪称北美大陆上最为成功的鸟类引入案例"。它们在北美洲拥挤的城市里扩散开来，也依然在这片人迹罕至的原野中游荡。我还看到了很多其他鸟类和大型野生动物，却没有看到红腹滨鹬。

一天清早，当范德穆伦和我走向草甸时，我们看到一只灰狼正悠闲地大步跑向山脊。我们顺着灰狼的路线继续走，它的足迹在后续几天都能看到。在海角最远处，我们看到了正在换羽而飞不起来的秋沙鸭，还有很多鹊鸭和黑海番鸭。眨眼之间，两只云斑塍鹬亚成鸟落在石头上，仅停留瞬间就飞走了。在这里消磨时光是很享受的事，但是为了不被上涨的潮水困住，我们必须按时返回。

　　另一个清晨，6点钟左右，查尔顿和我走到了距离营地不到1英里的溪口，我们在那儿看到了博氏鸥。它们在靠近内陆、可以俯瞰沼泽的云杉上筑巢——这是北美洲唯一一种有规律地在树上筑巢的鸥类。查尔顿看到了一只站在石头上的燕鸥，它的红腿看不太清，但很明显比附近那些普通燕鸥的腿要短一些。我们用对讲机把这个信息传达给了营地。范德穆伦赶了过来，不过这只北极燕鸥在他到达前就飞走了。第二天傍晚，他抓住了另一个看北极燕鸥的机会，当时那只北极燕鸥就在溪口盘旋。我们的团队还看到了世界上最小的鸥——小鸥。它们在北美洲最重要的筑巢区域，应该就位于詹姆斯湾西岸的泥炭沼泽和莎草湿地里。在朗里奇，艾恩看到过年幼的小鸥向其父母讨食，这意味着它们的巢就在附近。

　　在未来几年里，这片广袤完好的哈得孙湾低地将会经历巨变，因为加拿大即将开始采挖资源丰富的矿产。1亿~2亿年前，地幔裂开，滚烫的岩浆从地幔深处上升，这股巨大的热流点燃了火山，带着钻石冲到地球表面。如今，德比尔斯钻石公司在詹姆斯湾以西60英里的地方开采钻石。海湾以西200英里，那些年龄超过25亿岁的岩石——它们的形成可以追溯到地球上第一块大陆诞生的时期——富含铬铁矿、金矿、镍矿和铜，位于环太平洋火山带上。这里出产财富的潜力可以和艾伯塔省的油砂相比拟。类似于哈得孙湾低地那样的泥炭地，其总面积仅占地球陆地表面积的5%，却贮藏着占总储量25%的碳资源。发掘环太平洋火山带，修建配套道路和设施，然后把世界现存的最大湿地破坏得满目疮痍……这些将造成不可估计的影响，即便矿脉被关闭，影响也将长时间存在。

12条大河从哈得孙湾低地流向哈得孙湾和詹姆斯湾，把海湾里的盐度稀释到了海水的三分之一。春天冰雪融化，水会自然地流入，夏天和秋天时水流变缓，而现在，河水的节律被人为调整，以适应来自安大略、魁北克甚至是新英格兰的城市用电需求。在晴朗的白天，我们看得到传输线。仅在穆斯河及其支流沿岸，就有29座水力发电站。在大坝建成很久以前，红腹滨鹬就在哈得孙湾的沼泽岛、沙滩和泥质滩涂上进行能量补给了。1974年春天，有3 500只红腹滨鹬在丘吉尔港被看到（丘吉尔河的改道工程于1977年完工）。奥尔巴尼河和丘吉尔河的改道，以及盐度和环流正在发生变化的河水，将如何影响数百万迁徙和繁殖鸟类的生活环境，又将如何影响它们的食物，这些都是未解之谜。丘吉尔河40%的流水已经被改道，转而流往纳尔逊河沿岸的堤坝，奥尔巴尼河的上游河水被引入纳尔逊和圣劳伦斯河，完全脱离了哈得孙湾的流域。

在得克萨斯州和马萨诸塞州给红腹滨鹬戴上的地理定位器上的数据显示，在春秋两季，红腹滨鹬依然会沿着纳尔逊河和海斯河觅食。

科技的发展及无线电遥感技术的成本下跌，使加拿大环境部的野生动物学家安·麦凯勒得以使用全新的无线电设备来记录红腹滨鹬经过这里的路线。在阿卡迪亚大学的菲尔·泰勒的带领下，在加拿大鸟类研究会的支持下，来自高校和政府的科学家进行了大规模合作，他们共同启动了一个项目，该项目将最终在加拿大和美国东海岸安装数百个无线电信号接收器，包括以下地点：沿着北美五大湖，从多伦多到滨海诸省，包括芬迪湾和明根群岛；北极的南安普敦岛和科茨岛；纳尔逊河旁的哈得孙湾沿岸；詹姆斯湾的北角、朗里奇角和皮斯科瓦米什角；缅因湾沿岸和科德角。

由太阳能驱动的全自动接收器会记录方圆 6 英里以内所有佩戴了无线电设备的鸟发出的信号。这些接收器中装有基于 Linux 系统的信用卡般大小的单板机，它们会把数据传到服务器，然后研究人员可以用自己的计算机下载数据。2014 年春天，在新装置的第一次实验中，麦凯勒收到了 10 只红腹滨鹬的信号，它们是一个月前在特拉华湾戴上无线电发射器的。她还乘坐直升机寻找鸻鹬类。在海斯河边的一块区域，可能就是安德鲁·格雷厄姆和托马斯·哈钦斯 1770 年看到红腹滨鹬的地方附近，她发现有红腹滨鹬在滩涂后方依旧被冰雪覆盖的盐沼中觅食。她还看到了比其他鸻鹬类——半蹼滨鹬除外——数量更多的红腹滨鹬，一次多达 1 900 只。随着研究的继续开展，谁知道红腹滨鹬迁徙路线上的哪些关键地点又会被发现呢？

在回多伦多的长途路程中，观鸟者们继续计数。他们已经养成

了做记录的习惯。除了终身心愿单和年度安大略心愿单上的鸟类外，他们也会追随家后院的鸟儿，就连电视机甚至车牌上的鸟名缩写都不放过。〔他们将车牌号"AMAV"算作"褐胸反嘴鹬"（American Avocet）。〕这次，他们每隔 6 英里就统计一次鸟的数量。总的来说，他们共记录了 30 种鸟，共 2 788 只，其中包括鹰、鹬、隼、雪松太平鸟、沙丘鹤和戴菊。年末，范德穆伦以创纪录的 344 个鸟种的成绩结束了他的安大略观鸟大年，其中 5 种鸟——红腹滨鹬、纳氏沙鹀、白翅斑海鸽、北极燕鸥和黄胸鹀——他只在詹姆斯湾看到过。他在水库找到了 118 种鸟，在污水池找到了 151 种鸟，其中包括 26 种野鸭和 22 种鸻鹬类。他还在鸟类喂食器旁边发现了一些非常稀有的种类——灰头岭雀和斑尾鸽。

范德穆伦清单上的 344 种鸟当中，有 307 种都是他在独自旅行时看到的。他通过短信、邮件、电话、OntBirds 服务器的电子邮件清单和 eBird 数据库获得了剩下 37 种鸟的信息。当他看到 OntBirds 上的一封邮件说，珍稀的贝氏莺雀现身皮利角国家公园，便立即跑去寻找，而这种鸟此前在安大略仅有过 12 次记录。来自朋友的一封电子邮件，则将他送上了寻找太平洋潜鸟的旅程，这是他年度清单上的最后一种鸟。

康奈尔鸟类实验室和美国奥杜邦学会在 2002 年牵头建立了 eBird 网站。自成立以来，该网站所获取的信息量每年以 40% 的速度增长，成千上万名观鸟者贡献了数百万次观察记录，目前这些记录所涵盖的种类多达全世界 10 324 个鸟种的 96%。伯勒尔兄弟把他们的发现提交给了 eBird；或许某天，他们会提供一份历史记录来帮助危难中的鸟儿。同时，那些提交了在污水池、草原壶穴或潮沟入海口的观察记录的观鸟者，或许可以使世界上的其他人意识到红腹滨鹬未为人知的庇护所。

在詹姆斯湾之行的剩余时间里，我们仅看到零星几只红腹滨鹬飞往南边。詹姆斯湾各营地记录的数量峰值，基本上都是前些年数量的一半。看来，红腹滨鹬在东湾等筑巢地度过了一个艰难的夏天。当问题的形成可能涉及飞行路线上的多个地方时，很难判断是何种原因导致的，每种原因又在多大程度上造成了鸟类数量低下的现状。是因为未能在特拉华湾找到足够的鲎卵，还是因为南安普敦岛上的天气阴晴不定？是因为旅鼠减少而使鸟巢遭到饥饿的狐狸扫荡，还是源于别处发生的其他干扰？如果沿路"阶梯"上的每一级台阶都得到加固，即便在糟糕的年份，红腹滨鹬的数量也应该足以让种群延续下去。

很多——但不是全部——红腹滨鹬在离开北极后，会飞到詹姆斯湾来扩充它们的能量储备。早在60年前，沿着海岸泛舟调查的鸟类学家就发现了詹姆斯湾对于鸻鹬类的重要性，但科学家们现在指出了另外一处停歇地，那是位于世界上最大的河口之一——圣劳伦斯湾的一片群岛。在科学家们开始统计红腹滨鹬数量的10年前，我到过魁北克的明根群岛，去寻找地球上最大的动物：蓝鲸。这些长距离旅行者夏天偶尔在海湾游上几天。在追鲸——通常是小须鲸——的漫长日子里，我们时而会在岛上短暂歇息。我们坐在裸岛上吃午餐，周围散落着赤陶器的碎片和烧焦的木桶碎片，它们是16世纪的巴斯克人提炼鲸油时留下的。当时捕鲸人用海泥造炉，熬制鲸脂来获取珍贵的油脂。我沿着海岸徒步，寻找色彩鲜艳的海鹦，从鸻鹬类身边走过时，并没有特别在意。在追寻那些体型庞大、仿佛天赐神力的长距离旅行者时，我错过了面前的这些小个子，然而它们的征途毫不逊色，同样伟大。

来自加拿大野生动物管理局的生物学家伊夫·奥布里通读了历史报告，并梳理了500万份可以追溯到20世纪50年代的魁北克鸟类观察记录。他雇用了对这个地区与鸻鹬类都颇为了解的博物学家克里斯托夫·比伊丁和扬·罗切鲍尔特，一同在圣劳伦斯海岸搜寻红腹滨鹬。2006年，他们在加拿大的明根群岛国家公园保护区找到了约500只在石灰岩海岸边觅食的红腹滨鹬。在公园的40座小岛和1 000处岛礁中，红腹滨鹬仅偏好以下几个地方：裸岛、格兰德岛和夸里岛，这些岛上有充足的石头；还有尼亚皮斯科岛，岛名的意思是"等待野鸭"，是曾住在这里的伊努人起的名字。

在夏季的野外考察季，奥布里租了一栋房子，从房间里可以俯瞰明根镇上的河流。每天，他和团队成员乘坐加拿大公园管理局的小船前往岛上。船很老旧，它们曾经承载人们看过更美的风景。乐天派船长皮埃罗·瓦利恩考特调教着一只使用已久、容易温度过高的引擎，熟练地掌舵。除了机械操作技巧外，瓦利恩考特船长还能在浓雾中穿行，准确无误地航行至下船区，而只有当他把船滑靠到岸边时，这些地方才会扑入我们的眼帘。研究团队分头行动，每个人去往不同的海岛。冰凉的海面上没有风，由于气温升高而产生的雾气会持续数周。然而没有人因此退却。奥布里和我步行穿过了一片有凤仙花香气的树林，听着远处传来的波涛声，循着鸻鹬类的歌声前行。终于，他发现了它们：在一片浅礁旁边黑黑的身影。我们屏气凝神，慢慢靠近。我们穿着暗色的服装，把单筒望远镜向下对着地面，尽量让自己看起来不明显。我跟在奥布里的后面。海水偶尔会漫过我的防水高筒靴。脚下的石头很滑。我始终全神贯注，不让我保管的这架望远镜掉到地上。

4.5亿年前，河流将其承载的沙子和淤泥带入热带海洋，海百合、海绵、珊瑚和软体动物的身体残骸慢慢地积累起来，形成了一座两英里厚的高原。由于大陆漂移，海洋盆地打开然后关合，高原向北移动。7 000万年前，它从海中升起，在被河流侵蚀后，留下了今天的明根群岛。冰川前进又后退，海平面上升又下降，而如今的风浪和霜雪打磨着尚未被侵蚀殆尽的岩石，雕刻出巨大的弧形雕塑，这些矗立在我们面前的花盆形的塔状岛屿，未来也将被磨平。我们爬上了一个已经垮塌的"花盆"。在阳光穿透浓雾的短暂间歇，我们看到海鹦潜入水中。它们的筑巢地不再受到人类入侵的干扰，种群数量正在稳步增加，从1985年的163对增加到2005年的960对，到2012年已经超过1 000对。

我们发现了红腹滨鹬，在那里，隆起的沙砾斜坡上铺着年代久远的石灰岩，缓缓地延伸到海中。鸟儿有些焦虑不安。风向只是稍作改变，它们就从我们的视野中消失了。很快，奥布里在缭绕的雾气中再次发现了它们，于是我们静静观察。突然，好像出现了什么我们感知不到的东西，让它们分散开来。时间变得格外漫长，奥布里却依然很有耐心。作为美国兰花学会的一名评审，他在魁北克的自家地下室里用心照料着5 000株兰花。他在古巴发现了一种兰花，后来这种兰花以他的名字命名为奥氏婴靴兰（*Lepanthes aubryi*）。下午晚些时候，我们回到营地后，从他的房间传出了美妙的长笛旋律。他多年来一直受训成为一名长笛手，由于厌倦了为大量听众呈现完美表演的压力，他把音乐变为了业余爱好，这样他便可以放松地吹奏长笛，并且在私下享受音乐带来的乐趣。"有时我喜欢隐身。"他说。或许这也是浓雾的魅力。和与我同行的其他科学家不一样，他的生活不依赖于肾上腺素、杏仁和能量棒。我们停下来享用午餐，吃了黑森林火腿三明治、红肉脐橙和美味的黑巧克力。

午饭后，我们继续在雾中寻找，奥布里温柔地呼唤着鸟儿。在光线变亮的瞬间，他发现了红腹滨鹬和翻石鹬。翻石鹬在海藻里翻找着；红腹滨鹬正在觅食，它们的食物包括端足类、玉黍螺和小贻贝。正在褪去繁殖羽的红腹滨鹬成鸟看上去有些邋遢。另一个雾气蒙蒙的下雨天，奥布里发现了250只红腹滨鹬，其中40只是亚成鸟，刚长出的羽毛闪着光泽。奥布里上一次看到大群红腹滨鹬成鸟的时间是2009年，当时有许多上千只的鸟群，还有一个约4 000只的大群。2011年，他的团队数到了600只亚成鸟。2012年和2013年，红腹滨鹬开始变少。回去的路上，在路边的一个沼泽里，我们看到一只红喉潜鸟正带着它的两只幼鸟在一起游泳。

奥布里在明根群岛很受欢迎。晚上，他和朋友们聚在一起享用佳肴，用法语生动地交谈着。伊利亚·科瓦那是《林间跑者》（*Coureur des bois*）一书的作者，书中讲述了他只身一人从不列颠哥伦比亚划着独木舟穿越加拿大，来到纽芬兰的兰塞奥兹牧草地的故事。阿梅莉·罗比拉德和科瓦那准备了许多菜肴。我们吃了欧绒鸭（它的法语名字是 eider à duvet，意思是羽绒被）、灰海豹（法语是 tête-de-cheval，意为马头，因为它的脸长得像马）和龙虾蘑菇派，甜点则是采摘的新鲜云莓。瓦利恩考特船长的妈妈采集了 68 夸脱云莓。密封的罐装海豹肉装满了罗比拉德和科瓦那的橱柜，冰箱里塞满了毛鳞鱼。第二天的晚餐是：蛏子和北极贝，多宝鱼，蘑菇和雪兔肉酱，烟熏毛鳞鱼，扇贝配白汁，以及自制的蓝莓越橘挞。这两顿饭的大部分原料都是罗比拉德和科瓦那采摘或狩猎得到的。

　　团队不为食物发愁，食品柜被装得满满当当的。不过其中一些食材可能不会总是那么丰富。大海会吸收人类二氧化碳排放总量的 25%。自工业革命以来，地球海水的酸度已上升了 26%，若现有的化石燃料排放量保持不变，那么到 21 世纪末，海水酸度将增加170%。相对于过去 5 500 万年里的任何时期，目前全球二氧化碳的排放速度都要快上 10 倍；即便是放在以往 3 亿年的时间长河中，这个速度可能也同样史无前例。软体动物对腐蚀性日益增加的海水高度敏感，当海水中的矿物质不足以形成坚固的外壳时，它们的生长就会受阻。

　　对俄勒冈州威士忌溪的贝类养殖业来说，太平洋沿岸的极富二氧化碳的海水会限制牡蛎苗的生长，并威胁这一行业的发展，这得以让我们对未来窥见一斑。酸性海水已经造成 1 000 万个扇贝苗的死亡，不列颠哥伦比亚的一个养殖基地因此关闭了。蛤蜊苗和海湾扇贝同样在遭受"海洋骨质疏松"之苦：如果海水的二氧化碳含量在前工业化水平，这些软体动物会活得更久，生长速度快上两倍，而且它们的外壳也会更加坚硬厚实。

无论红腹滨鹬的停歇地位于飞行路线中的何处——智利、阿根廷、巴西、得克萨斯州、佛罗里达州、佐治亚州、南卡罗来纳州、弗吉尼亚州、新泽西州、马萨诸塞州、詹姆斯湾或明根群岛，它们都要吃小型的贻贝和蛤蜊，而所有贝类的生存都在遭受威胁。大量研究表明，随着预期中的海水 pH 值逐渐降低，贻贝苗会变得更小，壳也变得更薄。贻贝靠坚硬的足丝附着在岩石上，而日益酸腐的海水也会让足丝变得脆弱。此外，随着海洋二氧化碳浓度的上升，在詹姆斯湾，红腹滨鹬喜欢的蛤蜊数量会降低很多，因为越来越少的蛤蜊能够生存下来，下降幅度从 36% 到 89% 不等。

　　在较冰冷的水中，比如火地岛周围、圣劳伦斯湾和哈得孙湾，预计发生酸化的时间将更短。北冰洋表层水将在几十年内变得对贝类有酸蚀性。一个酸度越来越高的海洋威胁着数百万鸻鹬类的重要食物来源、数百万以贝类为主要食物的绒鸭以及贝类渔民的生计，这些渔民支持着一个价值数百万美元的产业。一个没有鸻鹬类的海岸，和一个没有蛤蜊、贻贝、牡蛎和扇贝的海洋，带给人类的是一种难以想象的贫瘠与凄惨。目前，在明根群岛安静的水域里，海洋酸化是一个尚未被注意到的潜在威胁。在明根群岛稍作停留后，翻石鹬会变得圆滚滚的。"它们的皮肤被撑得很薄，就像羊皮纸一样，"奥布里说，"我能看到皮肤下面的脂肪。眼下已是迁徙季末，我们不会看到瘦鸟。"

　　每年，成千上万吨泥沙被亚马孙河带入大西洋，形成了法属圭亚那、圭亚那和苏里南的泥滩海岸和滩涂。海浪把泥沙向西推动，有时

泥沙一年移动的距离多达 1 英里，海水一点一点地侵蚀一处海岸，又一点一点地将泥沙堆积在别处。沙堆将海洋与红树林沼泽分开，树木在浅浅的潟湖里腐烂，鸻鹬类就在那里觅食和栖息。这种奇怪的风景为鸻鹬类提供了丰富的食物。1982 年，将近 200 万只鸻鹬类在圭亚那越冬。

从詹姆斯湾和明根群岛南迁来的红腹滨鹬，会在这里停留长达 1 个月，然后起飞，去往更远的火地岛海岸。2011 年，一名法属圭亚那的猎人将一枚旗标交给了公园巡护员。他在海边的水稻田里射中了一只红腹滨鹬，从它身上取下了这枚旗标。在它被射杀前，人们曾看到这只红腹滨鹬从特拉华湾和佛罗里达州经过。在法属圭亚那，狩猎是合法的，但缺乏监管。2012 年 8 月，在一处海滩上，奥布里、戴伊、奈尔斯和志愿者史蒂夫·盖茨数到了 1 700 只红腹滨鹬。这里的泥滩被潮水冲蚀，水稻灌溉田被破坏，曾经的陆地成了大海。而在 1 英里长的水稻灌溉田的田埂上，丢满了用完的弹壳。

奥布里在明根群岛统计红腹滨鹬的数量。他与加拿大公园管理局合作，以确保红腹滨鹬在岛上的安全。奥布里就像一个忧心忡忡的家长，他知道仅仅在加拿大的家园里保护他的孩子们，并不能保证它们在更广阔的世界里也能免受伤害。在猎手的枪口下，它们就是脆弱的。在法属圭亚那，他和阿拉斯加大学与美国鱼类及野生动物管理局合作，找到了射鸟的人群和原因；他和当地一个保护组织——法属圭亚那鸟类研究与保护小组——一起创建了鸻鹬类保护区；还和法国的官员一起开展保护工作，地点包括法属圭亚那和瓜德罗普岛。2011 年 9 月，有两只中杓鹬在瓜德罗普岛被射杀：一只名叫马基，它在从哈得孙湾飞来的路上遇到了热带风暴，绕路停在瓜德罗普岛休息，结果中弹而亡；另一只叫戈申，它可能是在猎手密集的沼泽中休息时遇害的。

在圭亚那和苏里南的海岸，鸻鹬类也会被猎杀。1983年，一名研究圭亚那燕鸥的学者看到4个小男孩在一块田地上方拉起一根绳子，并让绳子像鞭子一样上下晃动，当时有55只鸻鹬类误飞进去，然后被快速晃动的绳子打死了。这些男孩还邀请他共尝野味："口味浓郁"的红腹滨鹬、高跷鹬、黄脚鹬被剁成块，炸好后用来配面条吃。

1978年9月，盖伊·莫里森和荷兰生物学家阿里·斯潘斯发现了红腹滨鹬沿詹姆斯湾—南卡罗来纳州路线迁徙的确凿证据。在苏里南的潟湖和海岸泥滩上数鸟时，他们看到了3只红腹滨鹬，而莫里森和布赖恩·哈林顿于23天前在3500英里外的詹姆斯湾才刚刚看到过它们。狩猎鸻鹬类在苏里南是违法的，并且海岸属于保护区，但据说猎人们每年捕获的猎物中仍有几千只鸻鹬类。斯潘斯曾在苏里南当地的电视节目里提到此事，他听到的数据更加耸人听闻：仅在苏里南的一个地区，一年就有3万只鸻鹬类被射杀；仅在其中一片海滩上，就有数百只越冬的半蹼滨鹬在满潮时被射杀。

在新泽西奥杜邦学会的资金支持和保障下，不知疲倦的莫里森和罗斯在2008年到2011年的冬天再次开展空中调查。根据他们的记录，自他们第一次调查以来，在圭亚那的半蹼滨鹬数量已经下降了79%。人们正在开展国际合作，致力于保护苏里南的鸻鹬类，包括斯潘斯、苏里南森林管理局的自然保护部以及新泽西奥杜邦学会。每年，他们都会在沿海地区向2000名小学生介绍鸻鹬类，并讲述它们所面临的威胁。他们分发海报，介绍鸟类及其栖息地的特征；在主干道路上竖立标识牌，提醒人们注意国家的狩猎禁令；重建狩猎监察者的营地，为他们提供适于航海的船只、发动机和汽油。他们希望通过这种方式，让公众关注鸟类的长距离迁徙，并且意识到苏里南对它们的重要性。他们希望当地的人们会为这个小小的国家拥有如此丰富多样的鸟类而感到自豪，从而在它们漫长的归家路途中，为其提供安全的港湾。

尾声　回家

　　白天变短，夏日逝去，红腹滨鹬向南迁移。曾经有数千只红腹滨鹬会在秋天穿越马萨诸塞州，现在它们的数量少多了。其中一些从詹姆斯湾或明根群岛起飞，在科德角的莫诺莫伊国家野生动物保护区补充能量。在一个温暖的秋日，我和保护生物学家凯特·亚奎多一起驾船穿过查塔姆港。她在远离海岸的地方下了锚，因为即将退潮，我们离开后，现在靠近岸边有水的地方会排干。灰海豹来到沙地上，躺在太阳下休息。殖民者曾经为了它们的毛皮和油脂而大肆捕杀这些动物，很快就对灰海豹种群造成了毁灭性打击。法利·莫厄特研究了大西洋沿岸的地图、图表和文字记录，认为灰海豹的数量曾经在 75 万到 100 万之间。

　　马萨诸塞州于 1962 年终止了对灰海豹的悬赏捕杀。自 1972 年起，灰海豹受到《海洋哺乳动物保护法案》的保护。现在马萨诸塞州东南部的沿海水域生活着 15 000 只灰海豹，全年能在保护区看到 7 000 只。如今，在低洼的沙洲上能看到 200 到 300 只灰海豹聚在一起，还有一些在距离岸边几英尺的海浪里若隐若现。随着它们的数量增加，大白鲨——IUCN 认为其保护现状在易危到濒危之间——开始在莫诺莫伊海边聚集，大啖肥美圆硕、富含能量的灰海豹。我们正涉水穿过对大白鲨来说太浅的水域，但是并未远离鲨鱼常出没的地方。科学家把大白鲨称为"海洋流浪者"，他们希望通过卫星追踪的方法了解它们的栖息地。这种动物总是神秘莫测，它们和我们一样，是处于食物链顶端的生物，只是身在海洋罢了。

上岸以后，我们开始寻找红腹滨鹬亚成鸟。它们可能出现在 8 英里长的沙滩上的任何地方，带着手机和 GPS 的研究者们散开去寻找它们。我们走过被太阳晒得发白的灰海豹骨骼。曾经在科德角的沼泽和海滩上，红腹滨鹬以"多得出奇的数量"出现过，乔治·H.麦凯写道。"这种景象发生在 1850 年之前，那时科德角的铁路刚建成，只通往桑威奇。坐在公共马车里的人们……经常能看到数量庞大的红腹滨鹬。"有多少只呢？莫尔登的狩猎运动者 S.霍尔·巴雷特说，"在早些时候"，他一年曾在科德角发现了多达 25 000 只红腹滨鹬；可是 1885 到 1893 年间，他总共才数到了 500 只。巴雷特在比林斯盖特岛上进行观察，这是一个位于韦尔弗利特附近的岛屿，后来被海水淹没了。鲨在科德角也曾经数量丰富。曾到过科德角的亨利·戴维·梭罗在报告中提到，很多猪在吃鲨（他称鲨为"平底锅形状的鱼"），成群的红腹滨鹬在海滩上迫不及待地吃着鲨卵。目前灰海豹和大白鲨已经回到了莫诺莫伊的水域，一度消失的场景正在回归。或许有朝一日，云朵般的大群红腹滨鹬也会回来；尽管在今天，哪怕是看到 250 只红腹滨鹬，都是很幸运的。

　　亚奎多和我走过一片洼地时，它突然不再像看起来那么硬实。当我试图从泥沙中提起脚时，听到了一种可怕的咯吱声。我们正处在"海岸的连接处"，这是一块新出现的、水分充盈的浅滩，它把两座长长的障壁岛重新连接起来。飓风和暴风雨一次次地重新划分莫诺莫伊的障壁岛。莫诺莫伊这个名字源自阿尔冈昆语，表示"一股凶猛的水流"。在这里，沙子又回来了。不远处，另一个小岛正在形成，那便是迷你莫伊岛，已经有人在那里看到过红腹滨鹬了。在我们对面，保护区外的几处夏季露营地已经滑入海中。

　　我们在缓缓升起的新的沙丘上发现了郊狼的足迹，以及50来只红腹滨鹬。它们迎风站立，头向后插入翅膀，一条腿收了起来。秋天，三群红腹滨鹬先后从莫诺莫伊迁徙而过：一些成鸟在继续前往阿根廷和火地岛之前在这里短暂停留；另一些成鸟则在这里至少停留两个月，它们会换好冬羽再往南走；还有亚成鸟。拉里·奈尔斯和亚奎多以及保护区的同事，给换完冬羽的40只红腹滨鹬戴上了地理定位器。目前，团队恢复到了8个人。这些鸟的越冬地包括佛罗里达州、弗吉尼亚州的障壁岛、南卡罗来纳州、佐治亚州和古巴。

　　很多红腹滨鹬亚成鸟一路不停地直接飞到火地岛，但不是全部。每次红腹滨鹬受到威胁时，科学家们都渴望为亚成鸟找到越冬的新家园。戴维·纽斯泰德和他的同事发现了一处重要的红腹滨鹬越冬地——得克萨斯州的马德雷湖。在亚奎多和我到海滩上寻找亚成鸟的第二天，我们加入了奈尔斯的团队，他们刚刚找到了一群鸟。我们试图抓住这些鸟，来为它们佩戴数据记录器，但是风很大，红腹滨鹬飞来飞去。经过了整整一上午的等待和引诱，它们依然四处分散，奈尔斯只得取消了捕鸟计划。第二天，随着天气好转，计划成功实施，团队共为54只亚成鸟佩戴了地理定位器。当鸟儿重新开始迁徙之路，科学家们不知道这些设备记录的光线水平将告诉我们什么。鸟儿所遵循的路线是已知的还是不确定的？还是说它们有一个新家园？一切对我们来说都是未知。

费利西娅·桑德斯和她在南卡罗来纳州的团队重捕了其中一只红腹滨鹬。地理定位器的电池已经被腐蚀了，但英国南极调查局成功从中恢复了以往的数据，并由罗恩·波特绘制下来。数据显示这只年轻的红腹滨鹬曾飞到古巴过冬，然后让所有人大吃一惊的是，它飞到罗曼角国家野生动物保护区度过了夏天。它一定不是孤单的，应该还有其他同伴。春天和夏天，这只红腹滨鹬住在保护区，在那里研究鸻鹬类的玛丽-凯瑟琳·马丁每个月能记录到1 000到1 500只不等的红腹滨鹬。如果这些都是亚成鸟，一个亚成鸟的夏日新家园就已经被揭开了面纱。

跟随红腹滨鹬，我沿着它们的飞行路线完成了这次旅程。现在，我希望自己能在家中看着红腹滨鹬迁徙过境。查尔斯·温德尔·汤森博士出版于1905年的《埃塞克斯县的鸟类》（*Birds of Essex County*），描写了科芬岛、伊普斯威奇岛和普拉姆岛的海滩。多年来，我曾在那些狭长的堰滩上走过很多次，但从来不曾见过红腹滨鹬。汤森在书中写道，成千上万的鳕鱼为了追逐鲱鱼而扑上岸，这样的情节读起来就像小说——也许是我永远都不会看到的盛况。汤森下笔时，很多种鸟已然经历了浩劫。他基本没有看到过大蓝鹭或白鹭。在一个秋日，我曾划着小艇看到了六七只大蓝鹭，以及多达 60 只白鹭。他看到过聚成小群的红腹滨鹬，一群最多有 12 只。它们在沼泽里不多见，常常在海滩出现。汤森提到，它们很容易被射中。

我第一次看到红腹滨鹬是在帕克河野生动物保护区，地点是普拉姆岛的埃塞克斯县，并没有在我原本以为的河口沙滩。后来我又找到了一两只，却是在水稻灌溉田里。管理者可以控制灌溉田的水位，放水后暴露出的泥滩能够吸引迁徙的鸻鹬类，便于它们栖息和觅食，当水再次流入时，又能吸引迁徙的野鸭。我们走到堤坝上，当太阳落山的时候，一个朋友发现了一群红腹滨鹬：它们站在平静的浅水中，数量有 30 到 40 只。

在我家后面的海湾里，我从来没有见过红腹滨鹬，但是在看到那么多研究者——智利的卡门·埃斯波兹、阿根廷的帕特里夏·冈萨雷斯、得克萨斯州和南卡罗来纳州的戴维·纽斯泰德和费利西娅·桑德斯、东湾的保罗·史密斯和他的团队、詹姆斯湾和明根群岛的琼·艾恩和伊夫·奥布里——耐心地行走数小时、跋涉数英里来寻找它们，我便开始思考，或许是我之前不懂得如何或者说去哪里寻找它们。我的邻居阿普里尔·普里塔·曼加涅洛和德里克·布朗在那片海湾观鸟和数鸟长达 15 年。只要鸟儿到了那里，曼加涅洛和布朗就找得到它们。他们了解每一片浅滩，熟悉每一次潮汐。我常常看到他们坐着小船，穿过海湾去研究滩涂，就像鸟儿在海边追随潮汐来去。

在 9 月初的一个下午，潮水上涨时，我和丈夫划着小船穿过沼泽。多年前，我曾在这里第一次看到鲎上岸产卵。这里的鲎数量仍然不多，但我不时会在沙堤后面或沼泽的草丛里发现刚刚蜕下来的半透明的鲎壳。我发现这些发白的鲎壳具有完美的结构，每个鲎壳都曲线分明、干干净净，壳上有一道几乎无法察觉的缝。经由这道缝，一只年轻的鲎把旧壳留在身后，走向了一片依然丰饶的海洋，这似乎在暗示我们，一张被撕破的网亦可重新被织好，焕发新生。

曼加涅洛和布朗已经把小船锚定在沙滩上，涉水穿过了一条浅浅的溪流。我们赶到时，他们正凝视着不远处的沼泽草地。随着潮水上涨，滨鹬、鸻、燕鸥和半蹼鹬——这些我已经在两块大陆、四个季节见过的鸟儿——渐渐聚集起来，占据了那片栖息地。曼加涅洛数到了80 只漂亮的黑腹鸻和 300 只半蹼鸻。

潮水不是特别高，大概有 9 英尺，但是一阵飓风向南推搡着海水。海湾里翻滚着巨浪，但沼泽平复了猛烈的冲击。我们所在之处风平浪静，被庇护在波涛汹涌之外。不知在这里待了多久——或许有几个小时——偶然间抬头一瞥时，我的丈夫看到了 3 只红腹滨鹬亚成鸟，它们的羽毛干净蓬松，在暮色中闪闪发光。随后曼加涅洛和布朗又数到了另外 8 只。这 11 只红腹滨鹬诞生于北极夏天的恶劣环境中，顽强地活了下来。它们是在南安普敦岛上一处寒风凛冽的山脊上孵化出来的吗？还是说它们的父母在更靠北的地方筑巢？也许是梅尔维尔半岛的奎利安溪，莱昂船长在那里找到了第一个红腹滨鹬的巢；或者是更西边的地方，在维多利亚岛佩利山的陡峭山顶，50 多年前科学家曾在那里观察到红腹滨鹬的求偶行为。

　　　　　　　　　　　　　　　　　　　　　　　绝境

现在它们来到这里，飞行了 1 800 英里，看上去却依旧神采奕奕。它们要去哪里？它们可能会沿着海岸短距离迁飞，在一些地方稍作停留或者越冬，比如弗吉尼亚州或者南卡罗来纳州的基亚瓦岛。也许这些幼鸟要去往佐治亚州的奥尔塔马霍河口，或者佛罗里达州圣彼得斯堡的海滩，抑或是古巴。也许它们将走得很远，飞过 3 000 英里到法属圭亚那水稻田附近的泥滩上补充能量，然后完成最后一段长达 4 500 英里的飞行，抵达火地岛。

　　这些鸟的旅途是否会平安顺利？它们会遇到飓风而在附近稍稍停歇吗？大西洋的飓风有 96% 发生在 8 月到 10 月之间。几年前的同一天，一只佩戴着数据记录器的红腹滨鹬"1VL"离开马萨诸塞州，经过 6 天不间断的飞行后落地巴西北部。这段飞行中，它们向北绕道 600 英里，只为躲开路上的疾风。这些鸟最后能成功回家吗？它们能找到去洛马斯湾的路吗？不是没有可能。在牧场中放羊的鲍里斯·斯维塔尼克，会在那里迎接它们的到来。

　　红腹滨鹬的故事始于失去——失去大量的鸟、失去海岸和滩涂、失去鲎卵以及滑向灭绝的边缘。当我开始写下这个故事时，一位亲密的朋友得了重病。每次我们见面时，她都很关心红腹滨鹬和它们的海滨家园：特拉华湾熙熙攘攘的海滩、南卡罗来纳州挤满鲎的牡蛎海滩、拉斯格路塔斯的观光海滩。她见证了这个故事慢慢展开，并被那些能飞行如此之远的小鸟深深吸引。我曾在世界尽头与她通电话，讲述大群红腹滨鹬在洛马斯湾上空飞过的景象；我曾在靠近北极的伊卡卢伊特与她联络，在这个我去之前都不清楚地名读音的地方，红腹滨鹬勇敢地飞行，我们乘坐的飞机则在一场猛烈的风暴中着陆。在我去往北极之前，她想聊聊这个故事将如何结尾以及那意味着什么，因为她知道自己读不到这本书了。坐在她的卧室里，我们看着潮沟被海水灌满。想到她即将离开人世，我们静静地彼此相望。"一直飞，不要停，"我最后说道，"你就会找到回家的路。"

这句话我是在对谁而说？是对我的朋友吗？她即将踏上一段艰辛的旅途，去往一个她不曾知晓的地方。是对她的家人吗？他们将面临至亲的离去，今后的生活甚至人生轨迹都会发生变化。还是对我自己？

红腹滨鹬的故事是一个失去后转向修复与重生的故事。它是一个鸟儿在可怕的压力之下年复一年完成漫长的旅程，即使面临家园衰落与食物短缺也依旧不屈不挠、勇敢前行的故事。当我们迷失了方向，它们的长途飞行就如同指南针，给予我们启示。从一个家园飞到下一个家园，它们带着每一个地方的印记，在上一个家园的生活质量会直接影响它们在后续地点的身体状况。旅程结束之时，它们以小小的身躯丈量了一条几乎贯穿地球两极的海岸线。在火地岛和北极之间的每个家园，它们是否都能找到宁静广阔的海岸、丰足的食物以及利于栖身的沼泽？一切悬而未决。这取决于海水的酸度和其中的化学物质，以及潮汐和海岸线的变化，而这些受控于人类的活动。

红腹滨鹬的故事也是一个关于毅力与坚守的故事。年复一年，在世界各地的海滩，很多人不懈地努力着，希望为红腹滨鹬提供安全的港湾和充足的食物。他们保护红腹滨鹬，就是在保护所有面临家园缩减危机的鸻鹬类；他们保护红腹滨鹬，就是在保护鲎，就是在保护居住在海洋里和海岸上的生物。像我们一样，那些生物的生存同样依赖鲎这种原始动物。通过保护红腹滨鹬，这些意志坚忍的人更新着海滨的生命之网，修复着已然破碎的世界。一次又一次，我看着他们勇敢地为不会说话的鸟儿和鲎发声。它们现在需要我们。

我们可以停止像南卡罗来纳州那样用鲎制作鱼饵，我们可以要求使用新型替代饵料；我们可以揭开生物医药行业的神秘面纱，以减少鲎被采血后导致的死亡或无法产卵的情况；我们可以倡导使用里程更长的汽车和卡车，建立更为清洁高效的火电厂，推广绿色能源建筑；我们可以再次呼吁对户外娱乐设备征收消费税，类似于对枪支和弹药征收消费税，以保护那些不被用于狩猎的鸟类的家园，就像猎人保护那些可被狩猎的鸟类的家园一样；最后，我们可以为鲎和鸻鹬类——根本上是为我们自己——提供更多的空间，让海滩在海平面上升时依然留有足够的面积以供它们栖息。如此，或许在我的有生之年，一种岌岌可危的鸟会再次回归安全与自由，而古老的鲎——这种自地球动物诞生之日起便经久不衰的动物——将重回繁盛。

在一阵疾风中，数千只鸟儿飞进夜空；在北极的静谧中，红腹滨鹬轻柔地歌唱；在洒满月光的宁静海岸，鲎慢慢地出现……这些画面很美，而又充满大自然的怜爱与呼唤。我想起了玛丽亚·贝伦·佩雷斯的话："把一只红腹滨鹬捧在手心，感受它的心跳，就是在感受地球的心跳。"这是我们共同享有的地球。它们的家就是我们的家。所有生命站在一起，面对着一个充满挑战的时代，希望无限。

延伸阅读

第一章

On the origin of the name "red knot," see Phillips, *The New World of Words.*

Records of knots wintering in South America include DeVillers and Terschuren, "Some Distributional Records"; Johnson, *Birds of Chile* ("among," 344); Meyer de Schauensee, *Species of Birds of South America;* Wetmore, *Our Migrant Shorebirds.*

On findings from the Harrington and Morrison road trip and the Morrison and Ross aerial surveys, see Harrington and Morrison, "Notes on the Wintering Areas of Red Knot"; Morrison and Ross, *Atlas of Nearctic Shorebirds.*

On Bahía Inutil, see King, *Voyages of the* Adventure *and* Beagle ("flattered ourselves," 124; "neither anchorage nor shelter" and "lost no time in retreating," 125).

On geographic dispersal of knots, see Buehler and Baker, "Population Divergence Times"; and Buehler, Baker, and Piersma, "Reconstructing Palaeoflyways."

For animal extinction and settlement in South America, see Barnosky and Lindsey, "Megafaunal Extinction"; Cione, Tonni, and Soibelzon, "Did Humans Cause?"; Latorre et al., "Late Quaternary Environments"; and Salemme and Miotti, "Archeological Hunter-Gatherer" ("It was a slow," 473).

On Magellan and other navigators, see Bergreen, *Over the Edge;* Morrison, *The European Discovery of America* ("23 charts" and "wine, olive oil, vinegar and beans," 343–44); and Slocum, *Sailing* ("struck like a shot").

On birds flying through or around hurricanes, Niles et al., "First Results"; Fletcher Smith, Center for Conservation Biology, personal communication, July 26, 2014; and Watts et al., "Whimbrel Tracking."

绝境

第二章

For passenger pigeons, see Audubon and Macgillivray, *Ornithological Biography*, vol. 1; Forbush, *Game Birds* ("Sunne never sees," 435); and Greenberg, *A Feathered River*.

On the great auk, see Newton, "Wolley's Researches" ("much less time than it takes to tell," 391); Townsend, *Birds of Essex County*; and Tuck, *People of Port au Choix*.

For more information on the status and search for ivory-billed woodpeckers, see www.iucnredlist.org; and http://www.birds.cornell.edu/ivory.

On spoon-billed sandpipers, see BirdLife International, "*Eurynorhynchus Pygmeus*"; Vyn, "Spoon-Billed Sandpiper"; Wildfowl and Wetlands Trust, "Saving the Spoon-Billed Sandpiper"; and Zöckler et al., "Hunting in Myanmar."

For the Texas whooping crane decision, see Jack, "Opinion and Verdict of the Court"; and *The Aransas Project v Shaw*.

For knot population trends, see Andres et al., "Population Estimates"; Carmona et al., "Use of Saltworks"; Summers, Underhill, and Waltner, "Dispersion of Red Knots"; Wetlands International, "*Calidris Canutus*"; and Yang et al., "Impacts of Tidal Land Reclamation."

For proposed listing in the United States, see U.S. Fish and Wildlife Service, "Proposed Threatened Status."

For the Eskimo curlew, see Cornell Lab of Ornithology, "Eskimo Curlew"; Forbush, *Game Birds* ("perhaps ... bells" and "to denote," 418–19); Gill, Canevari, and Iverson, "Eskimo Curlew" ("numbered at least in the hundreds of thousands"); and U.S. Fish and Wildlife Service, *Eskimo Curlew*.

For the history of settlement and development along the Strait of Magellan, see Baldi et al., "Guanaco Management"; Martinic, *Brief History*; Morris, *Strait*; and Morrison, *European Discovery of America*.

For the history of Cerro Sombrero, see Bastidas, *Cerro Sombrero* ("la realización," 31).

For oil spills and birds in the strait, see "Berge Nice"; Flores, *Antecedentes sobre la avifauna*; Hann, *VLCC* Metula (Almost," 212); Hann, "Fate of Oil"; and Owens, "Time Series."

For impacts of oil spills on shorebirds, see Henkel, Sigel, and Taylor, "Large-Scale Impacts."

For more information about protecting shorebirds in Bahía Lomas, see https://www.facebook.com/pages/Centro-Bahia-Lomas/270509379698671.

For knots in Río Grande, see Escudero et al., "Foraging Conditions."

第三章

For Magellanic plover, see Ferrari, Imberti, and Albrieu, "Magellanic Plovers"; and Jehl, "*Pluvianellus Socialis*."

For the Brownsville dump, see Obmascik, *The Big Year*.

For Fresh Kills Landfill and Hurricane Sandy, see Kimmelman, "Former Landfill."

For more about shorebirds in Río Gallegos, see Río Gallegos Western Hemisphere Shorebird Reserve Network, http://www.whsrn.org/site-profile/rio-gallegos-estuary.

Numbers of knots in Río Gallegos: unpublished data from Silvia Ferrari and Carlos Albrieu.

For Ferrari and Albrieu's work in Río Gallegos, see Albrieu and Ferrari, "Participación de los municipios"; Albrieu, Ferrari, and Montero, "Investigación, educación e transferencia"; and Ferrari, Ercolano, and Albrieu, "Pérdida de hábitat."

For science and advocacy, see Runkle, *Advocacy in Science.*

To read more about challenges to scientists in the United States, see Mann, *The Hockey Stick;* Michaels, *Doubt Is Their Product;* and Oreskes and Conway, *Merchants of Doubt.*

For the hooded grebe, see BirdLife International, "*Podiceps Gallardoi*"; and Ambiente Sur at http://www.ambientesur.org.ar/.

For "hot legs," see Piersma and van Gils, *Flexible Phenotype.*

For feeding knots, see González, Piersma, and Verkuil, "Food, Feeding, and Refueling"; González, "Las aves migratorias"; and Piersma and van Gils, *Flexible Phenotype.*

For the soda factory, Di Giácomo, "Fabrica de soda solvay," unpublished report; Giaccardi and Reyes, *Plan de manejo;* Jenkins et al., *Brine Discharges;* and Diego Luzzatto, Consejo Nacional de Investigaciones Científicas y Técnicas (CONICET), unpublished data.

For more information on Inalafquen, see https://www.facebook.com/pages/Fundacion-Inalafquen/150422954977075.

For Darwin in Patagonia, see Darwin, *Voyage of H.M.S. Beagle* ("giant's bones" and "eighteen pence," 155; "wonderful relationship," 173; "cooked and eaten" and "Fortunately the head," 92–93; and "expand their wings," 90); and *Origin of Species* ("mystery of mysteries," 1; and "serve to show," 200).

For epigenetics, see Emerson, "Epigenetics"; Manikkam et al., "Epigenetic Transgenerational Inheritance"; Moczek et al., "Developmental Plasticity"; Nätt et al., "Inheritance of Acquired Behaviour"; Ng et al., "Chronic High-Fat Diet"; Nilsson et al., "Epigenetic Transgenerational Inheritance"; Richards, "Inherited Epigenetic Variation"; Saey, "From Great Grandma to You"; Szyf, "Lamarck Revisited"; and West-Eberhard, "Developmental Plasticity."

For epigenetics and flexibility in knots, see Piersma, "Flyway Evolution Is Too Fast"; Piersma and van Gils, *Flexible Phenotype;* and van Gils et al., "Gizzard Sizes."

For Darwin and extinction, see Darwin, *Voyage of H.M.S. Beagle,* 174.

Information about L6U from González, Niles, Watts, Kalasz, and Dey, and www.bandedbirds.org, where stops of other flagged shorebirds can be found as well.

For more information on the work of Rare, see http://www.rare.org/.

For godwits, see Gill et al., "Hemispheric-Scale Wind."

Information about H3H arriving in Florida from Patricia González and Doris and Patrick Leary.

See Saint-Exupéry, *Night Flight* ("snugly ensconced," 8; "vast anchorage," 3; "deeply meditative," 10; "worms in a fruit," 5; and "fatal lure," 146).

第四章

For discovery of Delaware Bay as an avian Serengeti, see Dunne et al., "Aerial Surveys"; Dunne, *Bayshore Summer* ("awash in birds," 18; and "than were estimated," 19);

Dunne, *Tales* ("no stranger to numbers of birds" and "like storm clouds," 12).

Myers, "Sex and Gluttony" ("sex and gluttony," 68; and "no other spot," 74).

For YoY and 1VL, see Niles et al., "First Results."

I used these field guides often: Kaufman, *Lives of North American Birds*; O'Brien, Crossley, and Karlson, *Shorebird Guide*; Sibley, *Field Guide*; and Stokes and Stokes, *Beginner's Guide*.

For nineteenth-century Delaware Bay, see Audubon and Macgillivray, *Ornithological Biography*, vol. 3 ("laden with fish and fowls," 606); Audubon and Macgillivray, *Ornithological Biography*, vol. 4 ("immense number," 123); Beesley, "Sketch of the Early History" ("isolated as it was," 129); Cantwell, *Alexander Wilson*; "From Cape May"; Wilson, *Wilson's American Ornithology* ("great multitudes" and "the remains," 656; "bushels," "lying in hollows," 481; "almost wholly on the eggs," 480); and Wilson, *Life and Letters*.

For preferred food in Delaware Bay, see Botton and Harrington, "Synchronies."

For twentieth-century shorebird sightings in New Jersey, see Potter, "The Season" ("thousands of shore-birds," 242); Shuster, "Natural History and Ecology of the Horseshoe Crab"; Stone, *Bird Studies at Old Cape May* ("quotes an old," 400); and Urner and Storer, "The Distribution and Abundance of Shorebirds."

On the history of horseshoe crabs and knots in Cape May County, Carole Mattessich Raritz and J. P. Hand helped locate sources; "From Cape May" ("Old Salt," "utility of king crabs," and "feed seabirds," 2).

For horseshoe crabs in Delaware Bay versus the Jersey ocean shore, see Fowler, "The King Crab Fisheries in Delaware Bay"; and Rathbun, "Crustaceans, Worms, Radiates, and Sponges."

For nineteenth-century abundance of horseshoe crabs, see New Jersey Geological Survey, *Geology* ("so thick" and "shovelled up and collected," 106); and Wilson, *Wilson's American Ornithology* ("their dead bodies," 481).

For the historical abundance of sturgeon in Delaware Bay, see Cobb, "The Sturgeon Fishery of Delaware River and Bay"; and Saffron, *Caviar*.

For historical abundance of shark, see New Jersey Geological Survey, *Geology*.

For shad, see McDonald, "Fisheries of the Delaware River" ("finny race" and "planking," 656); and McPhee, *The Founding Fish*.

For the oyster industry in Delaware Bay, see Hall, "Notes on the Oyster Industry of New Jersey"; and Stainsby, *The Oyster Industry of New Jersey*.

See Wilson, *Wilson's American Ornithology* ("driven down, every spring," 481; and "egg-nogg," "perfectly fresh," and "smelt abominably," 337).

For the horseshoe crab fertilizer industry, see New Jersey Geological Survey, *Geology*; Rathbun, "Crustaceans, Worms, Radiates, and Sponges" ("a few years more," 830); Smith, "Notes on the King-Crab Fishery of Delaware Bay" ("diminution in the abundance," 366); and "The Great King Crab Invasion" ("to the probable value" . . . "passed through a mill").

For shorebirds eating horseshoe crabs outside Delaware Bay, see Hapgood and Roosevelt, *Shorebirds* ("have a *penchant*" and "poking out," 6); Forbush, *Game Birds* ("are fond of the spawn," 267); Michael Haramis, unpublished records from the food habits archive, USGS Patuxent Wildlife Research Center, Laurel, Md.; and Sperry, *Food Habits of a Group of Shorebirds.*

For the absence of shorebird hunting on Delaware Bay, see Dunne, "Knot Then, Knot Now, Knot Later"; and Sutton, "An Ecological Tragedy on Delaware Bay" ("simply were not there," 32).

For naturalists hunting shorebirds, see Darwin, *Autobiography* ("in the latter part of my school life," 44); Pettingill, "In Memoriam" ("with every feather," 151); Sutton, "Birds of Southampton Island"; and "Parasitic Jaeger, Polar Bird of Prey, Seen Near Cape May" ("but as they had no arms," 13).

For names of knots, see Forbush, *Game Birds;* Hapgood and Roosevelt, *Shorebirds;* and Mackay, "Observations on the Knot."

For hunting shorebirds, see Fleckenstein, *Shorebird Decoys* ("countless numbers," "artistically," "nothing more," "flock after flock," 11–12); Forbush, *Game Birds* ("everybody shot," 264); Hapgood and Roosevelt, *Shorebirds* ("There are few more exciting experiences," 31); and Mackay, "Observations on the Knot."

For eating shorebirds, see Ball, *A History of the Study of Mathematics* ("plover; knottys" and "fesant in brase," 150); Mackay, "Observations on the Knot" ("only fair eating," 27); Thomas, *Delmonico's;* "Table Supplies and Economics"; and Fleckenstein, *Shorebird Decoys* ("hauled from the meadows," 13).

For loss of shorebirds and horseshoe crabs and partial recovery, see Bent, *Life Histories of North American Shore Birds* ("Excessive shooting," 132); Mackay, "Observations on the Knot" ("in a great measure have been killed off" and "are in great danger," 30); Shuster, "King Crab Fertilizer"; and Urner and Storer, "The Distribution and Abundance of Shorebirds" ("The increase in numbers," 193).

For former abundance of green sea turtles, see King, "Historical Review of the Decline of the Green Turtle"; and McClenachan, Jackson, and Newman, "Conservation Implications of Historic Sea Turtle Nesting Beach Loss."

For a 10 percent world, see MacKinnon, *Once and Future World.*

第五章

For rates that animals become fossils, see Prothero, *Evolution.*

For evolution of knot into its own species, see Baker, Pereira, and Paton, "Phylogenetic Relationships"; Gibson and Baker, "Multiple Gene Sequences"; and Jetz et al., "Global Diversity of Birds."

For the evolution of knots into today's lineages, see Baker, Piersma, and Rosenmeier, "Unraveling the Intraspecific Phylogeography"; and Buehler, Baker, and Piersma, "Reconstructing Palaeoflyways."

For the oldest horseshoe crabs, see Rudkin, "The Life and Times of the Earliest Horseshoe Crabs"; Rudkin, Young, and Nowlan, "The Oldest Horseshoe Crab"; Van Roy et al., "Ordovician Faunas of Burgess Shale Type"; and Young et al., "Exceptionally Preserved Late Ordovician Biotas."

For *Archaeopteryx* and horseshoe crabs in Solnhofen quarry, see Lomax and Racay, "A Long Mortichnial Trackway"; Wellnhofer, *Archaeopteryx* ("perfectly agrees with a bird's feather," 46); and "Palaeontology."

For knot survival rates, see Schwarzer et al., "Annual Survival of Red Knots."

For more about the Western Hemisphere Shorebird Reserve Network and Manomet, see Myers et al., "Conservation Strategy"; and http://www.whsrn.org/.

For a discussion of knot populations in Delaware Bay and elsewhere, and their decline, see Myers, "Sex and Gluttony" ("extraordinary concentrations," 73); and U.S. Fish and Wildlife Service, "Rufa Red Knot Ecology and Abundance."

For human disturbance, see Burger and Niles, "Closure versus Voluntary Avoidance."

For stranding crabs, see Botton and Loveland, "Reproductive Risk."

For more about "just flip 'em" and the work of the nonprofit Ecological Research and Development Group, see http://horseshoecrab.org/.

For knots in Virginia, see Barnes, Truitt, and Warner, *Seashore Chronicles* ("ten thousand," 113–14); Cohen et al., "Day and Night Foraging"; Duerr, Watts, and Smith, *Population Dynamics of Red Knots;* Jones, Lima, and Wethey, "Rising Environmental Temperatures"; Smith et al., *An Investigation of Stopover Ecology;* Barry Truitt, personal communication, April 14, 2013 ("two flags from Delaware Bay"); and U.S. Fish and Wildlife Service, "Rufa Red Knot Ecology and Abundance."

For eating habits of knots in Delaware Bay, see Atkinson et al., "Rates of Mass Gain and Energy Deposition"; Cohen et al., "Day and Night Foraging"; Haramis et al., "Stable Isotope and Pen Feeding"; Mizrahi and Peters, "Relationships between Sandpipers and Horseshoe Crab"; Piersma and Gils, *Flexible Phenotype* ("shorebirds as a group have unrivalled capacities to process food and refuel fast," 74); Tsipoura and Burger, "Shorebird Diet"; and U.S. Fish and Wildlife Service, "Rufa Red Knot Ecology and Abundance."

For horseshoe crab egg trends in Delaware Bay and knot weight gains, see Baker et al., "Rapid Population Decline in Red Knots"; Botton, "The Ecological Importance of Horseshoe Crabs"; Botton and Harrington, "Synchronies"; Botton, Loveland, and Jacobsen, "Site Selection by Migratory Shorebirds"; Dey, Kalasz, and Hernandez, "Delaware Bay Egg Survey, 2005–2010"; Mizrahi, Peters, and Hodgetts, "Energetic Condition of Semipalmated and Least Sandpipers"; Mizrahi and Peters, "Relationships between Sandpipers and Horseshoe Crab"; Smith, Millard, and Carmichael, "Comparative Status and Assessment of *Limulus*"; and U.S. Fish and Wildlife Service Shorebird Technical Committee, *Delaware Bay Shorebird–Horseshoe Crab Assessment Report.*

For declines in semipalmated sandpipers and ruddy turnstones, see Clark, Niles, and Burger, "Abundance and Distribution of Migrant Shorebirds"; Mizrahi, Peters, and Hodgetts, "Energetic Condition"; David Mizrahi, New Jersey Audubon, personal communication, April 4, 2014; Paul Smith, Environment Canada, personal communication, May 16, 2014.

For the decline in horseshoe crabs, see ASMFC Horseshoe Crab Stock Assessment Subcommittee, *2013 Horseshoe Crab Stock Assessment;* Davis, Berkson, and Kelly, "A Production Modeling Approach" ("trash fish," 215); Mizrahi, Peters, and

Hodgetts, "Energetic Condition"; and Mizrahi and Peters, "Relationships between Sandpipers and Horseshoe Crab."

For "whole stretches of beach," see Myers, "Sex and Gluttony," 74.

For early work to stem decline in horseshoe crabs, see Eagle, "Regulation of the Horseshoe Crab Fishery"; Loveland, "The Life History of Horseshoe Crabs"; Smith, Millard, and Carmichael, "Comparative Status and Assessment."

第六章

For more on bacteria in the human body, see Qin et al., "A Human Gut"; and Specter, "Germs Are Us."

For the history of IV therapy, see Howard-Jones, "Cholera Therapy" ("benevolent homicide," 373; "carefully strained," 391); and "The Cholera" ("full of sound and fury, signifying nothing," 266).

For the work of Florence Seibert, see Rietschel and Westphal, "Endotoxin"; Rossiter, *Women Scientists in America;* Seibert, "Fever-Producing Substance"; and Seibert, *Pebbles on the Hill of a Scientist* ("seemed of moderate interest at the time" from Esmond Long in the foreword, vii).

For vision in horseshoe crabs, see Barlow and Powers, "Seeing at Night and Finding Mates" ("studying vision in a blind animal," 83; and "after many cold and lonely nights," 95).

For the history of the development of LAL, see Banerji and Spencer, "Febrile Response to Cerebrospinal Fluid Flow"; Cooper and Harbert, "Endotoxin as a Cause of Aseptic Meningitis"; Levin, "History of the Development of the Limulus Amebocyte Lysate Test"; Levin, Hochstein, and Novitsky, "Clotting Cells and Limulus Amebocyte Lysate"; Rietschel and Westphal, "Endotoxin" ("little blue devil," 1); and Thomas, *The Lives of a Cell* ("the very worst . . . shambles," 78–79).

For stone crab, see Goode, *The Fisheries and Fishery Industries of the United States,* section 1 ("by the hand," 773).

For more on the production of LAL, see Levin, Hochstein, and Novitsky, "Clotting Cells and Limulus Amebocyte Lysate"; Levin, "The History of the Development of the Limulus Amebocyte Lysate Test"; Novitsky, "Biomedical Applications of Limulus Amebocyte Lysate"; and Swann, "A Unique Medical Product (LAL) from the Horseshoe Crab."

For the gentamicin recall, see Fanning, Wassel, and Piazza-Hepp, "Pyrogenic Reactions to Gentamicin Therapy"; and Friedman, "Aseptic Processing Contamination Case Studies."

第七章

Recent knot population, egg density, and state of shorebirds from Amanda Dey, New Jersey Fish and Wildlife, and Larry Niles, LJ Niles Associates, personal communication, June 22, 2014; Dey et al., "Delaware Bay Horseshoe Crab Egg Survey, 2005–2012"; David Mizrahi, New Jersey Audubon, personal communication, June 16, 2014; and U.S. Fish and Wildlife Service, "Rufa Red Knot Ecology and Abundance."

For knot fitness after northeast storm, see Dey et al., "Delaware Bay Horseshoe Crab Egg Survey, 2005–2012."

For reverberations along the flyway, see Escudero et al., "Foraging Conditions 'at the End of the World' "; González, Baker, and Echave, "Annual Survival of Red Knots Using the San Antonio Oeste Stopover."

For horseshoe crab population trends, see ASMFC Horseshoe Crab Stock Assessment Subcommittee, 2013 *Horseshoe Crab Stock Assessment*; Delaware Bay Ecoystem Technical Committee Report, "ARM Recommendation"; Horseshoe Crab Plan Review Team, 2013 *Review of the Fishery Management Plan for Horseshoe Crab*; Smith et al., "Evaluating a Multispecies Adaptive Management Framework"; and U.S. Fish and Wildlife Service, "Proposed Threatened Status" ("stagnated," 60063).

For eel fishery, see ASMFC, *American Eel Benchmark Stock Assessment*; ASMFC, *Draft Addendum III*; Lane, "Eels and Their Utilization"; MacKenzie, "History of the Fisheries of Raritan Bay" ("chopped in half or quarters," 16); and Smith, Millard, and Carmichael, "Comparative Status and Assessment of *Limulus*."

For whelk fishery, see ASMFC Horseshoe Crab Stock Assessment Subcommittee, 2013 *Horseshoe Crab Stock Assessment*; Fisher and Fisher, *The Use of Bait Bags*; and Horseshoe Crab Plan Review Team, 2013 *Review of the Fishery Management Plan for Horseshoe Crab*.

For shad, sturgeon, and river herring, see ASMFC, *ASMFC River Herring Benchmark Assessment*; ASMFC, *American Shad Stock Assessment Report*; and NMFS, *Atlantic Sturgeon New York Bight Distinct Population*.

For alternative bait, see Fisher and Fisher, *The Use of Bait Bags*; Shuster, Botton, and Loveland, "Horseshoe Crab Conservation"; and Wakefield, *Saving the Horseshoe Crab*.

For threat of toxins and parasites from Asian horseshoe crabs, see Aieta and Oliveira, "Distribution, Prevalence, and Intensity of the Swim Bladder Parasite *Anguillicola Crassus*"; ASMFC, *ASMFC Approves Resolution to Ban the Import and Use of Asian Horseshoe Crabs*; Botton and Ito, "The Effects of Water Quality on Horseshoe Crab Embryos and Larvae"; Kanchanapongkul, "Tetrodotoxin Poisoning Following Ingestion of the Toxic Eggs of the Horseshoe Crab"; Kanchanapongkul and Krittayapoositpot, "An Epidemic of Tetrodotoxin Poisoning"; Leibovitz and Lewbart, "Diseases and Symbionts"; Machut and Limburg, "*Anguillicola Crassus* Infection"; Moser et al., "Infection of American Eels"; Muston, "Cafe de Mort"; Ngy et al., "Toxicity Assessment for the Horseshoe Crab"; Shin and Botton, letter to the U.S. National Invasive Species Council; Székely, Palstra, and Molnar, "Impact of the Swim-Bladder Parasite" ("serious threat for the overall reproductive success," 219); and U.S. Food and Drug Administration, *Bad Bug Book*.

For unaccounted horseshoe crab losses in the horseshoe crab fishery and losses in the biomedical industry, see ASMFC Horseshoe Crab Stock Assessment Subcommittee, 2013 *Horseshoe Crab Stock Assessment Update* ("oversight" and "may account," 12); ASMFC Delaware Bay Ecosystem Technical Committee, *Meeting Summary* ("an accurate portrayal," 3); ASMFC Horseshoe Crab Technical Committee, *Meeting Summary* ("will eclipse" and "essentially equal," 1); Delancey and Floyd, *Tagging of Horseshoe Crabs*; Hurton, Berkson, and Smith, "The Effect of Hemolymph Extraction"; Kurz and James-Pirri, "The Impact of Biomedical Bleeding"; Leschen and Correia, "Mortality in Female Horseshoe Crabs"; and New Jersey Audubon et al., "Public Comments."

For proportion of male and female horseshoe crabs spawning on beaches, see James-Pirri, *Assessment of Spawning Horseshoe Crabs* ("extreme," 26); James-Pirri et al., "Spawning Densities, Egg Densities, Size Structure"; Rathbun, "Crustaceans, Worms, Radiates, and Sponges" ("in pairs," 829; and "it is not an uncommon thing," 829–30); and Smith, "Notes on the King-Crab Fishery" ("sometimes," "two or more males," and "seek the sandy shores," 363, 364).

For injuries caused by taking horseshoe crabs for bleeding, see Anderson, Watson, and Chabot, "Sublethal Behavioral and Physiological Effects"; Hurton, Berkson, and Smith, "The Effect of Hemolymph Extraction"; Kurz and James-Pirri, "The Impact of Biomedical Bleeding"; Leibovitz and Lewbart, "Diseases and Symbionts" ("traumatic injuries" and "stab-like wounds," 248); Leschen and Correia, "Response to Associates of Cape Cod"; Leschen and Correia, "Mortality in Female Horseshoe Crabs"; and Levin, Hochstein, and Novitsky, "Clotting Cells and Limulus Amebocyte Lysate."

For the horseshoe crab reserve, see ASMFC, *Addendum I to the Fishery Management Plan* ("taking of horseshoe crabs for any purpose," 5); NOAA, "Atlantic Coastal Fisheries Cooperative Management Act"; and Smith, Millard, and Carmichael, "Comparative Status and Assessment of *Limulus*" ("older juvenile and newly mature females," 367).

For rising demand for horseshoe crabs and declining Asian supply, see Botton et al., "Emerging Issues in Horseshoe Crab Conservation"; Chen and Hsieh, "The Challenges and Opportunities for Horseshoe Crab Conservation in Taiwan"; Dubczak, "Proven Biomedical Horseshoe Crab Conservation Initiatives"; Gauvry and Janke, "Current Horseshoe Crab Harvesting Practices" ("critical levels," PT-4); Hu et al., "Distribution, Abundance and Population Structure of Horseshoe Crabs"; and Seino, "A Reconsideration of Horseshoe Crab Conservation Methodology in Japan."

For the development of synthetic LAL, see Ding and Ho, "Endotoxin Detection"; Ding and Ho, "Strategy to Conserve Horseshoe Crabs"; Ding, Zhu, and Ho, "High-Performance Affinity Capture-Removal of Bacterial Pyrogen"; Levin, Hochstein, and Novitsky, "Clotting Cells and Limulus Amebocyte Lysate"; Loverock et al., "A Recombinant Factor C Procedure"; Sutton and Tirumalai, "Activities of the USP Microbiology and Sterility Assurance Expert Committee" ("important reason for revision," 10); and U.S. Food and Drug Administration, *Guidance for Industry*.

第八章

For sharks and loggerheads in Cape Romain, see Botton and Shuster, "Horseshoe Crabs in a Food Web"; Quattro, Driggers, and Grady, "*Sphyrna Gilberti* Sp. Nov., a New Hammerhead Shark"; and Ulrich et al., "Habitat Utilization."

Tiger sharks along the South Carolina coast and eating habits of sharks from Bell and Nichols, "Notes on the Food of Carolina Sharks"; Driggers et al., "Pupping Areas"; and William Driggers, National Oceanic and Atmosphere Administration, personal communication, July 23, 2014.

For long-billed curlew, see Andres et al., "Population Estimates"; and Audubon and Macgillivray, *Ornithological Biography*, vol. 3 ("The flocks enlarge," 242).

For history of knots in South Carolina, see Sprunt, "In Memoriam"; Sprunt and Chamberlain, *South Carolina Bird Life* ("an untrammeled wildness," 239); and Wayne, *Birds of South Carolina*.

For knots migrating through South Carolina more recently, see Given, "Leucistic Red Knot *Calidris Canutus*"; Michael Haramis, unpublished records from the food habits archive, USGS Patuxent Wildlife Research Center, Laurel, Md.; Leyrer et al., "Small-Scale Demographic Structure"; Marsh and Wilkinson, "Significance of the Central Coast of South Carolina"; Niles, Sanders, and Porter, unpublished data; Thibault, *Assessing Status and Use*; Thibault and Levisen, *Red Knot Prey Availability*; and U.S. Fish and Wildlife Service, "Rufa Red Knot Ecology and Abundance" ("acted as if they had perfect," 1227).

For history of knots and shorebirds eating horseshoe crab eggs, see Cape Romain National Wildlife Refuge, *Comprehensive Conservation Plan*; Riepe, "An Ancient Wonder of New York"; Rudloe, *The Wilderness Coast*; and Sperry, *Food Habits* ("fed almost exclusively on spawn," 14).

For oystercatchers on Marsh Island, see Sanders, Spinks, and Magarian, "American Oystercatcher."

For 2014 South Carolina horseshoe crab permit, see South Carolina Department of Natural Resources, "Horseshoe Crab Hand Harvest Permit HH14."

For horseshoe crabs and shorebirds at the Monomoy National Wildlife Refuge, see Anderson, Watson, and Chabot, "Sublethal Behavioral and Physiological Effects"; Eastern Massachusetts National Wildlife Refuge Complex, *Compatibility Determination* ("inviolate sanctuary ... for migratory birds"); James-Pirri, *Assessment of Spawning Horseshoe Crabs*; Monomoy National Wildlife Refuge, *Monomoy National Wildlife Refuge Draft*; Zobel, "Memorandum of Decision."

For community of life supported by horseshoe crabs, see Botton, "The Ecological Importance"; Botton and Shuster, "Horseshoe Crabs in a Food Web" ("the eels ... made a strange sight," 144–45); Buckel and McKown, "Competition"; and Eastern Massachusetts National Wildlife Refuge Complex, *Compatibility Determination*.

For more of the history of Lowcountry plantations, see Coclanis, "Bitter Harvest"; Cuthbert and Hoffius, *Northern Money, Southern Land*; Matthiessen, "Happy Days"; Tufford, *State of Knowledge*; and Tuten, *Lowcountry*.

For protected lands and wetlands along the South Carolina coast, Michael Slattery of the South Carolina Sea Grant Consortium and Coastal Carolina University used GIS mapping data to determine that, of 3,255,000 acres within 20 miles of the coast—still within reach of the tide—902,723 are protected.

For shorebirds in impoundments, see Marsh and Wilkinson, "Significance of the Central Coast of South Carolina as Critical Shorebird Habitat"; Tufford, *State of Knowledge* ("Managed impounded wetlands," 15); and Weber and Haig, "Shorebird Use of South Carolina Managed and Natural Coastal Wetlands."

For conservation funding and excise taxes, see Migratory Bird Conservation Commission, *2012 Annual Report;* President's Task Force, *Final Report* ("Historically, about 90 percent," 7); and U.S. Fish and Wildlife Service, *Budget Justifications and Performance Information, Fiscal Year 2014.*

For erosion in Cape Romain, see Cape Romain National Wildlife Refuge, *Comprehensive Conservation Plan;* and U.S. Fish and Wildlife Service, "Proposed Threatened Status."

For migrating Virginia barrier islands, see Barnes, Truitt, and Warner, *Seashore Chronicles;* and Williams, Dodd, and Gohn, "Coasts in Crisis."

For erosion and sea level rise in Delaware Bay, see Beesley, "Sketch of the Early History"; Delaware Coastal Programs and Delaware Sea Level Rise Advisory Committee, *Preparing for Tomorrow's High Tide;* Dorwart, *Cape May County;* New Jersey Geological Survey, *Geology* ("observations on the dying," 33); Miller et al., "A Geological Perspective"; Murray, "Delaware Gets Millions to Help Beaches"; "Fresh Water Peril"; Niles et al., *Restoration;* Pilkey and Young, *The Rising Sea;* Sweet et al., "Hurricane Sandy"; Tebaldi, Strauss, and Zervas, "Modelling Sea Level Rise"; U.S. Department of the Interior, "Secretary Jewell Announces $102 Million"; U.S. Fish and Wildlife Service, "Proposed Threatened Status"; and U.S. Fish and Wildlife Service, "U.S. Fish and Wildlife to Restore Bay Beaches."

For knots historically in Georgia, see Burleigh, *Georgia Birds;* and Harrington, *The Flight of the Red Knot* ("at least 12,000 knots," 64).

第九章

For records of wintering knots in Texas, see Morrison and Harrington, "The Migration System."

For piping plover, see U.S. Fish and Wildlife Service, *Piping Plover.*

For sea turtles, see Doughty, "Sea Turtles in Texas"; Hildebrand, "Hallazgo del área"; Neck, "Occurrence of Marine Turtles"; and "Sea Turtle Recovery Project."

For knots in Florida, see Schwarzer et al., "Annual Survival."

For red tide, see Denton and Contreras, *The Red Tide;* Hetland and Campbell, "Convergent Blooms"; Lenes et al., "Saharan Dust"; Magaña, Contreras, and Villareal, "A Historical Assessment" ("foul odor" and "mountain of dead fish," 164); Powell, "Water, Water, Everywhere"; U.S. Fish and Wildlife Service, "Proposed Threatened Status"; and Walsh et al., "Imprudent Fishing" ("the times when the fruit comes to mature and when the fish die," 892).

For redhead ducks, see Woodin and Michot, "Redhead."

For changes in the number of birds and people on Mustang Island, see Foster, Amos, and Fuiman, "Trends in Abundance."

For more on the laguna, see Smith, "Colonial Waterbirds"; Smith, "Redheads"; Tunnell, "The Environment"; and Tunnell, "Geography, Climate, and Hydrography."

More than 2 million birds nesting, wintering, or migrating through the laguna from Bart M. Ballard, Caesar Kleberg Wildlife Research Institute, Texas A&M University.

For wind energy, see American Wind Energy Association, "State Wind Energy Statistics"; Burger et al., "Risk Evaluation"; Chediak, "Gulf Coast Beckons"; de Lucas et al., "Griffon Vulture Mortality"; Manville, "Framing the Issues"; McDonald, "Wind Farms and Deadly Skies"; Smallwood, "Comparing Bird and Bat Fatality-Rate Estimates"; Shawn Smallwood, personal communication, June 30, 2014; Subramanian, "An Ill Wind"; U.S. Department of Energy, *20% Wind Energy*; and Watts, *Wind and Waterbirds* ("buildout of the wind industry along the Atlantic Coast," 1).

For other sources of avian mortality, see Milius, "Cat-Induced Death Toll Revised"; Milius, "Windows Are Major Bird Killers"; and Subramanian, "An Ill Wind."

For wintering and juvenile knots in the Laguna Madre, see Newstead et al., "Geolocation"; U.S. Fish and Wildlife Service, "Rufa Red Knot Ecology and Abundance."

For historical use of the ghost trail, see Cooke, "Distribution and Migration" ("almost endless succession" and "the great highway of spring migration," 5; and "tolerably common," 32); Forbush, *Game Birds* ("diminutive army" and "numbers," 263).

For knots at the prairie pothole lakes, see Alexander et al., "Conventional and Isotopic Determinations"; Alexander and Gratto-Trevor, *Shorebird Migration;* Beyersbergen and Duncan, *Shorebird Abundance;* Newstead et al., "Geolocation"; Niles et al., "Migration Pathways"; Skagen et al., *Biogeographical Profiles;* Thompson, "Record of the Red Knot in Texas"; and WHSRN, "Chaplin Old Wives Reed Lakes."

For the value of the prairie potholes, see Gascoigne et al., "Valuing Ecosystem."

Additional sightings along the central flyway in the United States came from Doug Backland, South Dakota; Joe Grzybowski, for knots in Oklahoma; Lawrence Igl, USGS Northern Prairie Wildlife Research Center in North Dakota, and Dan Svingen, acting district ranger, U.S. Forest Service, North Dakota, who sent "How Lucky Can You Get" from Zimmer, *A Birder's Guide to North Dakota,* 103; and Max Thompson, Kansas.

第十章

For woodcock population trends, see Cooper and Rau, *American Woodcock.*

For shorebird declines, see Andres et al., "Population Estimates"; Hicklin and Chardine, "The Morphometrics"; Jehl, "Disappearance"; Morrison et al., "Dramatic Declines"; North American Bird Conservation Initiative Canada, *The State of Canada's Birds, 2012;* Watts and Truitt, "Decline of Whimbrels"; and Zöckler, Lanctot, and Syroechkovsky, "Waders (Shorebirds)."

For "The woodcock is a living refutation," see Leopold, *A Sand County Almanac,* 36.

For the record-breaking flight of the bar-tailed godwit, see Battley et al., "Contrasting Extreme."

For killing of horseshoe crabs in Massachusetts, see Germano, "Horseshoe Crabs."

For sea turtles, see McClenachan, Jackson, and Newman, "Conservation Implications of Historic Sea Turtle Nesting Beach Loss"; Hannan et al., "Dune Vegetation"; Houghton et al., "Jellyfish Aggregations"; King, "Historical Review" ("vessels, which have lost their latitude," 184); Lynam et al., "Jellyfish"; Purcell, Uye, and Lo, "Anthropogenic Causes"; and Wilson et al., *Why Healthy Oceans Need Sea Turtles*.

For honeyguides, see Isack and Reyer, "Honeyguides"; Wheye and Kennedy, *Humans, Nature, and Birds*.

For shorebirds' historical role in eating agricultural pests, see Evenden, "The Laborers of Nature"; and Hornaday, *Our Vanishing Wildlife* ("The protection of shorebirds need not be based," 229; "So great, indeed, is their economic value," 233; "feed upon many of the worst enemies of agriculture," 232; and "among their numerous bird enemies, shorebirds rank high," 229).

For birds as pest control today, see BirdLife International, "Birds Are Very Useful Indicators"; Green and Elmberg, "Ecosystem Services"; Karp et al., "Forest Bolsters Bird Abundance"; and Whelan, Wenny, and Marquis, "Ecosystem Services."

For costs of pesticides, see Hallmann et al., "Declines in Insectivorous Birds"; Hladik, Kolpin, and Kuivila, "Widespread Occurrence of Neonicotinoid Insecticides"; Mineau and Palmer, *The Impact*; Mineau and Whiteside, "Pesticide Acute Toxicity"; Pettis et al., "Crop Pollination"; and Pimentel, "Environmental and Economic Costs."

For birds dispersing seeds, Charlie Crisafulli, U.S. Forest Service, personal communication, September 5, 2014; Dale, Swanson, and Crisafulli, *Ecological Responses to the 1980 Eruption of Mount St. Helens*; Darwin, *On the Origin of Species* ("living birds can hardly fail to be highly," 391); Friðriksson and Magnússon, "Colonization of the Land"; Green and Elmberg, "Ecosystem Services"; Green, Figuerola, and Sánchez, "Implications of Waterbird Ecology"; Kays et al., "The Effect of Feeding Time"; Borgþór Magnússon, personal communication, October 14, 2013; Magnússon, Magnússon, and Friðriksson, "Developments in Plant Colonization"; Nogales et al., "Ecological and Biogeographical Implications"; Sánchez, Green, and Castellanos, "Internal Transport of Seeds"; Şekercioğlu, "Increasing Awareness" ("Perhaps the least appreciated contribution," 465); Wenny et al., "The Need to Quantify"; and Whelan, Wenny, and Marquis, "Ecosystem Services."

For vultures, see Markandya et al., "Counting the Cost of Vulture Decline" ("great service to mankind in keeping clean the environments," 196); Pain et al., "Causes and Effects"; and Wheye and Kennedy, *Humans, Nature, and Birds*.

For Lyme disease, see Blockstein, "Lyme Disease"; Bucher, "The Causes of Extinction"; Ostfeld et al., "Climate, Deer, Rodents, and Acorns"; U.S. Centers for Disease Control and Prevention, "CDC Provides Estimate"; and Zhang et al., "Economic Impact."

For West Nile virus, see Allan et al., "Ecological Correlates"; Kilpatrick, "Globalization"; LaDeau, Kilpatrick, and Marra, "West Nile Virus"; and Swaddle and Calos, "Avian Diversity."

For avian flu, see Altizer, Bartel, and Han, "Animal Migration" ("dense aggregations of animals," 300); Berhane et al., "Highly Pathogenic Avian Influenza"; Brown et al.,

"Dissecting a Wildlife Disease Hotspot"; Brown and Rohani, "The Consequences of Climate Change"; Krauss et al., "Influenza in Migratory Birds"; Krauss et al., "Coincident Ruddy Turnstone Migration"; Maxted et al., "Avian Influenza Virus" ("near-zero prevalence," 329); Maxted et al., "Annual Survival of Ruddy Turnstones"; and David Stallknecht, SCWDS, University of Georgia, personal communication, October 14, 2013 ("Delaware Bay is unique").

For guano, see Mathew, "Peru and the British Guano Market"; Olinger, "The Guano Age in Peru"; and Romero, "Peru Guards Its Guano."

For red-footed boobies, see Galetti and Dirzo, "Ecological and Evolutionary Consequences"; and McCauley et al., "From Wing to Wing."

For extinction rates, see Arkema et al., "Coastal Habitats"; Barnosky et al., "Earth's Sixth Mass Extinction" ("the recent loss," 56); Birdlife International, "One in Eight"; Birdlife International, "We Have Lost Over 150 Bird Species"; Burgess, Bowring, and Shen, "High-Precision Timeline"; Costanza et al., "Changes in the Global Value"; Daily et al., "Ecosystem Services"; Galetti and Dirzo, "Ecological and Evolutionary Consequences"; Green and Elmberg, "Ecosystem Services"; McCauley, "Selling Out on Nature"; Pimm, *The World According to Pimm* ("Humanity's impact," 214); Şekercioğlu, "Increasing Awareness"; Şekercioğlu, Daily, and Ehrlich, "Ecosystem Consequences"; and Zimmer, "The Price Tag."

第十一章

For recorded historical observations of Southampton Island, see Comer, "A Geographical Description" ("particularly anxious to make certain inquiries," 87); Manning, "Some Notes"; and Ross, "Whaling."

For population of polar bears in the Foxe Basin, see Peacock et al., "Polar Bear Ecology"; and Stapleton et al., *Aerial Survey*.

For climate of Southampton and East Bay, see CAFF, *Arctic Biodiversity Trends, 2010*.

Additional information about 4KL's travels at www.bandedbirds.org.

For physiological changes in knots on the breeding grounds, see Morrison, Davidson, and Piersma, "Transformations"; and Vézina et al., "Phenotypic Compromises."

For the nineteenth-century history of the search for knots in the Arctic, see Borup, *A Tenderfoot with Peary*; Dresser, "On the Late Dr. Walter's Ornithological Researches"; Ekblaw, "Finding the Nest" ("to ornithologists and bird lovers the world over," 97); Feilden, "Breeding of the Knot"; Feilden, "List of Birds Observed"; Greely, *Three Years of Arctic Service* ("We never obtained the nest" and "a completely-formed hard-shelled egg ready to be laid," 377); Harting, "Discovery of the Eggs"; Hunt and Thompson, *North to the Horizon* ("had never been found," 77); Levere, *Science and the Canadian Arctic*; MacMillan, *How Peary Reached the Pole* ("the eggs had never been found previously," 275); Merriam, "The Eggs of the Knot"; Parmelee, Stephens, and Schmidt, *The Birds of Southeastern Victoria Island* ("most severe, the summit having been swept almost continuously by the polar winds" and "No doubt this individual had," 100); Parry, *Appendix to Captain Parry's Journal* ("killed in the Duke of York's Bay," 355); Parry, *Journal of a Second*

Voyage ("They lay four eggs on a tuft of withered grass, without being at the pains of forming any nest," 460–61; and "zoologist," 344–45); Parry, *Supplement to the Appendix* ("breeds in great abundance on the North Georgian Islands," cci); Pleske, *Birds of the Eurasian Tundra*; and Vaughan, *In Search of Arctic Birds* ("Of all the Arctic breeding waders whose eggs were sought and prized by collectors, the Knot took pride of place" and "hard to explain," 158).

Information on satellite trackers, new light-sensitive data loggers, and geolocators and nesting knots from Paul Howey, Microwave Telemetry, Inc., Columbia, Md.; Niles, "What We Still Don't Know"; Niles et al., "First Results"; and Ron Porter, personal communication, January 2, 2014.

For George Miksch Sutton and other biologists on knots in Southampton, see Abraham and Ankney, "Summer Birds" ("courtship flights, chases, and vocalizations in four separate locations," "broody" female, and "an adult with one flightless young," 184–85); Berger, "George Miksch Sutton"; Jackson, *George Miksch Sutton*; Sutton, "Birds of Southampton Island" ("very quiet and dignified in behavior, especially when compared with the turnstones which flashed and rattled along the beaches everywhere," 123); and Sutton, "The Exploration of Southampton Island" ("clean-edged beauty of the Arctic," 1; "Many an explorer," 1; and "expert mechanic, boatman, huntsman, dog-team driver, and igloo-builder," 5).

For the flight of Arctic terns, see Egevang et al., "Tracking of Arctic Terns."

For knots that "swim with great ease," see Baird, Brewer, and Ridgway, *The Water Birds of North America*, 215.

For preening waxes in sandpipers, see Reneerkens, Piersma, and Damsté, "Sandpipers (Scolopacidae) Switch from Monoester."

Knot nesting in East Bay from Darryl Edwards, Biology Department, Laurentian University, personal communication, February 14, 2014.

For advantages to high-latitude migration, see McKinnon et al., "Lower Predation Risk."

For nest survival when knot parents share the work, see Pirie, Johnston, and Smith, "Tier 2 Surveys."

For lemmings, see Bêty et al., "Shared Predators"; Fraser et al., "The Red Knot"; Nolet et al., "Faltering Lemming Cycles"; Perkins, Smith, and Gilchrist, "The Breeding Ecology of Ruddy Turnstones"; Schmidt et al., "Response of an Arctic Predator."

For breeding knots, see Dresser, "On the Late Dr. Walter's Ornithological Researches" ("the male was always most careful of the young, whereas the female, when in the vicinity, had the appearance of a disinterested spectator," 232); and Parmelee, Stephens, and Schmidt, *The Birds of Southeastern Victoria Island*.

For warming Arctic, see Miller et al., "Unprecedented Recent Summer Warmth"; and Perovich et al., "Sea Ice."

For murres, mosquitoes, and polar bears, see Elliott and Gaston, "Mass-Length Relationships"; Gaston and Elliott, "Effects of Climate-Induced Changes"; Gaston, Smith, and Provencher, "Discontinuous Change"; Tony Gaston, research scientist (ret.), Environment Canada, personal communication, February 4, 2014 ("so thick," "they are wearing fur boots," and "It just won't be the Arctic"); Mallory et al., "Effects of Climate Change"; Smith et al., "Has Early Ice Clearance Increased Predation?"; Zöckler, Lanctot, and Syroechkovsky, "Waders (Shorebirds)."

For melting ice and polar bears in Hudson Bay, see Castro de la Guardia et al., "Future Sea Ice Conditions"; Iverson et al., "Longer Ice-Free Seasons"; Molnár et al., "Predicting Climate Change Impacts"; Molnár et al., "Predicting Survival"; Karyn Rode, U.S. Geological Survey, personal communication, September 8, 2014; Rode et al., "Comments in Response"; Rode et al., "Variation in the Response"; and Stirling and Derocher, "Effects of Climate Warming."

For geese, see Abraham et al., "Northern Wetland Ecosystems"; Alisauskas, Leafloor, and Kellet, "Population Status"; AMAP, *Arctic Climate Issues 2011*; Feng et al., "Evaluating"; Johnson et al., "Assessment of Harvest"; Kerbes, Meeres, and Alisaukas, *Surveys of Nesting Lesser Snow Geese*; Jim Leafloor, Canadian Wildlife Service, personal communication, January 28, 2014 ("about 29 polar bears"); Paul Smith, Environment Canada, personal communication, January 23, 2014 ("tanking" and "thick"); and Smith et al., "Has Early Ice Clearance Increased Predation?"

Almost finding a knot nest in East Bay from Kara Anne Ward, medical student, University of Ottawa, personal communication, August 22, 2012.

第十二章

For numbers of shorebirds and knots going through James Bay, see Mark Peck, Royal Ontario Museum, personal communication, April 2, 2014; and Pollock, Abraham, and Nol, "Migrant Shorebird Use of Akimiski Island."

For possible first knots on James Bay, see Newman, *A Dictionary of British Birds*; Richardson, Swainson, and Kirby, *Fauna Boreali-Americana*; and Williams, *Andrew Graham's Observations*.

Sewage lagoon counts provided by Mike Burrell, Bird Studies Canada.

Bird counts at Longridge provided by Jean Iron, Ontario.

For more recent observations of knots passing through the bay and the food they eat, see Hope and Shortt, "Southward Migration of Adult Shorebirds" ("an enormous flock," 572); Martini and Morrison, "Regional Distribution"; Morrison and Harrington, "Critical Shorebird Resources"; and Morrison and Harrington, "The Migration System of the Red Knot."

For the Hudson Bay Lowland, see Abraham and Keddy, "The Hudson Bay Lowland"; Abraham et al., "Hudson Plains Ecozone[+] Status and Trends Assessment"; Riley, *Wetlands of the Ontario Hudson Bay Lowland*; and Stewart and Lockhart, *An Overview of the Hudson Bay Marine Ecosystem*.

Chickney Point data from Christian Friis, Canadian Wildlife Service, and the team at Chickney Point.

For James Bay shrinking at Shegogau Creek, Ken Abraham, Ontario Ministry of Natural Resources, personal communication, February 27, 2014.

Possible origin of fossil from David Rudkin, Royal Ontario Museum, personal communication, October 3, 2012.

Jean Iron's website is http://www.jeaniron.ca/.

For starlings, see Cabe, "European Starling (*Sturnus Vulgaris*)" ("arguably the most successful avian introduction on this continent").

For the Bonaparte's gull, see Burger and Gochfeld, "Bonaparte's Gull."

For nesting little gulls, see Wilson and McRae, *Seasonal and Geographical Distribution of Birds*.

For 1994 knot sightings in Churchill, see IBA Canada, "Churchill and Vicinity."

For geolocators and Nelson River, see Niles et al., "Migration Pathways"; and Niles et al., "First Results."

Information on the new radio sensors from Phil Taylor, Bird Studies Canada Chair of Ornithology at Acadia University, Nova Scotia, personal communication, February 21, 2014.

Information for knots along the Hayes River from Ann McKellar, Canadian Wildlife Service, personal communication, June 26, 2014.

Bird sightings from the James Bay team on the way back to Toronto from Mike Burrell.

Big Year birds finding from Josh Vandermeulen, personal communication, February 11, 2014, account on http://joshvandermeulen.blogspot.com/.

Knot data on the Mingan Islands comes from Yves Aubry, Canadian Wildlife Service.

For ocean acidification, see Benoît et al., *State-of-the-Ocean Report*; Cooley and Doney, "Anticipating Ocean Acidification's Economic Consequences"; Gaylord et al., "Functional Impacts of Ocean Acidification"; Gobler et al., "Hypoxia and Acidification"; Hönisch et al., "The Geological Record of Ocean Acidification"; IGBP, IOC, and SCOR, *IGBP, IOC, SCOR: Ocean Acidification Summary for Policymakers*; Jansson, Norkko, and Norkko, "Effects of Reduced pH on *Macoma Balthica*"; O'Donnell, George, and Carrington, "Mussel Byssus Attachment"; Talmage and Gobler, "Effects of Past, Present, and Future Ocean Carbon Dioxide"; Van Colen et al., "The Early Life History of the Clam *Macoma Balthica*"; Waldbusser et al., "A Developmental and Energetic Basis"; Waldbusser and Salisbury, "Ocean Acidification in the Coastal Zone"; and Wang et al., "The Marine Inorganic Carbon System."

For shorebirds in the Guianas, see Morrison and Ross, *Atlas of Nearctic Shorebirds on the Coast of South America*, vol. 1; Morrison and Spaans, "National Geographic Mini-Expedition to Surinam, 1978"; Morrison et al., "Dramatic Declines"; Ottema and Spaans, "Challenges and Advances in Shorebird Conservation"; Trull, "Shorebirds and Noodles" ("strongly-tasting," 269); U.S. Fish and Wildlife Service, "Proposed Threatened Status"; U.S. Fish and Wildlife Service, "Rufa Red Knot Ecology and Abundance"; and Watts et al., "Whimbrel Tracking in the Americas."

尾声

For seals and sealing, see Lelli, Harris, and Aboueissa, "Seal Bounties in Maine and Massachusetts"; Mowat, *Sea of Slaughter*.

For history of knots and horseshoe crabs on Cape Cod, see Forbush, *Game Birds*;
Hapgood and Roosevelt, *Shorebirds*; Mackay, "Observations on the Knot"
("exceedingly large numbers" and "This was previous," 29; and "in old times," 30);
and Thoreau, *Cape Cod*.

For wintering knots molting in Massachusetts, see Burger et al., "Migration and Over-
wintering of Red Knots"; Niles et al., "Migration Pathways."

For juvenile survival, see Leyrer et al., "Small-Scale Demographic Structure."

For knots historically near my home, see Townsend, *Birds of Essex County*.

For knots and hurricanes, see Niles et al., "Migration Pathways"; and Niles et al., "First
Results."

参考文献

Abraham, K. F., and C. D. Ankney. "Summer Birds of East Bay, Southampton Island, Northwest Territories." *Canadian Field-Naturalist* 100, no. 2 (1986): 180–85.

Abraham, K. F., R. L. Jefferies, R. T. Alisaukas, and R. F. Rockwell. "Northern Wetland Ecosystems and Their Response to High Densities of Lesser Snow Geese and Ross's Geese." In *Evaluation of Special Management Measures for Midcontinent Lesser Snow Geese and Ross's Geese*, edited by J. O. Leafloor, T. J. Moser, and B. D. J. Batt, 9–45. Arctic Goose Joint Venture Special Publication. Washington, D.C., and Ottawa: U.S. Fish and Wildlife Service and Canadian Wildlife Service, 2012.

Abraham, K. F., and C. J. Keddy. "The Hudson Bay Lowland." In *The World's Largest Wetlands*, edited by Lauchlan H. Fraser and Paul A. Keddy, 118–48. Cambridge: Cambridge University Press, 2005.

Abraham, K. F., L. M. McKinnon, Z. Jumean, S. M. Tully, L. R. Walton, and H. M. Stewart. "Hudson Plains Ecozone+ Status and Trends Assessment." Ottawa: Canadian Council of Resource Ministers, 2011.

Aieta, Amy E., and Kenneth Oliveira. "Distribution, Prevalence, and Intensity of the Swim Bladder Parasite *Anguillicola Crassus* in New England and Eastern Canada." *Diseases of Aquatic Organisms* 84, no. 3 (2009): 229–35.

Albrieu, C., and S. Ferrari. "La participación de los municipios en la conservación de los humedales costeros." Presentation at the Taller Regional sobre Humedales Costeros Patagónicos. Organizado por la Secretaría de Ambiente y Desarrollo Sustentable de la Nación, Buenos Aires, July 2–3, 2007.

Albrieu, C., S. Ferrari, and G. Montero. "Investigación, educación e transferencia: Unha alianza para a conservación das aves de praia migratorias e os seus

绝境

hábitats no estuario do Río Gallegos (Patagonia Austral, Argentina)." *AmbientaMENTE Sustentable* 1, nos. 9–10 (2010): 18–97.

Alexander, Stuart, and Cheri L. Gratto-Trevor. *Shorebird Migration and Staging at a Large Prairie Lake and Wetland Complex: The Quill Lakes, Saskatchewan.* Canadian Wildlife Service, 1997.

Alexander, S. A., K. A. Hobson, C. L. Gratto-Trevor, and A. W. Diamond. "Conventional and Isotopic Determinations of Shorebird Diets at an Inland Stopover: The Importance of Invertebrates and *Potamogeton Pectinatus* Tubers." *Canadian Journal of Zoology* 74, no. 6 (1996): 1057–68.

Alisauskas, R. T., J. O. Leafloor, and D. K. Kellet. "Population Status of Midcontinent Lesser Snow Geese and Ross's Geese Following Special Conservation Measures." In *Evaluation of Special Management Measures for Midcontinent Lesser Snow Geese and Ross's Geese.*, edited by J. O. Leafloor, T. J. Moser, and B. D. J. Batt, 132–77. Arctic Goose Joint Venture Special Publication. Washington, D.C., and Ottawa: U.S. Fish and Wildlife Service and Canadian Wildlife Service, 2012.

Allan, Brian F., R. Brian Langerhans, Wade A. Ryberg, William J. Landesman, Nicholas W. Griffin, Rachael S. Katz, Brad J. Oberle, et al. "Ecological Correlates of Risk and Incidence of West Nile Virus in the United States." *Oecologia* 158, no. 4 (2009): 699–708.

Altizer, Sonia, Rebecca Bartel, and Barbara A. Han. "Animal Migration and Infectious Disease Risk." *Science* 331, no. 6015 (2011): 296–302.

AMAP. *Arctic Climate Issues 2011: Changes in Arctic Snow, Water, Ice, and Permafrost. SWIPA 2011 Overview Report.* Oslo: AMAP, 2012.

American Wind Energy Association. "State Wind Energy Statistics: Texas," June 3, 2013. http://www.awea.org/Resources/state.aspx?ItemNumber=5183.

Anderson, Rebecca L., Winsor H. Watson, and Christopher C. Chabot. "Sublethal Behavioral and Physiological Effects of the Biomedical Bleeding Process on the American Horseshoe Crab, *Limulus Polyphemus.*" *Biological Bulletin*, December 1, 2013, 137–51.

Andres, Brad A., Paul A. Smith, R. I. Guy Morrison, Cheri L. Gratto-Trevor, Stephen C. Brown, and Christian A. Friis. "Population Estimates of North American Shorebirds, 2012." *Wader Study Group Bulletin* 119 (2013): 178–94.

The Aransas Project v Shaw, et al. No. 13-40317, U.S. Court of Appeals, Fifth Circuit, 2014.

Arkema, Katie K., Greg Guannel, Gregory Verutes, Spencer A. Wood, Anne Guerry, Mary Ruckelshaus, Peter Kareiva, Martin Lacayo, and Jessica M. Silver. "Coastal Habitats Shield People and Property from Sea-Level Rise and Storms." *Nature Climate Change* 3, no. 10 (2013): 913–18.

Atkinson, Philip W., Allan J. Baker, Karen A. Bennett, Nigel A. Clark, Jacquie A. Clark, Kimberly B. Cole, Anne Dekinga, Amanda Dey, Simon Gillings, and Patricia M. González. "Rates of Mass Gain and Energy Deposition in Red Knot on Their Final Spring Staging Site Is Both Time- and Condition-Dependent." *Journal of Applied Ecology* 44, no. 4 (2007): 885–95.

Atlantic States Marine Fisheries Commission (ASMFC). *Addendum I to the Fishery Management Plan for Horseshoe Crab.* Arlington, Va.: ASMFC, April 2000.

———. *American Eel Benchmark Stock Assessment.* Stock Assessment Report no. 12–01. Arlington, Va.: ASMFC, 2012.

———. *American Shad Stock Assessment.* Report no. 07–01 (supplement), vol. 51. Arlington, Va.: ASMFC, 2007.

———. *ASMFC Approves Resolution to Ban the Import and Use of Asian Horseshoe Crabs as Bait.* Arlington, Va.: ASMFC, February 21, 2013.

———. *ASMFC River Herring Benchmark Assessment Indicates Stock Is Depleted.* Arlington, Va.: ASMFC, May 4, 2012.

———. *Draft Addendum III to the Fishery Management Plan for American Eel for Public Comment.* Arlington, Va.: ASMFC, March 2013.

———. *Horseshoe Crab Technical Committee Meeting Summary,* September 25, 2013. Arlington, Va.: ASMFC, n.d.

Atlantic States Marine Fisheries Commission (ASMFC) Delaware Bay Ecosystem Technical Committee. *ARM Recommendation.* Arlington, Va.: ASMFC, September 5, 2012.

———. *Meeting Summary,* September 24, 2013. Arlington, Va.: ASMFC, n.d.

Atlantic States Marine Fisheries Commission (ASMFC) Horseshoe Crab Plan Review Team. *2013 Review of the Atlantic States Marine Fisheries Commission Fishery Management Plan for Horseshoe Crab (Limulus Polyphemus) 2012 Fishing Year.* Arlington, Va.: ASMFC, May 2013.

Atlantic States Marine Fisheries Commission (ASMFC) Horseshoe Crab Stock Assessment Subcommittee. *2013 Horseshoe Crab Stock Assessment Update.* Arlington, Va.: ASMFC, 2013.

Audubon, John James, and William Macgillivray. *Ornithological Biography.* Vol. 1. Pittsburgh: University of Pittsburgh, 2007. http://digital.library.pitt.edu/cgi-bin/t/text/text-idx?idno=31735056284882;view=toc;c=darltext.

———. *Ornithological Biography.* Vol. 3. Philadelphia: Judah Dobson, A. Black, 1839. http://digital.library.pitt.edu/cgi-bin/t/text/text-idx?c=darltext&cc=darltext&type=simple&q1=ornithological+biography&button1=Go.

———. *Ornithological Biography.* Vol. 4. Philadelphia: Judah Dobson, A. Black, 1839. http://digital.library.pitt.edu/cgi-bin/t/text/text-idx?c=darltext&cc=darltext&type=simple&q1=ornithological+biography&button1=Go.

Baird, Spencer Fullerton, T. M. Brewer, and Robert Ridgway. *The Water Birds of North America.* Boston: Little, Brown, 1884. http://archive.org/details/waterbirdsofnorto2bair.

Baker, Allan J., Patricia M. González, Theunis Piersma, Lawrence J. Niles, Ines de Lima Serrano do Nascimento, Philip W. Atkinson, Nigel A. Clark, Clive D. T. Minton, Mark K. Peck, and Geert Aarts. "Rapid Population Decline in Red Knots: Fitness Consequences of Decreased Refuelling Rates and Late Arrival in Delaware Bay." *Proceedings of the Royal Society of London, Series B: Biological Sciences* 271, no. 1541 (2004): 875–82.

Baker, Allan J., Sergio L. Pereira, and Tara A. Paton. "Phylogenetic Relationships and Divergence Times of Charadriiformes Genera: Multigene Evidence for the Cretaceous Origin of at Least 14 Clades of Shorebirds." *Biology Letters*, April 22, 2007, 205–9.

Baker, Allan J., Theunis Piersma, and Lene Rosenmeier. "Unraveling the Intraspecific Phylogeography of Knots *Calidris Canutus*: A Progress Report on the Search for Genetic Markers." *Journal für Ornithologie*, October 1, 1994, 599–608.

Baldi, Ricardo, Andrés Novaro, Martín Funes, Susan Walker, Pablo Ferrando, Mauricio Failla, and Pablo Carmanchahi. "Guanaco Management in Patagonian Rangelands: A Conservation Opportunity on the Brink of Collapse." In *Wild Rangelands: Conserving Wildlife While Maintaining Livestock in Semi-arid Ecosystems*, edited by Johan T. du Toit Head, Richard Kocknager, and James C. Deutsch, 266–90. Hoboken: John Wiley & Sons, 2010.

Ball, Walter William Rouse. *A History of the Study of Mathematics at Cambridge*. Cambridge: Cambridge University Press, 1883.

Bandedbirds.org. "Banding and Resightings." www.bandedbirds.org.

Banerji, Mary Ann, and Richard P. Spencer. "Febrile Response to Cerebrospinal Fluid Flow Studies." *Journal of Nuclear Medicine* 13, no. 8 (1972): 655.

Barlow, Robert B., and Maureen K. Powers. "Seeing at Night and Finding Mates: The Role of Vision." In *The American Horseshoe Crab*, edited by Carl N. Shuster Jr., Robert B. Barlow, and H. Jane Brockmann, 83–102. Cambridge, Mass.: Harvard University Press, 2003.

Barnes, Brooks, Barry R. Truitt, and William A. Warner. *Seashore Chronicles*. Charlottesville: University of Virginia, 1999.

Barnosky, Anthony D., and Emily L. Lindsey. "Timing of Quaternary Megafaunal Extinction in South America in Relation to Human Arrival and Climate Change." *Quaternary International*, April 15, 2010, 10–29.

Barnosky, Anthony D., Nicholas Matzke, Susumu Tomiya, Guinevere O. U. Wogan, Brian Swartz, Tiago B. Quental, Charles Marshall, et al. "Has the Earth's Sixth Mass Extinction Already Arrived?" *Nature* 471, no. 7336 (2011): 51–57.

Barsoum, Noha, and Charles Kleeman. "Now and Then, the History of Parenteral Fluid Administration." *American Journal of Nephrology* 22, nos. 2–3 (2002): 284–89.

Bastidas, Pamela Domínquez. *Cerro Sombrero: Arquitectura moderna en Tierra del Fuego*. Santiago: CNCA, 2011.

Battley, Phil F., Nils Warnock, T. Lee Tibbitts, Robert E. Gill, Theunis Piersma, Chris J. Hassell, David C. Douglas, et al. "Contrasting Extreme Long-Distance Migration Patterns in Bar-Tailed Godwits *Limosa Lapponica*." *Journal of Avian Biology* 43, no. 1 (2012): 21–32.

Beesley, Maurice, M.D. "Sketch of the Early History of the County of Cape May." In New Jersey Geological Survey, *Geology of the County of Cape May, State of New Jersey*, 158–205. Trenton: Printed at the Office of the True American, 1857.

Bell, J. C., and J. T. Nichols. "Notes on the Food of Carolina Sharks." *Copeia*, March 15, 1921, 17–20.

Benoît, Hugues P., Jacques A. Gagné, Patrick Ouellet, and Marie-Noëlle Bourassa, eds. *State-of-the-Ocean Report for the Gulf of St. Lawrence Integrated Management (GOSLIM) Area.* Moncton, New Brunswick: Fisheries and Oceans Canada; Mont-Joli, Québec: Pêche et Océans, 2012.

Bent, Arthur Cleveland. *Life Histories of North American Shore Birds.* Vol. 1. New York: Dover, 1962.

"Berge Nice." *Ocean Orbit*, February 2005, 3.

Berger, Andrew J. "George Miksch Sutton." *Wilson Bulletin* 80, no. 1 (1968): 30–35.

Bergreen, Laurence. *Over the Edge of the World.* New York: William Morrow, 2003.

Berhane, Yohannes, Tamiko Hisanaga, Helen Kehler, James Neufeld, Lisa Manning, Connie Argue, Katherine Handel, Kathleen Hooper-McGrevy, Marilyn Jonas, and John Robinson. "Highly Pathogenic Avian Influenza Virus A (H7N3) in Domestic Poultry, Saskatchewan, Canada, 2007." *Emerging Infectious Diseases* 15, no. 9 (2009): 1492.

Bêty, Joël, Gilles Gauthier, Erkki Korpimäki, and Jean-François Giroux. "Shared Predators and Indirect Trophic Interactions: Lemming Cycles and Arctic-Nesting Geese." *Journal of Animal Ecology* 71, no. 1 (2002): 88–98.

Beyersbergen, Gerard W., and David C. Duncan. *Shorebird Abundance and Migration Chronology at Chaplin Lake, Old Wives Lake and Reed Lake, Saskatchewan: 1993 and 1994.* Technical Report Series no. 484. Environment Canada, 2007.

Bird, Junius. *Travels and Archaeology in South Chile.* Edited by John Hyslop. Iowa City: University of Iowa Press, 1988.

BirdLife International. "Birds Are Very Useful Indicators for Other Kinds of Biodiversity." *Birdlife International: State of the World's Birds*, 2013. http://www.birdlife.org/datazone/sowb/casestudy/79.

———. "*Eurynorhynchus Pygmeus.*" *IUCN 2013: IUCN Red List of Threatened Species, Version 2013.2.*, 2013. www.iucnredlist.org.

———. "One in Eight of All Bird Species Is Threatened with Global Extinction." *Birdlife International: State of the World's Birds*, 2014. http://www.birdlife.org/datazone/sowb/casestudy/106.

———. "*Podiceps Gallardoi.*" *IUCN Red List of Threatened Species Version 2013.1, 2013.* http://www.iucnredlist.org.

———. "We Have Lost Over 150 Bird Species since 1500." *Birdlife International: State of the World's Birds*, 2011. http://www.birdlife.org/datazone/sowb/casestudy/102.

Bjorndal, Karen A., and Jeremy B. C. Jackson. "Roles of Sea Turtles in Marine Ecosystems: Reconstructing the Past." In *The Biology of Sea Turtles*, edited by Peter L. Lutz, John A. Musick, and Jeanette Wyneken, 2:259–74. Boca Raton: CRC, 2003.

Blockstein, David E. "Lyme Disease and the Passenger Pigeon?" *Science*, March 20, 1998, 1831.

Borup, George. *A Tenderfoot with Peary.* New York: F. A. Stokes, 1911.

Botton, Mark L. "The Ecological Importance of Horseshoe Crabs in Estuarine and Coastal Communities: A Review and Speculative Summary." In *Biology and*

绝境

Conservation of Horseshoe Crabs, edited by John T. Tanacredi, Mark L. Botton, and David R. Smith, 45–63. Dordrecht: Springer, 2009.

Botton, M. L., and B. A. Harrington. "Synchronies in Migration: Shorebirds, Horseshoe Crabs, and Delaware Bay." In *The American Horseshoe Crab*, edited by Carl N. Shuster Jr., Robert B. Barlow, and H. Jane Brockmann, 5–26. Cambridge, Mass.: Harvard University Press, 2003.

Botton, Mark L., and Tomio Ito. "The Effects of Water Quality on Horseshoe Crab Embryos and Larvae." In *Biology and Conservation of Horseshoe Crabs*, edited by John T. Tanacredi, Mark L. Botton, and David R. Smith, 439–52. Dordrecht: Springer, 2009.

Botton, M. L., and R. E. Loveland. "Reproductive Risk: High Mortality Associated with Spawning by Horseshoe Crabs (*Limulus Polyphemus*) in Delaware Bay, USA." *Marine Biology*, April 1, 1989, 143–51.

Botton, Mark L., Robert E. Loveland, and Timothy R. Jacobsen. "Site Selection by Migratory Shorebirds in Delaware Bay, and Its Relationship to Beach Characteristics and Abundance of Horseshoe Crab (*Limulus Polyphemus*) Eggs." *Auk* 111, no. 3 (1994): 605–16.

Botton, M., P. Shin, S. Cheung, G. Gauvry, G. Kreamer, D. Smith, J. Tanacredi, and K. Laurie. "Emerging Issues in Horseshoe Crab Conservation: A Perspective from the IUCN Species Specialist Group." In *Abstract Book*, 21. San Diego: CERF, 2013.

Botton, M. L., and Carl N. Shuster Jr. "Horseshoe Crabs in a Food Web: Who Eats Whom?" In *The American Horseshoe Crab*, edited by Carl N. Shuster Jr., Robert B. Barlow, and H. Jane Brockmann, 133–53. Cambridge, Mass.: Harvard University Press, 2003.

Brown, V. L., J. M. Drake, D. E. Stallknecht, J. D. Brown, K. Pedersen, and P. Rohani. "Dissecting a Wildlife Disease Hotspot: The Impact of Multiple Host Species, Environmental Transmission and Seasonality in Migration, Breeding and Mortality." *Journal of the Royal Society Interface* 10, no. 79 (2013): 20120804.

Brown, V. L., and Pejman Rohani. "The Consequences of Climate Change at an Avian Influenza 'Hotspot.'" *Biology Letters* 8, no. 6 (2012): 1036–39.

Bucher, Enrique H. "The Causes of Extinction of the Passenger Pigeon." *Current Ornithology* 9 (1992): 1–36.

Buckel, Jeffrey A., and Kim A. McKown. "Competition between Juvenile Striped Bass and Bluefish: Resource Partitioning and Growth Rate." *Marine Ecology Progress Series* 234 (2002): 191–204.

Buehler, Deborah M., and Allan J. Baker. "Population Divergence Times and Historical Demography in Red Knots and Dunlins." *Condor* 107, no. 3 (2005): 497–513.

Buehler, Deborah M., Allan J. Baker, and Theunis Piersma. "Reconstructing Palaeoflyways of the Late Pleistocene and Early Holocene Red Knot *Calidris Canutus*." *Ardea* 94, no. 3 (2006): 484–98.

Burger, Joanna, and Michael Gochfeld. "Bonaparte's Gull (*Larus Philadelphia*)." Edited by A. Poole and F. Gill. *The Birds of North America Online*, 2002.

Burger, Joanna, Caleb Gordon, J. Lawrence, James Newman, Greg Forcey, and Lucy Vlietstra. "Risk Evaluation for Federally Listed (Roseate Tern, Piping Plover) or Candidate (Red Knot) Bird Species in Offshore Waters: A First Step for Managing the Potential Impacts of Wind Facility Development on the Atlantic Outer Continental Shelf." *Renewable Energy* 36, no. 1 (2011): 338–51.

Burger, Joanna, and Lawrence J. Niles. "Closure versus Voluntary Avoidance as a Method of Protecting Migrating Shorebirds on Beaches in New Jersey." *Wader Study Group Bulletin* 120, no. 1 (2013): 20–25.

Burger, Joanna, Lawrence J. Niles, Ronald R. Porter, Amanda D. Dey, Stephanie Koch, and Caleb Gorden. "Migration and Over-wintering of Red Knots (*Calidris Canutus Rufa*) along the Atlantic Coast of the United States." *Condor* 114, no. 2 (2012): 1–12.

Burgess, Seth D., Samuel Bowring, and Shu-zhong Shen. "High-Precision Timeline for Earth's Most Severe Extinction." *Proceedings of the National Academy of Sciences* 111, no. 9 (2014): 3316–21.

Burleigh, Thomas. *Georgia Birds*. Norman: University of Oklahoma Press, 1958.

Cabe, Paul R. "European Starling (*Sturnus Vulgaris*)." Edited by A. Poole and F. Gill. *The Birds of North America Online*, 1993.

CAFF. *Arctic Biodiversity Trends, 2010—Selected Indicators of Change*. Akureyri, Iceland: CAFF International Secretariat, May 2010.

Cantwell, Robert. *Alexander Wilson: Naturalist and Pioneer, a Biography*. Philadelphia: Lippincott, 1961.

Cape Romain National Wildlife Refuge. *Comprehensive Conservation Plan*. Atlanta: USFWS Southeast Region, 2010.

Carmona, Roberto, Victor Ayala-Pérez, Nallely Arce, and Lorena Morales-Gopar. "Use of Saltworks by Red Knots at Guerrero Negro, Mexico." *Wader Study Group Bulletin* 111 (2006): 46–49.

Carpenter, C. C. "The Erratic Evolution of Cholera Therapy: From Folklore to Science." *Clinical Therapeutics* 12, supplement A (1990): 22–28.

Castro de la Guardia, Laura, Andrew E. Derocher, Paul G. Myers, Arjen D. Terwisscha van Scheltinga, and Nick J. Lunn. "Future Sea Ice Conditions in Western Hudson Bay and Consequences for Polar Bears in the 21st Century." *Global Change Biology* 19, no. 9 (2013): 2675–87.

Chediak, Mark. "Gulf Coast Beckons Wind Farms When West Texas Gusts Fade." *Bloomberg Sustainability*, October 11, 2013. http://www.bloomberg.com/news/2013-10-10/gulf-coast-beckons-wind-farms-when-west-texas-gusts-fade.html.

Chen, Chang-Po, and Hwey-Lian Hsieh. "The Challenges and Opportunities for Horseshoe Crab Conservation in Taiwan." Presentation at the International Workshop on the Science and Conservation of Asian Horseshoe Crabs, Hong Kong, June 12–16, 2011. In *Abstracts of Plenary Talks and Oral Presentations*, PT-1. Hong Kong, 2011. http://www.cityu.edu.hk/bch/iwscahc2011/Download/Plenary_Talks_&_Oral.pdf.

"The Cholera." *Lancet* 2 (1854): 266.

Cione, Alberto L., Eduardo P. Tonni, and Leopoldo Soibelzon. "Did Humans Cause the Late Pleistocene–Early Holocene Mammalian Extinctions in South America in a Context of Shrinking Open Areas?" In *American Megafaunal Extinctions at the End of the Pleistocene*, edited by Gary Haynes, 125–44. Dordrecht: Springer Netherlands, 2009.

Clark, Kathleen E., Lawrence J. Niles, and Joanna Burger. "Abundance and Distribution of Migrant Shorebirds in Delaware Bay." *Condor* 95, no. 3 (1993): 694–705.

Cobb, J. N. "The Sturgeon Fishery of Delaware River and Bay." In *U.S. Fish Commission Report for 1899*, 369–80. Washington, D.C.: U.S. Commission of Fish and Fisheries, 1900.

Coclanis, Peter A. "Bitter Harvest: The South Carolina Low Country in Historical Perspective." *Journal of Economic History* 45, no. 2 (1985): 251–59.

Cohen, Jonathan B., Brian D. Gerber, Sarah M. Karpanty, James D. Fraser, and Barry R. Truitt. "Day and Night Foraging of Red Knots (*Calidris Canutus*) during Spring Stopover in Virginia, USA." *Waterbirds* 34, no. 3 (2011): 352–56.

Comer, George. "A Geographical Description of Southampton Island and Notes upon the Eskimo." *Bulletin of the American Geographical Society* 42, no. 2 (1910): 84–90.

Cooke, Wells. "Distribution and Migration of North American Shorebirds." *Bulletin of the United States Bureau of Biological Survey* 35 (1912). http://www.biodiver sitylibrary.org/bibliography/54050.

Cooley, Sarah R., and Scott C. Doney. "Anticipating Ocean Acidification's Economic Consequences for Commercial Fisheries." *Environmental Research Letters*, June 1, 2009, 024007.

Cooper, James F., and John C. Harbert. "Endotoxin as a Cause of Aseptic Meningitis after Radionuclide Cisternography." *Journal of Nuclear Medicine* 16, no. 9 (1975): 809–13.

Cooper, T. R., and R. D. Rau. *American Woodcock Population Status, 2013*. Laurel, Md.: U.S. Fish and Wildlife Service, 2013.

Cornell Lab of Ornithology. "Eskimo Curlew: Three Strikes in the Wink of an Eye." *All about Birds*, n.d. www.birds.cornell.edu/AllAbout Birds/conservation/ extinctions/eskimo-curlew.

Costanza, Robert, Rudolf de Groot, Paul Sutton, Sander van der Ploeg, Sharolyn J. Anderson, Ida Kubiszewski, Stephen Farber, and R. Kerry Turner. "Changes in the Global Value of Ecosystem Services." *Global Environmental Change* 26 (May 2014): 152–58.

Cuthbert, Robert B., and Stephen G. Hoffius, eds. *Northern Money, Southern Land*. Columbia: University of South Carolina Press, 2009.

Daily, Gretchen C., Stephen Polasky, Joshua Goldstein, Peter M. Kareiva, Harold A. Mooney, Liba Pejchar, Taylor H. Ricketts, James Salzman, and Robert Shallenberger. "Ecosystem Services in Decision Making: Time to Deliver." *Frontiers in Ecology and the Environment* 7, no. 1 (2009): 21–28.

Dale, Virginia H., Frederick J. Swanson, and Charles M. Crisafulli. *Ecological Responses to the 1980 Eruption of Mount St. Helens*. New York: Springer, 2005.

Darwin, Charles. *The Autobiography of Charles Darwin, 1809–1882. With the Original Omissions Restored. Edited and with Appendix and Notes by His Grand-daughter Nora Barlow.* London: Collins, 1958.

———. *Journal of Researches into the Natural History and Geology of the Countries Visited during the Voyage of H.M.S.* Beagle *round the World.* 2nd ed. London: John Murray, 1845. http://darwin-online.org.uk/content/frameset?itemID=F14&viewtype=text&pageseq=1.

———. *On the Origin of Species by Means of Natural Selection; or, The Preservation of Favoured Races in the Struggle for Life.* 3rd ed. London: John Murray, 1861. http://darwin-online.org.uk/content/frameset?itemID=F381&viewtype=text&pageseq=1.

Davis, Michelle L., Jim Berkson, and Marcella Kelly. "A Production Modeling Approach to the Assessment of the Horseshoe Crab (*Limulus Polyphemus*) Population in Delaware Bay." *Fishery Bulletin* 104 (2006): 215–26.

Delancey, Larry, and Brad Floyd. *Tagging of Horseshoe Crabs,* Limulus Polyphemus, *in Conjunction with Commercial Harvesters and the Biomedical Industry in South Carolina.* Charleston: South Carolina Sea Grant Consortium, 2012.

Delaware Coastal Programs and Delaware Sea Level Rise Advisory Committee. *Preparing for Tomorrow's High Tide.* Dover: Delaware Coastal Programs, Department of Natural Resources and Environmental Control, July 2012.

De Lucas, Manuela, Miguel Ferrer, Marc J. Bechard, and Antonio R. Muñoz. "Griffon Vulture Mortality at Wind Farms in Southern Spain: Distribution of Fatalities and Active Mitigation Measures." *Biological Conservation* 147, no. 1 (2012): 184–89.

Denton, Winston, and Cindy Contreras. *The Red Tide (*Karenia Brevis*) Bloom of 2000.* Austin: Resource Protection Division, Texas Parks and Wildlife Department, June 2004.

DeVillers, Pierre, and Jean A. Terschuren. "Some Distributional Records of Migrant North American Charadriiformes in Coastal South America." *Le Gerfaut* 67 (1977): 107–25.

Dey, Amanda, Kevin Kalasz, and Dan Hernandez. "Delaware Bay Egg Survey, 2005–2010: Unpublished Report to the Atlantic States Marine Fisheries Commission," 2011.

Dey, Amanda, Matthew Danihel, Kevin Kalasz, and Dan Hernandez. "Delaware Bay Horseshoe Crab Egg Survey, 2005–2012: Unpublished Report to the Atlantic States Marine Fisheries Commission," 2013.

Ding, Jeak Ling, and Bow Ho. "Endotoxin Detection—From Limulus Amebocyte Lysate to Recombinant Factor C." In *Endotoxins: Structure, Function and Recognition,* edited by Xiaoyuan Wang and Peter J. Quinn, 187–208. Subcellular Biochemistry 53. Springer 2010. http://link.springer.com/chapter/10.1007/978-90-481-9078-2_9.

———. "Strategy to Conserve Horseshoe Crabs by Genetic Engineering of Limulus Factor C for Pyrogen Testing." Presentation at the International Workshop on the Science and Conservation of Asian Horseshoe Crabs, Hong Kong,

绝境

June 12–16, 2011. In *Abstracts of Plenary Talks and Oral Presentations*, O–11. Hong Kong, 2011.

Ding, Jeak Ling, Yong Zhu, and Bow Ho. "High-Performance Affinity Capture-Removal of Bacterial Pyrogen from Solutions." *Journal of Chromatography B: Biomedical Sciences and Applications* 759, no. 2 (2001): 237–46.

Dorwart, Jeffery M. *Cape May County, New Jersey: The Making of an American Resort Community*. New Brunswick: Rutgers University Press, 1992.

Doughty, Robin W. "Sea Turtles in Texas: A Forgotten Commerce." *Southwestern Historical Quarterly* 88, no. 1 (1984): 43–70.

Dresser, H. E. "On the Late Dr. Walter's Ornithological Researches in the Taimyr Peninsula." *Ibis* 46, no. 2 (1904): 228–35.

Driggers, William B., III, G. Walter Ingram Jr., Mark A. Grace, Christopher T. Gledhill, Terry A. Henwood, Carrie N. Horton, and Christian M. Jones. "Pupping Areas and Mortality Rates of Young Tiger Sharks *Galeocerdo Cuvier* in the Western North Atlantic Ocean." *Aquatic Biology* 2, no. 2 (2008): 161–70.

Dubczak, J. "Proven Biomedical Horseshoe Crab Conservation Initiatives." Presentation at the International Workshop on the Science and Conservation of Asian Horseshoe Crabs, Hong Kong, June 12–16, 2011. In *Abstracts of Plenary Talks and Oral Presentations*, O–8. Hong Kong, 2011.

Duerr, Adam E., Bryan D. Watts, and Fletcher M. Smith. *Population Dynamics of Red Knots Stopping over in Virginia during Spring Migration*. Center for Conservation Biology Technical Report Series, CCBTR–11–04. Williamsburg: College of William and Mary and Virginia Commonwealth University, 2011.

Dunne, Pete. *Bayshore Summer: Finding Eden in a Most Unlikely Place*. Boston: Houghton Mifflin Harcourt, 2010.

———. "Knot Then, Knot Now, Knot Later." *Peregrine Observer* 34 (Summer 2012): 5–9.

———. *Tales of a Low-Rent Birder*. Austin: University of Texas Press, 1995.

Dunne, P., D. Sibley, C. Sutton, and W. Wander. "Aerial Surveys in Delaware Bay: Confirming an Enormous Spring Staging Area for Shorebirds." *Wader Study Group Bulletin* 35 (1982): 32–33.

Eagle, Josh. "Issues and Approaches in the Regulation of the Horseshoe Crab Fishery." In *Limulus in the Limelight*, 85–92. New York: Kluwer, 2001.

Eastern Massachusetts National Wildlife Refuge Complex. *Compatibility Determination*. Sudbury, Mass.: Eastern Massachusetts National Wildlife Refuge Complex, May 22, 2002.

Egevang, Carsten, Iain J. Stenhouse, Richard A. Phillips, Aevar Petersen, James W. Fox, and Janet R. D. Silk. "Tracking of Arctic Terns Sterna Paradisaea Reveals Longest Animal Migration." *Proceedings of the National Academy of Sciences*, February 2, 2010, 2078–81.

Ekblaw, W. Elmer. "Finding the Nest of the Knot." *Wilson Bulletin*, December 1, 1918, 97–100.

Elliott, Kyle Hamish, and Anthony J. Gaston. "Mass-Length Relationships and Energy Content of Fishes and Invertebrates Delivered to Nestling Thick-Billed Murres

Uria Lomvia in the Canadian Arctic, 1981–2007." *Marine Ornithology* 36 (n.d.): 25–33.

Emerson, Eva. "The Intrigue and Reach of Epigenetics Grows." *Science News* 183, no. 7 (2013): 2.

Escudero, Graciela, Juan G. Navedo, Theunis Piersma, Petra De Goeij, and Pim Edelaar. "Foraging Conditions 'at the End of the World' in the Context of Long-Distance Migration and Population Declines in Red Knots." *Austral Ecology*, May 1, 2012, 355–64.

Evenden, Matthew D. "The Laborers of Nature: Economic Ornithology and the Role of Birds as Agents of Biological Pest Control in North American Agriculture, ca. 1880–1930." *Forest and Conservation History*, October 1, 1995, 172–83.

Fanning, Mary M., Ron Wassel, and Toni Piazza-Hepp. "Pyrogenic Reactions to Gentamicin Therapy." *New England Journal of Medicine* 343, no. 22 (2000): 1658–59.

Feilden, H. W. "Breeding of the Knot in Grinnell Land." *British Birds* 13, no. 11 (1920): 278–82.

———. "List of Birds Observed in Smith Sound and in the Polar Basin during the Arctic Expedition of 1875–76." *Ibis* 19, no. 4 (1877): 401–12.

Feng, Song, Chang-Hoi Ho, Qi Hu, Robert J. Oglesby, Su-Jong Jeong, and Baek-Min Kim. "Evaluating Observed and Projected Future Climate Changes for the Arctic Using the Köppen-Trewartha Climate Classification." *Climate Dynamics*, April 1, 2012, 1359–73.

Ferrari, S., B. Ercolano, and C. Albrieu. "Pérdida de hábitat por actividades antrópicas en las marismas y planicies de marea del estuario del Río Gallegos (Patagonia Austral, Argentina)." In *Gestión sostenible de humedales: 3*, edited by M. Castro Lucic and Reyes Fernández, 19–327. Santiago: CYTED y Programa Internacional de Interculturalidad, 2007.

Ferrari, Silvia, Santiago Imberti, and Carlos Albrieu. "Magellanic Plovers *Pluvianellus Socialis* in Southern Santa Cruz Province, Argentina." *Wader Study Group Bulletin*. 101–2 (2003): 1–6.

Fisher, Robert A., and Dylan Lee Fisher. *The Use of Bait Bags to Reduce the Need for Horseshoe Crab as Bait in the Virginia Whelk Fishery*. VIMS Marine Resource Report No. 2006–10. Gloucester Point, Va.: Virginia Sea Grant, October 2006.

Fleckenstein, Henry, A., Jr. *Shorebird Decoys*. Exton, Pa.: Schiffer, 1980.

Flores, Marcelo M. A. *Antecedentes sobre la avifauna y mastozoofauna marina de Isla Riesco y áreas adyacentes*. Oceana, 2011.

Forbush, Edward Howe. *A History of the Game Birds, Wild-fowl and Shore Birds of Massachusetts and Adjacent States*. Boston: Massachusetts State Board of Agriculture, 1912.

Foster, Charles R., Anthony F. Amos, and Lee A. Fuiman. "Trends in Abundance of Coastal Birds and Human Activity on a Texas Barrier Island over Three Decades." *Estuaries and Coasts* 32, no. 6 (2009): 1079–89.

Fowler, Henry W. "The King Crab Fisheries in Delaware Bay." In *Annual Report of the New Jersey State Museum: Including a List of the Specimens Received during the Year, 1907*, 111–19. Trenton: MacCrellish & Quigley, 1908.

Fraser, J. D., S. M. Karpanty, J. B. Cohen, and B. R. Truitt. "The Red Knot (*Calidris Canutus Rufa*) Decline in the Western Hemisphere: Is There a Lemming Connection?" *Canadian Journal of Zoology* 91, no. 1 (2013): 13–16.

"Fresh Water Peril Seen in Rising Sea." *New York Times*, November 21, 1953, 15.

Friðriksson, Sturla, and Borgþór Magnússon. "Colonization of the Land." *Surtsey— The Surtsey Research Society*, 2007. http://www.surtsey.is/pp_ens/biola_1.htm.

Friedman, Richard L. "Aseptic Processing Contamination Case Studies and the Pharmaceutical Quality System." *PDA Journal of Pharmaceutical Science and Technology* 59 (April 2005): 118–26.

"From Cape May." *Philadelphia Inquirer*, August 10, 1853, 2.

Galetti, Mauro, and Rodolfo Dirzo. "Ecological and Evolutionary Consequences of Living in a Defaunated World." *Biological Conservation* 163 (2013): 1–6.

Gascoigne, William R., Dana Hoag, Lynne Koontz, Brian A. Tangen, Terry L. Shaffer, and Robert A. Gleason. "Valuing Ecosystem and Economic Services across Land-Use Scenarios in the Prairie Pothole Region of the Dakotas, USA." *Ecological Economics*, August 15, 2011, 1715–25.

Gaston, Anthony J., and Kyle H. Elliott. "Effects of Climate-Induced Changes in Parasitism, Predation and Predator-Predator Interactions on Reproduction and Survival of an Arctic Marine Bird." *Arctic*, August 3, 2013, 43–51.

Gaston, Anthony J., Paul A. Smith, and Jennifer F. Provencher. "Discontinuous Change in Ice Cover in Hudson Bay in the 1990s and Some Consequences for Marine Birds and Their Prey." *ICES Journal of Marine Science: Journal du conseil*, September 1, 2012, 1218–25.

Gauvry, G., and M. D. Janke. "Current Horseshoe Crab Harvesting Practices Cannot Support Global Demand for TAL/LAL." Presentation at the International Workshop on the Science and Conservation of Asian Horseshoe Crabs, Hong Kong, June 12–16, 2011. In *Abstracts of Plenary Talks and Oral Presentations*, PT-4. Hong Kong, 2011.

Gaylord, Brian, Tessa M. Hill, Eric Sanford, Elizabeth A. Lenz, Lisa A. Jacobs, Kirk N. Sato, Ann D. Russell, and Annaliese Hettinger. "Functional Impacts of Ocean Acidification in an Ecologically Critical Foundation Species." *Journal of Experimental Biology* 214, no. 15 (n.d.): 2586–94.

Germano, Frank. "Horseshoe Crabs: Balanced Management Plan Yields Fishery and Biomedical Benefits." *DMF News*, 2nd quarter (2003): 6–8.

Giaccardi, Maricel, and Laura M. Reyes, eds. *Plan de manejo del área natural protejida Bahía de San Antonio, Río Negro*. Gobierno de la Provincia de Río Negro, 2012.

Gibson, Rosemary, and Allan Baker. "Multiple Gene Sequences Resolve Phylogenetic Relationships in the Shorebird Suborder Scolopaci (Aves: Charadriiformes)." *Molecular Phylogenetics and Evolution* 64, no. 1 (2012): 66–72.

Gill, Robert E., Pablo Canevari, and Eve H. Iverson. "Eskimo Curlew (*Numenius Borealis*)." *Birds of North America Online*, 1998. http://bna.birds.cornell.edu/bna/species/347.

Gill, Robert E., Jr., David C. Douglas, Colleen M. Handel, T. Lee Tibbitts, Gary Hufford, and Theunis Piersma. "Hemispheric-Scale Wind Selection Facilitates Bar-Tailed Godwit Circum-Migration of the Pacific." *Animal Behaviour* 90 (2014): 117–30.

Given, Aaron M. "Leucistic Red Knot *Calidris Canutus* at Kiawah Island, South Carolina." *Wader Study Group Bulletin* 118, no. 1 (2011): 65.

Gobler, Christopher J., Elizabeth L. DePasquale, Andrew W. Griffith, and Hannes Baumann. "Hypoxia and Acidification Have Additive and Synergistic Negative Effects on the Growth, Survival, and Metamorphosis of Early Life Stage Bivalves." *PLoS ONE*, January 8, 2014, e83648.

González, Patricia M. "Las aves migratorias." In *Las mesetas patagónicas que caen al mar: La costa rionegrina*, edited by Ricardo Freddy Masera, Juana Lew, and Guillermo Serra Peirano, 321–48. Viedma: Gobierno de Río Negro, 2005.

González, Patricia M., Allan J. Baker, and María Eugenia Echave. "Annual Survival of Red Knots (*Calidris Canutus Rufa*) Using the San Antonio Oeste Stopover Site Is Reduced by Domino Effects Involving Late Arrival and Food Depletion in Delaware Bay." *Hornero* 21, no. 2 (2006): 109–17.

González, Patricia, Theunis Piersma, and Yvonne Verkuil. "Food, Feeding, and Refueling of Red Knots during Northward Migration at San Antonio Oeste, Rio Negro, Argentina." *Journal of Field Ornithology* 67, no. 4 (1996): 575–91.

Goode, George Brown. *The Fisheries and Fishery Industries of the United States.* Section 1, *Natural History of Useful Aquatic Animals.* Washington, D.C.: U.S. Commission of Fish and Fisheries, 1884.

"The Great King Crab Invasion." *Chicago Tribune*, July 24, 1871.

Greely, Adolphus Washington. *Three Years of Arctic Service: An Account of the Lady Franklin Bay Expedition of 1881–84.* Vol. 2. London: Richard Bentley & Son, 1886.

Green, Andy J., and Johan Elmberg. "Ecosystem Services Provided by Waterbirds." *Biological Reviews* (2013).

Green, Andy J., Jordi Figuerola, and Marta I. Sánchez. "Implications of Waterbird Ecology for the Dispersal of Aquatic Organisms." *Acta Oecologica* 23, no. 3 (2002): 177–89.

Greenberg, Joel. *A Feathered River across the Sky.* New York: Bloomsbury, 2014.

Hall, Ansley. "Notes on the Oyster Industry of New Jersey." In *Part VIII: Report of the Commissioner for the Year Ending June 30, 1892*, edited by U.S. Commission of Fish and Fisheries, 463–528. Washington, D.C.: U.S. Commission of Fish and Fisheries, 1894.

Hallmann, Caspar A., Ruud P. B. Foppen, Chris A. M. van Turnhout, Hans de Kroon, and Eelke Jongejans. "Declines in Insectivorous Birds Are Associated with High Neonicotinoid Concentrations." *Nature* 511, no. 7509 (2014): 341–43.

绝境

Hann, Roy W. "Fate of Oil from the Supertanker *Metula. International Oil Spill Conference Proceedings* 1 (March 1977): 465–68.

———. *VLCC* Metula *Oil Spill*. Washington, D.C.: U.S. Coast Guard, 1974.

Hannan, Laura B., James D. Roth, Llewellyn M. Ehrhart, and John F. Weishampel. "Dune Vegetation Fertilization by Nesting Sea Turtles." *Ecology*, April 1, 2007, 1053–58.

Hapgood, Warren, and Robert B. Roosevelt. *Shorebirds*. New York: Forest & Stream, 1881.

Haramis, G. Michael, A. Link, C. Osenton, David B. Carter, Richard G. Weber, Nigel A. Clark, Mark A. Teece, and David S. Mizrahi. "Stable Isotope and Pen Feeding Trial Studies Confirm the Value of Horseshoe Crab *Limulus Polyphemus* Eggs to Spring Migrant Shorebirds in Delaware Bay." *Journal of Avian Biology* 38, no. 3 (2007): 367–76.

Harrington, Brian. *The Flight of the Red Knot*. New York: W. W. Norton, 1996.

Harrington, B. A., and R. I. G. Morrison. "Notes on the Wintering Areas of Red Knot *Calidris Canutus Rufa* in Argentina, South America." *Wader Study Group Bulletin* 28 (1980): 40–42.

Harting, J. E. "Discovery of the Eggs of the Knot." *Zoologist* 9, no. 105 (1885): 344–45.

Henkel, Jessica R., Bryan J. Sigel, and Caz M. Taylor. "Large-Scale Impacts of the Deepwater Horizon Oil Spill: Can Local Disturbance Affect Distant Ecosystems through Migratory Shorebirds?" *BioScience* 62, no. 7 (2012): 676–85.

Hetland, Robert D., and Lisa Campbell. "Convergent Blooms of *Karenia Brevis* along the Texas Coast." *Geophysical Research Letters* 34, no. 19 (2007): L19604.

Hicklin, Peter W., and John W. Chardine. "The Morphometrics of Migrant Semipalmated Sandpipers in the Bay of Fundy: Evidence for Declines in the Eastern Breeding Population." *Waterbirds* 35, no. 1 (2012): 74–82.

Hildebrand, H. "Hallazgo del área de anidación de al tortouga 'Lora' *Lepidochelys Kempii* (Garman), en la costa occidental del Golfo de México (Reptila, Chelonia)." *Ciencia* (Mexico) 22 (1963): 105–112. Translated by Charles W. Caillouet Jr. and reproduced at http://www.seaturtle.org/mtn/archives.

Hladik, Michelle L., Dana W. Kolpin, and Kathryn M. Kuivila. "Widespread Occurrence of Neonicotinoid Insecticides in Streams in a High Corn and Soybean Producing Region, USA." *Environmental Pollution* 193 (October 2014): 189–96.

Hönisch, Bärbel, Andy Ridgwell, Daniela N. Schmidt, Ellen Thomas, Samantha J. Gibbs, Appy Sluijs, Richard Zeebe, et al. "The Geological Record of Ocean Acidification." *Science* 335, no. 6072 (2012): 1058–63.

Hope, C. E., and T. M. Shortt. "Southward Migration of Adult Shorebirds on the West Coast of James Bay, Ontario." *Auk* 61, no. 4 (1944): 572–76.

Hornaday, William Temple. *Our Vanishing Wildlife*. New York: New York Zoological Society, 1913.

Houghton, Jonathan D. R., Thomas K. Doyle, Mark W. Wilson, John Davenport, and Graeme C. Hays. "Jellyfish Aggregations and Leatherback Turtle Foraging

Patterns in a Temperate Coastal Environment." *Ecology*, August 1, 2006, 1967–72.

Howard-Jones, Norman. "Cholera Therapy in the Nineteenth Century." *Journal of the History of Medicine and Allied Sciences* 27, no. 4 (1972): 373–95.

Hu, M. H., Y. J. Wang, S. G. Cheung, P. K. S. Shin, and Q. Z. Li. "Distribution, Abundance and Population Structure of Horseshoe Crabs along Three Intertidal Zones of Beibu Gulf, Southern China." Presentation at the International Workshop on the Science and Conservation of Asian Horseshoe Crabs, Hong Kong, June 12–16, 2011. In *Abstracts of Plenary Talks and Oral Presentations*, O–1. Hong Kong, 2011.

Hunt, Harrison J., and Ruth Hunt Thompson. *North to the Horizon: Searching for Peary's Crocker Land*. Camden, Me.: Down East Books, 1980.

Hurton, Lenka, Jim Berkson, and Stephen Smith. "The Effect of Hemolymph Extraction Volume and Handling Stress on Horseshoe Crab Mortality." In *Biology and Conservation of Horseshoe Crabs*, edited by John T. Tanacredi, Mark L. Botton, and David R. Smith, 331–46. Dordrecht: Springer, 2009.

IBA Canada. "Churchill and Vicinity." *IBA Canada*. http://www.ibacanada.ca/site.jsp?siteID—B003&lang=EN.

IGBP, IOC, and SCOR. *Ocean Acidification Summary for Policymakers—Third Symposium on the Ocean in a High-CO2 World*. Stockholm: International Geosphere-Biosphere Programme, 2013.

Isack, H. A., and H.-U. Reyer. "Honeyguides and Honey Gatherers: Interspecific Communication in a Symbiotic Relationship." *Science* 243, no. 4896 (1989): 1343–46.

Iverson, Samuel, H. Grant Gilchrist, Paul Smith, Anthony J. Gaston, and Mark Forbes. "Longer Ice-Free Seasons Increase the Risk of Nest Depredation by Polar Bears for Colonial Breeding Birds in the Canadian Arctic." *Proceedings of the Royal Society B* 281, no. 1779 (2014).

Jack, Janis Graham. "Memorandum Opinion and Verdict of the Court: *The Aransas Project vs. Bryan Shaw*." U.S. District Court, Southern District of Texas, Corpus Christi Division, 2013.

Jackson, Jerome A. *George Miksch Sutton: Artist, Scientist, and Teacher*. Norman: University of Oklahoma Press, 2007.

James-Pirri, Mary-Jane. *Assessment of Spawning Horseshoe Crabs* (Limulus Polyphemus) *at Cape Cod National Seashore, 2008–2009*. Natural Resource Technical Report NPS/CACO/NRTR–2012/573. Fort Collins, Colo.: National Park Service, April 2012.

James-Pirri, M. J., K. Tuxbury, S. Marino, and S. Koch. "Spawning Densities, Egg Densities, Size Structure, and Movement Patterns of Spawning Horseshoe Crabs, *Limulus Polyphemus*, within Four Coastal Embayments on Cape Cod, Massachusetts." *Estuaries* 28, no. 2 (2005): 296–313.

Jansson, Anna, Joanna Norkko, and Alf Norkko. "Effects of Reduced pH on *Macoma Balthica* Larvae from a System with Naturally Fluctuating pH-Dynamics." *PloS One* 8, no. 6 (2013): e68198.

Jehl, Joseph R., Jr. "Disappearance of Breeding Semipalmated Sandpipers from Churchill, Manitoba: More than a Local Phenomenon." *Condor* 109, no. 2 (2007): 351–60.

———. "*Pluvianellus Socialis*: Biology, Ecology and Relationships of an Enigmatic Patagonian Shorebird." *Transactions of the San Diego Society of Natural History* 18 (1975): 25–74.

Jenkins, Scott, Jeffrey Paduan, Philip Roberts, Daniel Schlenk, and Judith Weiss. *Management of Brine Discharges to Coastal Waters: Recommendations of a Science Advisory Panel.* Costa Mesa: Southern California Coastal Water Research Project, 2013.

Jetz, W., G. H. Thomas, J. B. Joy, K. Hartmann, and A. O. Mooers. "The Global Diversity of Birds in Space and Time." *Nature*, November 15, 2012, 444–48.

Johnson, A. W. *The Birds of Chile and Adjacent Regions of Argentina, Bolivia, and Peru.* Vol. 1. Buenos Aires: Platt Establecimientos Gráficos, 1965.

Johnson, Michael A., Paul I. Padding, Michel H. Gendron, Eric T. Reed, and David A. Graber. "Assessment of Harvest from Conservation Actions for Reducing Midcontinent Light Geese and Recommendations for Future Monitoring." In *Evaluation of Special Management Measures for Midcontinent Lesser Snow Geese and Ross's Geese*, edited by J. O. Leafloor, T. J. Moser, and B. D. J. Batt, 46–94. Arctic Goose Joint Venture Special Publication. Washington, D.C., and Ottawa: U.S. Fish and Wildlife Service and Canadian Wildlife Service, 2012.

Jones, Sierra J., Fernando P. Lima, and David S. Wethey. "Rising Environmental Temperatures and Biogeography: Poleward Range Contraction of the Blue Mussel, *Mytilus Edulis* L., in the Western Atlantic." *Journal of Biogeography* 37, no. 12 (2010): 2243–59.

Kanchanapongkul, Jirasak. "Tetrodotoxin Poisoning Following Ingestion of the Toxic Eggs of the Horseshoe Crab *Carcinoscorpius Rotundicauda*: A Case Series from 1994 through 2006." *Southeast Asian Journal of Tropical Medicine and Public Health* 39, no. 2 (2008): 303–6.

Kanchanapongkul, J., and P. Krittayapoositpot. "An Epidemic of Tetrodotoxin Poisoning Following Ingestion of the Horseshoe Crab *Carcinoscorpius Rotundicauda*." *Southeast Asian Journal of Tropical Medicine and Public Health* 26, no. 2 (1995): 364–67.

Karp, Daniel S., Chase D. Mendenhall, Randi Figueroa Sandí, Nicolas Chaumont, Paul R. Ehrlich, Elizabeth A. Hadly, and Gretchen C. Daily. "Forest Bolsters Bird Abundance, Pest Control and Coffee Yield." *Ecology Letters* 16, no. 11 (2013): 1339–47.

Kaufman, Kenn. *Lives of North American Birds.* Boston: Houghton Mifflin, 1996.

Kays, Roland, Patrick A. Jansen, Elise M. H. Knecht, Reinhard Vohwinkel, and Martin Wikelski. "The Effect of Feeding Time on Dispersal of Virola Seeds by Toucans Determined from GPS Tracking and Accelerometers." *Acta Oecologica* 37, no. 6 (2011): 625–31.

Kerbes, R. H., K. M. Meeres, and R. T. Alisaukas. *Surveys of Nesting Lesser Snow Geese and Ross's Geese in Arctic Canada, 2002–2009.* Arctic Goose Joint Venture

Special Publication. Washington, D.C., and Ottawa: U.S. Fish and Wildlife Service and Canadian Wildlife Service, 2014.

Kilpatrick, A. Marm. "Globalization, Land Use, and the Invasion of West Nile Virus." *Science*, October 21, 2011, 323–27.

Kimmelman, Michael. "Former Landfill, a Park to Be, Proves a Savior in the Hurricane." *New York Times*, December 17, 2012, C5.

King, F. Wayne. "Historical Review of the Decline of the Green Turtle and Hawksbill." In *Biology and Conservation of Sea Turtles: Proceedings of the World Conference on Sea Turtle Conservation. Washington, D.C., 26–30 November, 1979*, edited by Karen Bjorndal, 183–88. Washington, D.C.: Smithsonian Institution Press, 1995.

King, P. P. *Voyages of the Adventure and Beagle*. Vol. 1. London: Henry Colburn, 1839.

Krauss, Scott, Caroline A. Obert, John Franks, David Walker, Kelly Jones, Patrick Seiler, Larry Niles, S. Paul Pryor, John C. Obenauer, and Clayton W. Naeve. "Influenza in Migratory Birds and Evidence of Limited Intercontinental Virus Exchange." *PLoS Pathogens* 3, no. 11 (2007): e167.

Krauss, Scott, David E. Stallknecht, Nicholas J. Negovetich, Lawrence J. Niles, Richard J. Webby, and Robert G. Webster. "Coincident Ruddy Turnstone Migration and Horseshoe Crab Spawning Creates an Ecological 'Hot Spot' for Influenza Viruses." *Proceedings of the Royal Society B: Biological Sciences*, November 22, 2010, 3373–79.

Kurz, W., and M. J. James-Pirri. "The Impact of Biomedical Bleeding on Horseshoe Crab, *Limulus Polyphemus*, Movement Patterns on Cape Cod, Massachusetts." *Marine and Freshwater Behaviour and Physiology* 35, no. 4 (2002): 261–68.

LaDeau, Shannon L., A. Marm Kilpatrick, and Peter P. Marra. "West Nile Virus Emergence and Large-Scale Declines of North American Bird Populations." *Nature*, June 7, 2007, 710–13.

Lane, J. Perry. "Eels and Their Utilization." *Marine Fisheries Review*, April 1978, 1–20.

Latorre, Claudio, Patricio I. Moreno, Gabriel Vargas, Antonio Maldonado, Rodrigo Villa-Martínez, Juan J. Amresto, Carolina Villagrán, Mario Pino, Lauraro Núñez, and Martin Grosjean. "Late Quaternary Environments and Palaeoclimate." In *The Geology of Chile*, edited by Teresa Moreno and Wes Gibbons, 309–28. London: Geological Society of London, 2007.

Leibovitz, Louis, and Gregory Lewbart. "Diseases and Symbionts: Vulnerability Despite Tough Shells." In *The American Horseshoe Crab*, edited by Carl N. Shuster Jr., Robert B. Barlow, and H. Jane Brockmann, 245–75. Cambridge, Mass.: Harvard University Press, 2003.

Lelli, Barbara, David E. Harris, and AbouEl-Makarim Aboueissa. "Seal Bounties in Maine and Massachusetts, 1888 to 1962." *Northeastern Naturalist*, July 1, 2009, 239–54.

Lenes, J. M., B. A. Darrow, J. J. Walsh, J. M. Prospero, R. He, R. H. Weisberg, G. A. Vargo, and C. A. Heil. "Saharan Dust and Phosphatic Fidelity: A Three-Dimensional Biogeochemical Model of *Trichodesmium* as a Nutrient Source for Red Tides on the West Florida Shelf." *Continental Shelf Research* 28, no. 9 (2008): 1091–1115.

Leopold, Aldo. *A Sand County Almanac: With Other Essays on Conservation from Round River.* New York: Random House, 1966.

Leschen, A. S., and S. J. Correia. "Mortality in Female Horseshoe Crabs (*Limulus Polyphemus*) from Biomedical Bleeding and Handling: Implications for Fisheries Management." *Marine and Freshwater Behaviour and Physiology* 43, no. 2 (2010): 135–47.

———. "Response to Associates of Cape Cod Comments on 'Mortality in Female Horseshoe Crabs (*Limulus Polyphemus*) from Biomedical Bleeding and Handling: Implications for Fisheries Management' by A. S. Leschen and S. J. Correia (2010)," November 2, 2010.

Levere, Trevor Harvey. *Science and the Canadian Arctic: A Century of Exploration, 1818–1918.* Cambridge: Cambridge University Press, 1993.

Levin, Jack. "The History of the Development of the Limulus Amebocyte Lysate Test." In *Bacterial Endotoxins: Structure, Biomedical Significance, and Detection with the Limulus Amebocyte Lysate Test,* edited by Harry R. Büller, Augueste Sturk, Jack Levin, and Jan W. ten Cate, 3–28. New York: Alan R. Liss, 1985.

Levin, Jack, H. Donald Hochstein, and Thomas J. Novitsky. "Clotting Cells and Limulus Amebocyte Lysate: An Amazing Analytical Tool." In *The American Horseshoe Crab,* edited by Carl N. Shuster Jr., Robert B. Barlow, and H. Jane Brockmann, 310–40. Cambridge, Mass.: Harvard University Press, 2003.

Leyrer, Jutta, Tamar Lok, Maarten Brugge, Anne Dekinga, Bernard Spaans, Jan A. van Gils, Brett K. Sandercock, and Theunis Piersma. "Small-Scale Demographic Structure Suggests Preemptive Behavior in a Flocking Shorebird." *Behavioral Ecology* 23, no. 6 (2012): 1226–33.

Lomax, Dean R., and Christopher A. Racay. "A Long Mortichnial Trackway of *Mesolimulus walchi* from the Upper Jurassic Solnhofen Lithographic Limestone near Wintershof, Germany." *Ichnos* 19, no. 3 (2012): 175–83.

Loveland, Robert E. "The Life History of Horseshoe Crabs." In *Limulus in the Limelight,* edited by John T. Tanacredi, 93–101. New York: Kluwer, 2001.

Loverock, Bruce, Barry Simon, Allen Burgenson, and Alan Baines. "A Recombinant Factor C Procedure for the Detection of Gram-Negative Bacterial Endotoxina." *Pharmacopeial Forum* 36, no. 1 (2010): 321–29.

Lynam, Christopher P., Mark J. Gibbons, Bjørn E. Axelsen, Conrad A.J. Sparks, Janet Coetzee, Benjamin G. Heywood, and Andrew S. Brierley. "Jellyfish Overtake Fish in a Heavily Fished Ecosystem." *Current Biology* 16, no. 13 (2006): R492–93.

Machut, L. S., and K. E. Limburg. "*Anguillicola Crassus* Infection in *Anguilla Rostrata* from Small Tributaries of the Hudson River Watershed, New York, USA." *Diseases of Aquatic Organisms* 79, no. 1 (2007): 37–45.

Mackay, George H. "Observations on the Knot (*Tringa Canutus*)." *Auk* 10, no. 1 (1893): 25–35.

MacKenzie, Clyde L. "History of the Fisheries of Raritan Bay, New York and . . ." *Marine Fisheries Review* 52, no. 4 (1990): 1–45.

MacKinnon, J. B. *The Once and Future World*. Boston: Houghton Mifflin, 2013.

MacMillan, Donald Baxter. *How Peary Reached the Pole: The Personal Story of His Assistant, Donald B. MacMillan* . . . Boston: Houghton Mifflin, 1934.

Magaña, Hugo A., Cindy Contreras, and Tracy A. Villareal. "A Historical Assessment of *Karenia Brevis* in the Western Gulf of Mexico." *Harmful Algae* 2, no. 3 (2003): 163–71.

Magnússon, Borgthór, Sigurdur H. Magnússon, and Sturla Friðriksson. "Developments in Plant Colonization and Succession on Surtsey during 1999–2008." *Surtsey Research* 12 (2009): 57–76.

Mallory, M. L., A. J. Gaston, H. G. Gilchrist, G. J. Robertson, and B. M. Braune. "Effects of Climate Change, Altered Sea-Ice Distribution and Seasonal Phenology on Marine Birds." In *A Little Less Arctic*, edited by Steven H. Ferguson, Lisa L. Loseto, and Mark L. Mallory, 179–95. Dordrecht: Springer Netherlands, 2010.

Manikkam, Mohan, Rebecca Tracey, Carlos Bosagna-Guerrero, and Michael K. Skinner. "Plastics Derived Endocrine Disruptors (BPA, DEHP and DBP) Induce Epigenetic Transgenerational Inheritance of Obesity, Reproductive Disease and Sperm Epimutations." *PLoS ONE*, January 24, 2013.

Mann, Michael E. *The Hockey Stick and the Climate Wars*. New York: Columbia University Press, 2012.

Manning, T. H. "Some Notes on Southampton Island." *Geographical Journal* 88, no. 3 (1936): 232–242.

Manville, Alfred M. "Framing the Issues Dealing with Migratory Birds, Commercial Land-Based Wind Energy Development, USFWS, and the MBTA." Presentation at the conference on the Migratory Bird Treaty Act Lewis and Clark Law School, October 21, 2011.

Markandya, Anil, Tim Taylor, Alberto Longo, M. N. Murty, Sucheta Murty, and K. Dhavala. "Counting the Cost of Vulture Decline—An Appraisal of the Human Health and Other Benefits of Vultures in India." *Ecological Economics* 67, no. 2 (2008): 194–204.

Marsh, Christopher P., and Philip M. Wilkinson. "Significance of the Central Coast of South Carolina as Critical Shorebird Habitat." *Chat* 54 (Fall 1991): 69–92.

Martini, I. P., and R. I. G. Morrison. "Regional Distribution of *Macoma balthica* and *Hydrobia minuta* on the Subarctic Coasts of Hudson Bay and James Bay, Ontario, Canada." *Estuarine, Coastal and Shelf Science* 24, no. 1 (1987): 47–68.

Martinic, Mateo. *Brief History of the Land of Magellan*. Translated by Juan C. Judikis. Punta Arenas: Universidad de Magallanes, 2002.

Mathew, W. M. "Peru and the British Guano Market, 1840–1870." *Economic History Review* 23, no. 1 (1970): 112.

Matthiessen, Peter. "Happy Days." *Audubon*, November 1975, 64–95.

Maxted, Angela M., M. Page Luttrell, Virginia H. Goekjian, Justin D. Brown, Lawrence J. Niles, Amanda D. Dey, Kevin S. Kalasz, David E. Swayne, and David E. Stallknecht. "Avian Influenza Virus Infection Dynamics in Shorebird Hosts." *Journal of Wildlife Diseases* 48 (2012): 322–34.

Maxted, Angela M., Ronald R. Porter, M. Page Luttrell, Virginia H. Goekjian, Amanda D. Dey, Kevin S. Kalasz, Lawrence J. Niles, and David E. Stallknecht. "Annual Survival of Ruddy Turnstones Is Not Affected by Natural Infection with Low Pathogenicity Avian Influenza Viruses." *Avian Diseases* 56, no. 3 (2012): 567–73.

McCauley, Douglas J. "Selling Out on Nature." *Nature* 443 (2006): 27–28.

McCauley, Douglas J., Paul A. DeSalles, Hillary S. Young, Robert B. Dunbar, Rodolfo Dirzo, Matthew M. Mills, and Fiorenza Micheli. "From Wing to Wing: The Persistence of Long Ecological Interaction Chains in Less-Disturbed Ecosystems." *Nature Scientific Reports* 2, (2012): 1–5.

McClenachan, Loren, Jeremy B. C. Jackson, and Marah J. H. Newman. "Conservation Implications of Historic Sea Turtle Nesting Beach Loss." *Frontiers in Ecology and the Environment* 4, no. 6 (2006): 290–96.

McDonald, Colin. "Wind Farms and Deadly Skies." *San Antonio Express News,* February 26, 2011. http://www.mysanantonio.com/living_green_sa/article/ Wind-farmsand-deadly-skies–1032765.php.

McDonald, Marshall. "Fisheries of the Delaware River." In *The Fisheries and Fisheries Industries of the United States,* section 5, vol. 1, *Histories and Methods of the Fisheries,* edited by George Brown Goode, 654–57. Washington, D.C.: U.S. Commission of Fish and Fisheries, 1887.

McKinnon, L., P. A. Smith, E. Nol, J. L. Martin, F. I. Doyle, K. F. Abraham, H. G. Gilchrist, R. I. G. Morrison, and J. Bêty. "Lower Predation Risk for Migratory Birds at High Latitudes." *Science* 327, no. 5963 (2010): 326–27.

McPhee, John. *The Founding Fish.* New York: Farrar, Straus & Giroux, 2002.

Merriam, C. Hart. "The Eggs of the Knot (*Tringa Canutus*) Found at Last!" *Auk,* July 1, 1885, 312–13.

Meyer de Schauensee, Rodolphe. *The Species of Birds of South America and Their Distribution.* Philadelphia: Academy of Natural Sciences, 1966.

Michaels, David. *Doubt Is Their Product.* New York: Oxford University Press, 2008.

Migratory Bird Conservation Commission. *2012 Annual Report.* U.S. Fish and Wildlife Service, 2013.

Milius, Susan. "Cat-Induced Death Toll Revised." *Science News,* March 8, 2014, 30.

———. "Windows Are Major Bird Killers." *Science News,* March 22, 2014, 8–9.

Millam, Doris. "The History of Intravenous Therapy." *Journal of Infusion Nursing* 19, no. 1 (1996): 5–15.

Miller, Gifford H., Scott J. Lehman, Kurt A. Refsnider, John R. Southon, and Yafang Zhong. "Unprecedented Recent Summer Warmth in Arctic Canada." *Geophysical Research Letters* 40, no. 21 (2013): 5745–51.

Miller, Kenneth G., Robert E. Kopp, Benjamin P. Horton, James V. Browning, and Andrew C. Kemp. "A Geological Perspective on Sea-Level Rise and Its Impacts along the U.S. Mid-Atlantic Coast." *Earth's Future,* December 1, 2013, 3–18.

Mineau, Pierre, and Cynthia Palmer. *The Impact of the Nation's Most Widely Used Insecticides on Birds.* American Bird Conservancy, 2013.

Mineau, Pierre, and Melanie Whiteside. "Pesticide Acute Toxicity Is a Better Correlate of US Grassland Bird Declines than Agricultural Intensification." *PloS One* 8, no. 2 (2013): e57457.

Mizrahi, David S., and Kimberly A. Peters. "Relationships between Sandpipers and Horseshoe Crab in Delaware Bay: A Synthesis." In *Biology and Conservation of Horseshoe Crabs*, edited by John T. Tanacredi, Mark L. Botton, and David R. Smith, 65–87. New York: Springer, 2009.

Mizrahi, David S., Kimberly A. Peters, and Patricia A. Hodgetts. "Energetic Condition of Semipalmated and Least Sandpipers during Northbound Migration Staging Periods in Delaware Bay." *Waterbirds* 35, no. 1 (2012): 135–45.

Moczek, Armin P., Sonia Sultan, Susan Foster, Cris Ledón-Rettig, Ian Dworkin, H. Fred Nijhout, Ehab Abouheif, and David W. Pfennig. "The Role of Developmental Plasticity in Evolutionary Innovation." *Proceedings: Biological Sciences / The Royal Society* 278, no. 1719 (2011): 2705–13.

Molnár, Péter K., Andrew E. Derocher, Tin Klanjscek, and Mark A. Lewis. "Predicting Climate Change Impacts on Polar Bear Litter Size." *Nature Communications*, February 8, 2011, 186.

Molnár, Péter K., Andrew E. Derocher, Gregory W. Thiemann, and Mark A. Lewis. "Predicting Survival, Reproduction and Abundance of Polar Bears under Climate Change." *Biological Conservation* 143, no. 7 (2010): 1612–22.

Monomoy National Wildlife Refuge. *Monomoy National Wildlife Refuge Draft Comprehensive Conservation Plan and Environmental Impact Statement*. Vols. 1–2. Sudbury, Mass.: U.S. Fish and Wildlife Service, April 2014.

Morris, Michael A. *The Strait of Magellan*. Dordrecht: Martinu Nijhoff, 1988.

Morrison, R. I. Guy, Nick C. Davidson, and Theunis Piersma. "Transformations at High Latitudes: Why Do Red Knots Bring Body Stores to the Breeding Grounds?" *Condor* 107, no. 2 (2005): 449–57.

Morrison, R. I. Guy, and Brain A. Harrington. "Critical Shorebird Resources in James Bay and Eastern North America." In *Transactions*, 498–506. Washington, D.C.: Wildlife Management Institute, 1979.

———. "The Migration System of the Red Knot *Calidris Canutus Rufa* in the New World." *Wader Study Group Bulletin* 64 (1992): 71–84.

Morrison, R.I. Guy, David S. Mizrahi, R. Kenyon Ross, Otte H. Ottema, Nyls de Pracontal, and Andy Narine. "Dramatic Declines of Semipalmated Sandpipers on Their Major Wintering Areas in the Guianas, Northern South America." *Waterbirds* 35, no. 1 (2012): 120–34.

Morrison, R. I. G., and R. K. Ross. *Atlas of Nearctic Shorebirds on the Coast of South America*. Vol. 1. Ottawa: Canadian Wildlife Service, 1989.

———. *Atlas of Nearctic Shorebirds on the Coast of South America*. Vol. 2. Ottawa: Canadian Wildlife Service, 1989.

Morrison, R. I. G., and Arie L. Spaans. "National Geographic Mini-Expedition to Surinam, 1978." *Wader Study Group Bulletin* 26 (1979): 37–41.

Morrison, Samuel Eliot. *The European Discovery of America: The Southern Voyages, A.D. 1492–1616*. New York: Oxford University Press, 1974.

Moser, Mary L., Wesley S. Patrick, John U. Crutchfield Jr., and W. L. Montgomery. "Infection of American Eels, *Anguilla Rostrata*, by an Introduced Nematode Parasite, *Anguillicola Crassus*, in North Carolina." *Copeia* 3 (2001): 848–53.

Mowat, Farley. *Sea of Slaughter*. Mechanicsburg, Pa.: Stackpole, 2004.

Murray, Molly. "Delaware Gets Millions to Help Beaches, Wetlands." Delawareonline. com, June 16, 2014.

Muston, Samuel. "Cafe de Mort: My Night Eating Dangerously." *Independent*, March 8, 2013. http://www.independent.ie/lifestyle/food-drink/cafe-de-mort-my-night-eating-dangerously-29117619.html.

Myers, J. P. "Sex and Gluttony on Delaware Bay." *Natural History* 95, no. 5 (1986): 68–77.

Myers, J. P., R. I. G. Morrison, Paolo Z. Antas, Brain A. Harrington, Thomas E. Lovejoy, Michel Sallaberry, Stanley E. Senner, and Arturo Tarak. "Conservation Strategy for Migratory Species." *American Scientist*, January 1, 1987, 18–26.

National Marine Fisheries Service (NMFS). *Atlantic Sturgeon New York Bight Distinct Population Segment: Endangered*. NMFS. http://www.nmfs.noaa.gov/pr/pdfs/species/atlanticsturgeon_nybright_dps.pdf.

National Oceanographic and Atmospheric Administration (NOAA). "Atlantic Coastal Fisheries Cooperative Management Act Provisions; Horseshoe Crab Fishery; Closed Area." *Federal Register*, February 5, 2001, 8906–11.

Nätt, Daniel, Niclas Lindqvist, Henrik Stranneheim, Joakim Lundeberg, Peter A. Torjesen, and Per Jensen. "Inheritance of Acquired Behaviour Adaptations and Brain Gene Expression in Chickens." *PLoS ONE*, July 28, 2009, e6405.

Neck, Raymond W. "Occurrence of Marine Turtles in the Lower Rio Grande of South Texas (Reptilia, Testudines)." *Journal of Herpetology* 12, no. 3 (1978): 422–27.

New Jersey Audubon, American Littoral Society, Delaware Riverkeeper Network, and the Conserve Wildlife Foundation of New Jersey. "Public Comments to the U.S. Fish and Wildlife Service." Docket ID FWS-R5-ES–2013–0097–0697, June 16, 2014.

New Jersey Geological Survey. *Geology of the County of Cape May, State of New Jersey*. Trenton: Printed at the Office of the True American, 1857.

Newman, Edward, ed. *A Dictionary of British Birds: Being a Reprint of Montagu's Ornithological Dictionary, Together with the Additional Species Described by Selby; Yarrell, in All Three Editions; and in Natural-History Journals*. London: W. Swan Sonnenschein & Allen, 1881.

Newstead, David J., Lawrence J. Niles, Ronald R. Porter, Amanda D. Dey, Joanna Burger, and Owen N. Fitzsimmons. "Geolocation Reveals Mid-continent Migratory Routes and Texas Wintering Areas of Red Knots *Calidris Canutus Rufa*." *Wader Study Group Bulletin* 120, no. 1 (2013): 53–59.

Newton, Alfred. "Abstract of Mr. J. Wolley's Researches in Iceland Respecting the Gare-Fowl or Great Auk (*Alea Impennis*, Linn.)." *Ibis* 3, no. 4 (1861): 374–99.

Ng, Sheau-Fang, Ruby C. Y. Lin, D. Ross Laybutt, Romain Barres, Julie A. Owens, and Margaret J Morris. "Chronic High-Fat Diet in Fathers Programs B-Cell Dysfunction in Female Rat Offspring." *Nature* 467, no. 7318 (2010): 963–66.

Ngy, Laymithuna, Chun-Fai Yu, Tomohiro Takatani, and Osamu Arakawa. "Toxicity Assessment for the Horseshoe Crab *Carcinoscorpius Rotundicauda* Collected from Cambodia." *Toxicon* 49, no. 6 (2007): 843–47.

Niles, Lawrence J. "What We Still Don't Know." *Rube with a View*, May 27, 2011. http://arubewithaview.com/2011/05/.

Niles, Lawrence, Joanna Burger, Ronald Porter, Amanda Dey, Stephanie Koch, Brian Harrington, Kate Iaquinto, and Matthew Boarman. "Migration Pathways, Migration Speeds and Non-breeding Areas Used by Northern Hemisphere Wintering Red Knots (*Calidris Canutus*) of the Subspecies Rufa." *Wader Study Group Bulletin* 119, no. 3 (2013): 195–203.

Niles, Lawrence J., Joanna Burger, Ronald R. Porter, Amanda D. Dey, Clive D. T. Minton, Patricia M. González, Allan J. Baker, James W. Fox, and Caleb Gordon. "First Results Using Light Level Geolocators to Track Red Knots in the Western Hemisphere Show Rapid and Long Intercontinental Flights and New Details of Migration Pathways." *Wader Study Group Bulletin* 117, no. 2 (2010): 123–30.

Niles, L. J., A. M. Smith, D. F. Daly, T. Dillingham, W. Shadel, A. D. Dey, M. S. Danihel, S. Hafner, and D. Wheeler. *Restoration of Horseshoe Crab and Migratory Shorebird Habitat on Five Delaware Bay Beaches Damaged by Superstorm Sandy*. Report to New Jersey Natural Lands Trust, December 27, 2013.

Nilsson, Eric, Ginger Larsen, Mohan Manikkam, Carlos Bosagna-Guerrero, Marina I. Savenkova, and Michael K. Skinner. "Environmentally Induced Epigenetic Transgenerational Inheritance of Ovarian Disease." *PLoS One*, May 3, 2012.

Nogales, Manuel, Félix M. Medina, Vicente Quilis, and Mercedes González-Rodríguez. "Ecological and Biogeographical Implications of Yellow-Legged Gulls (*Larus Cachinnans Pallas*) as Seed Dispersers of *Rubia Fruticosa* Ait. (Rubiaceae) in the Canary Islands." *Journal of Biogeography* 28, no. 9 (2001): 1137–45.

Nolet, Bart A., Silke Bauer, Nicole Feige, Yakov I. Kokorev, Igor Yu Popov, and Barwolt S. Ebbinge. "Faltering Lemming Cycles Reduce Productivity and Population Size of a Migratory Arctic Goose Species." *Journal of Animal Ecology* 82, no. 4 (2013): 804–13.

North American Bird Conservation Initiative Canada. *The State of Canada's Birds, 2012*. Ottawa: Environment Canada, 2012.

Novitsky, Thomas J. "Biomedical Applications of Limulus Amebocyte Lysate." In *Biology and Conservation of Horseshoe Crabs*, edited by John T. Tanacredi, Mark L. Botton, and David R. Smith, 315–29. Dordrecht: Springer, 2009.

Obmascik, Mark. *The Big Year: A Tale of Man, Nature, and Fowl Obsession*. New York: Free Press, 2004.

O'Brien, Michael, Richard Crossley, and Kevin Karlson. *The Shorebird Guide*. Boston: Houghton Mifflin, 2006.

O'Donnell, Michael J., Matthew N. George, and Emily Carrington. "Mussel Byssus Attachment Weakened by Ocean Acidification." *Nature Climate Change* 3, no. 6 (2013): 587–90.

Olinger, John Peter. "The Guano Age in Peru." *History Today* 30, no. 6 (1980): 13–18.

Oreskes, Naomi, and Erik M. Conway. *Merchants of Doubt*. New York: Bloomsbury, 2011.

Ostfeld, Richard S., Charles D. Canham, Kelly Oggenfuss, Raymond J. Winchcombe, and Felicia Keesing. "Climate, Deer, Rodents, and Acorns as Determinants of Variation in Lyme-Disease Risk." *PLoS Biology* 4, no. 6 (2006): e145.

Ottema, Otte H., and Arie L. Spaans. "Challenges and Advances in Shorebird Conservation in the Guianas, with a Focus on Suriname." *Ornitologia Neotropical*, supplement, 19 (2008): 339–46.

Owens, E. H. "Time Series Observations of Marsh Recovery and Pavement Persistence at Three Metula Spill Sites after 30 1/2 Years." *Proceedings of the 28th Arctic and Marine Oil Spill Programme (AMOP) Technical Seminar, Environment Canada* (2005): 463–72.

Pain, Deborah J., A. A. Cunningham, P. F. Donald, J. W. Duckworth, D. C. Houston, T. Katzner, J. Parry-Jones, C. Poole, V. Prakash, and P. Round. "Causes and Effects of Temporospatial Declines of Gyps Vultures in Asia." *Conservation Biology* 17, no. 3 (2003): 661–71.

"Palaeontology: Early Bird Was Black." *Nature*, February 9, 2012, 135.

"Parasitic Jaeger, Polar Bird of Prey, Seen Near Cape May." *New York Times*, July 25, 1922, 13.

Parmelee, David Freeland, H. A. Stephens, and Richard H. Schmidt. *The Birds of Southeastern Victoria Island and Adjacent Small Islands*. Bulletin 222. Ottawa: National Museum of Canada, 1967.

Parry, William Edward. *Appendix to Captain Parry's Journal of a Second Voyage for the Discovery of a North-west Passage from the Atlantic to the Pacific*. London: J. Murray, 1825. http://www.biodiversitylibrary.org/bibliography/48565.

———. *Journal of a Second Voyage for the Discovery of a North-west Passage from the Atlantic to the Pacific: Performed in the Years 1821–22–23*. London: J. Murray, 1824. http://archive.org/details/cihm_42230.

———. *Supplement to the Appendix of Captain Parry's Voyage for the Discovery of a North-west Passage in the Years 1819–20: Containing an Account of the Subjects of Natural History*. London: J. Murray, 1824. http://archive.org/details/cihm_39499.

Peacock, E., A. E. Derocher, N. J. Lunn, and M. E. Obbard. "Polar Bear Ecology and Management in Hudson Bay in the Face of Climate Change." In *A Little Less Arctic*, edited by Steven H. Ferguson, Lisa L. Loseto, and Mark L. Mallory, 93–116. Dordrecht: Springer Netherlands, 2010.

Perkins, Deborah E., Paul A. Smith, and H. Grant Gilchrist. "The Breeding Ecology of Ruddy Turnstones (*Arenaria Interpres*) in the Eastern Canadian Arctic." *Polar Record* 43, no. 02 (2007): 135–42.

Perovich, D., S. Gerland, S. Hendricks, W. Meier, M. Nicolaus, J. Richter-Menge, and M. Tschudi. "Sea Ice." *Arctic Report Card: Update for 2013*, November 21, 2013. http://www.arctic.noaa.gov/reportcard/exec_summary.html.

Pettingill, Olin Sewall, Jr. "In Memoriam: George Miskch Sutton." *Auk* 101 (January 1984): 146–52.

Pettis, Jeffery S., Elinor M. Lichtenberg, Michael Andree, Jennie Stitzinger, Robyn Rose, Dennis vanEngelsdorp, et al. "Crop Pollination Exposes Honey Bees to Pesticides Which Alters Their Susceptibility to the Gut Pathogen *Nosema Ceranae*." *PLoS ONE* 8, no. 7 (2013): e70182.

Phillips, Edward. *The New World of Words; or, Universal English Dictionary, Containing an Account of the Original or Proper Sense and Various Significations of All Hard Words Derived from Other Languages.* London: J. Phillips, 1720.

Piersma, Theunis. "Flyway Evolution Is Too Fast to Be Explained by the Modern Synthesis: Proposals for an 'Extended' Evolutionary Research Agenda." *Journal of Ornithology* 152, no. 1 (2011): 151–59.

Piersma, Theunis, and Jan A. van Gils. *The Flexible Phenotype.* Oxford: Oxford University Press, 2011.

Pilkey, Orrin, and Rob Young. *The Rising Sea.* Washington, D.C.: Island, 2009.

Pimentel, David. "Environmental and Economic Costs of the Application of Pesticides Primarily in the United States." In *Integrated Pest Management: Innovation-Development Process,* edited by Rajinder Peshin and Ashok K. Dhawan, 1:89–111. New York: Springer Science + Business Media, 2009.

Pimm, Stuart L. *The World According to Pimm: A Scientist Audits the Earth.* New York: McGraw-Hill, 2001.

Pirie, Lisa, Victoria Johnston, and Paul A. Smith. "Tier 2 Surveys." In *Arctic Shorebirds in North America: A Decade of Monitoring,* edited by J. Bart and V. Johnston, 185–94. Studies in Avian Biology 44. Berkeley: University of California Press, 2012.

Pleske, F. D. *Birds of the Eurasian Tundra.* Memoirs of the Boston Society of Natural History, vol. 6, no. 3. Boston: Boston Society of Natural History, 1928.

Pollock, Lisa A., Kenneth F. Abraham, and Erica Nol. "Migrant Shorebird Use of Akimiski Island, Nunavut: A Sub-Arctic Staging Site." *Polar Biology* 35 (2012): 1691–1701.

Potter, Julian K. "The Season." *Bird-lore* 36, no. 4 (1934): 242.

Powell, Cindie. "Water, Water, Everywhere." *Texas Shores* 40, no. 2 (2012): 11–29.

President's Task Force on Wildlife Diversity Funding. *Final Report.* Washington, D.C.: Association of Fish and Wildlife Agencies, September 1, 2011.

Prothero, Donald R. *Evolution: What the Fossils Say and Why It Matters.* New York: Columbia University Press, 2007.

Purcell, Jennifer E., Shin-ichi Uye, and Wen-Tseng Lo. "Anthropogenic Causes of Jellyfish Blooms and Their Direct Consequences for Humans: A Review." *Marine Ecology Progress Series* 350 (2007): 153.

Qin, Junjie, Ruiqiang Li, Jeroen Raes, Manimozhiyan Arumugam, Kristoffer Solvsten Burgdorf, Chaysavanh Manichanh, Trine Nielsen, et al. "A Human Gut Microbial Gene Catalogue Established by Metagenomic Sequencing." *Nature,* March 4, 2010, 59–65.

Quattro, Joseph M., William B. Driggers III, and James M. Grady. "*Sphyrna Gilberti* Sp. Nov., a New Hammerhead Shark (Carcharhiniformes, Sphyrnidae) from the Western Atlantic Ocean." *Zootaxa* 3702, no. 2 (2013): 159–78.

Rathbun, Richard. "Crustaceans, Worms, Radiates, and Sponges." In *The Fisheries and Fishery Industries of the United States*, section 1, *Natural History of Useful Aquatic Animals*, edited by George Brown Goode, 760–850. Washington, D.C.: Government Printing Office, 1884.

Reneerkens, Jeroen, Theunis Piersma, and Jaap S. Sinninghe Damsté. "Sandpipers (Scolopacidae) Switch from Monoester to Diester Preen Waxes during Courtship and Incubation, but Why?" *Proceedings of the Royal Society of London B* 269 (2002): 2135–39.

Richards, Eric J. "Inherited Epigenetic Variation—Revisiting Soft Inheritance." *Nature Reviews Genetics* 7, no. 5 (2006): 395–401.

Richardson, Sir John, William Swainson, and William Kirby. *Fauna Boreali-Americana; or, The Zoology of the Northern Parts of British America: The Birds*. London: J. Murray, 1831.

Riepe, Don. "An Ancient Wonder of New York and a Great Topic for Education." In *Limulus in the Limelight*, edited by John T. Tanacredi, 131–34. New York: Kluwer, 2001.

Rietschel, Ernst T., and Otto Westphal. "Endotoxin: Historical Perspective." In *Endotoxin in Health and Disease*, edited by Helmut Brade, Steven M. Opal, Stefanie N. Vogel, and David C. Morrison, 1–30. New York: Marcel Dekker, 1999.

Riley, John L. *Wetlands of the Ontario Hudson Bay Lowland*. Toronto: Nature Conservancy, 2011.

Rode, Karyn D., Eric V. Regehr, David C. Douglas, George Durner, Andrew E. Derocher, Gregory W. Thiemann, and Suzanne M. Budge. "Variation in the Response of an Arctic Top Predator Experiencing Habitat Loss: Feeding and Reproductive Ecology of Two Polar Bear Populations." *Global Change Biology*, January 1, 2014, 76–88.

Rode, Karyn D., James D. Reist, Elizabeth Peacock, and Ian Stirling. "Comments in Response to 'Estimating the Energetic Contribution of Polar Bear (*Ursus Maritimus*) Summer Diets to the Total Energy Budget' by Dyck and Kebreab (2009)." *Journal of Mammalogy* 91, no. 6 (2010): 1517–23.

Romero, Simon. "Peru Guards Its Guano as Demand Soars Again." NYTimes.com, May 30, 2008. http://www.nytimes.com/2008/05/30/world/americas/30peru.html?pagewanted=1&_r=0.

Ross, W. Gillies. "Whaling and the Decline of Native Populations." *Arctic Anthropology* 14, no. 2 (1977): 1–8.

Rossiter, Margaret W. *Women Scientists in America*. Baltimore: Johns Hopkins University Press, 1983.

Rudkin, David M. "The Life and Times of the Earliest Horseshoe Crabs." Presentation at the International Workshop on the Science and Conservation of Asian Horseshoe Crabs, Hong Kong, June 12, 2011.

Rudkin, David M., Graham A. Young, and Godfrey S. Nowlan. "The Oldest Horseshoe Crab: A New Xiphosurid from Late Ordovician Konservat-Lagerstatten Deposits, Manitoba, Canada." *Palaeontology* 51, no. 1 (2008): 1–9.

Rudloe, Jack. *The Wilderness Coast*. St. Petersburg, Fla.: Great Outdoors, 2004.

Runkle, Deborah. *Advocacy in Science: Summary of a Workshop Convened by the American Association for the Advancement of Science, Washington, DC, October 17–18, 2011.* Edited by Mark S. Frankel. American Association for the Advancement of Science, 2012.

Saey, Tina Hesman. "From Great Grandma to You: Epigenetic Changes Reach Down through the Generations." *Science News* 183 no. 7 (2013): 18–21.

Saffron, Inga. *Caviar*. New York: Broadway Books, 2002.

Saint-Exupéry, Antoine de. *Night Flight*. New York: Century, 1932.

Salemme, Mónica C., and Laura L. Miotti. "Archeological Hunter-Gatherer Landscapes since the Latest Pleistocene in Fuego-Patagonia." In *The Late Cenozoic of Patagonia and Tierra Del Fuego*, edited by J. Rabassa, 437–83. Amsterdam: Elsevier, 2008.

Sánchez, Marta I., Andy J. Green, and Eloy M. Castellanos. "Internal Transport of Seeds by Migratory Waders in the Odiel Marshes, South-west Spain: Consequences for Long-Distance Dispersal." *Journal of Avian Biology* 37, no. 3 (2006): 201–6.

Sanders, F., M. Spinks, and T. Magarian. "American Oystercatcher Winter Roosting and Foraging Ecology at Cape Romain, South Carolina." *Wader Study Group Bulletin* 120, no. 2 (2013): 128–33.

Schmidt, Niels M., Rolf A. Ims, Toke T. Høye, Olivier Gilg, Lars H. Hansen, Jannik Hansen, Magnus Lund, Eva Fuglei, Mads C. Forchhammer, and Benoit Sittler. "Response of an Arctic Predator Guild to Collapsing Lemming Cycles." *Proceedings of the Royal Society B: Biological Sciences*, November 7, 2012, 4417–22.

Schwarzer, Amy C., Jaime A. Collazo, Lawrence J. Niles, Janell M. Brush, Nancy J. Douglass, and H. Franklin Percival. "Annual Survival of Red Knots (*Calidris Canutus Rufa*) Wintering in Florida." *Auk*, October 1, 2012, 725–33.

"Sea Turtle Recovery Project." *Padre Island National Seashore*. http://www.nps.gov/pais/naturescience/strp.htm.

Seibert, Florence B. "Fever-Producing Substance Found in Some Distilled Waters." *American Journal of Physiology* 67, no. 1 (1923): 90–104.

———. *Pebbles on the Hill of a Scientist*. St. Petersburg, Fla.: [Florence B. Seibert], 1968.

Seino, Satoquo. "A Reconsideration of Horseshoe Crab Conservation Methodology in Japan over the Last 100 Years and Prospects for a Marine Protected Area Network in Asian Seas." Presentation at the International Workshop on the Science and Conservation of Asian Horseshoe Crabs, Hong Kong, June 12–16, 2011. In *Abstracts of Plenary Talks and Oral Presentations*, PT-3. Hong Kong, 2011.

Şekercioğlu, Çağan H. "Increasing Awareness of Avian Ecological Function." *Trends in Ecology and Evolution* 21, no. 8 (2006): 464–71.

Şekercioğlu, Çağan H., Gretchen C. Daily, and Paul R. Ehrlich. "Ecosystem Consequences of Bird Declines." *Proceedings of the National Academy of Sciences* 101, no. 52 (2004): 18042–47.

绝境

Seney, Erin E., and John A. Musick. "Historical Diet Analysis of Loggerhead Sea Turtles (*Caretta Caretta*) in Virginia." *Copeia* 2007, no. 2 (2007): 478–89.

Shin, Paul K. S., and Mark L. Botton from the IUCN Horseshoe Crab Species Specialist Group. Letter to the U.S. National Invasive Species Council, February 5, 2013.

Shuster, Carl N., Jr. "King Crab Fertilizer: A Once-Thriving Delaware Bay Industry." In *The American Horseshoe Crab*, edited by Carl N. Shuster Jr., Robert B. Barlow, and H. Jane Brockmann, 341–57. Cambridge, Mass.: Harvard University Press, 2003.

———. "A Pictorial Review of the Natural History and Ecology of the Horseshoe Crab *Limulus Polyphemus*, with Reference to Other Limulidae." *Progress in Clinical and Biological Research* 81 (1982): 1–52.

Shuster, Carl N., Jr., Mark L. Botton, and Robert E. Loveland. "Horseshoe Crab Conservation: A Coast-wide Management Plan." In *The American Horseshoe Crab*, edited by Carl N. Shuster Jr., Robert B. Barlow, and H. Jane Brockmann, 358–77. Cambridge, Mass.: Harvard University Press, 2003.

Sibley, David Allen. *The Sibley Field Guide to Birds of Eastern North America*. New York: Knopf, 2003.

Skagen, S. K., P. B. Sharpe, R. G. Waltermire, and M. B. Dillon. *Biogeographical Profiles of Shorebird Migration in Midcontinental North America: U.S. Geological Survey Biological Science Report 2000–0003*. Fort Collins, Colo.: U.S. Geological Survey, 1999.

Slocum, Joshua. *Sailing Alone around the World*, 1899. http://www.gutenberg.org/ebooks/6317.

Smallwood, K. Shawn. "Comparing Bird and Bat Fatality-Rate Estimates among North American Wind-Energy Projects." *Wildlife Society Bulletin* 37, no. 1 (2013): 19–33.

Smith, David R., Conor P. McGowan, Jonathan P. Daily, James D. Nichols, John A. Sweka, and James E. Lyons. "Evaluating a Multispecies Adaptive Management Framework: Must Uncertainty Impede Effective Decision-Making?" *Journal of Applied Ecology*, December 1, 2013, 1431–40.

Smith, David R., Michael J. Millard, and Ruth H. Carmichael. "Comparative Status and Assessment of *Limulus Polyphemus* with Emphasis on the New England and Delaware Bay Populations." In *Biology and Conservation of Horseshoe Crabs*, edited by John T. Tanacredi, Mark L. Botton, and David R. Smith, 361–86. Dordrecht: Springer, 2009.

Smith, Elizabeth H. "Colonial Waterbirds and Rookery Islands." In *The Laguna Madre of Texas and Tamaulipas*, edited by John W. Tunnell Jr. and Frank W. Judd, 183–97. College Station: Texas A&M University Press, 2002.

———. "Redheads and Other Wintering Waterfowl." In *The Laguna Madre of Texas and Tamaulipas*, edited by John W. Tunnell Jr. and Frank W. Judd, 169–81. College Station: Texas A&M University Press, 2002.

Smith, Fletcher M., Adam E. Duerr, Barton J. Paxton, and Bryan D. Watts. *An Investigation of Stopover Ecology of the Red Knot on the Virginia Barrier Islands.*

Center for Conservation Biology Technical Report Series, CCBTR–07–14. Williamsburg: College of William and Mary, 2008.

Smith, Hugh M. "Notes on the King-Crab Fishery of Delaware Bay." *Bulletin of the United States Fish Commission* (1989): 363–70.

Smith, Paul A., Kyle H. Elliott, Anthony J. Gaston, and H. Grant Gilchrist. "Has Early Ice Clearance Increased Predation on Breeding Birds by Polar Bears?" *Polar Biology*, August 1, 2010, 1149–53.

Specter, Michael. "Germs Are Us." *New Yorker*, October 22, 2012; 32–39.

Sperry, Charles. *Food Habits of a Group of Shorebirds: Woodcock, Snipe, Knot, and Dowitcher*. Wildlife Research Bulletin 1. Washington, D.C.: U.S. Department of the Interior, Bureau of Biological Survey, 1940. http://archive.org/details/foodhabitsofgrou00sper.

Sprunt, Alexander, Jr. "In Memoriam: Arthur Trezevant Wayne." *Auk* 48, no. 1 (1931): 1–16.

Sprunt, Alexander, Jr., and E. Burnham Chamberlain. *South Carolina Bird Life*. Columbia: University of South Carolina Press, 1949.

Stainsby, William. *The Oyster Industry of New Jersey*. Somerville: New Jersey Bureau of Industrial Statistics, 1902.

Stapleton, Seth, Elizabeth Peacock, David Garshelis, and Stephen Atkinson. *Aerial Survey Population Monitoring of Polar Bears in Foxe Basin*. Iqaluit: Nunavut Wildlife Research Management Board, 2012.

Stewart, D. B., and W. L. Lockhart. *An Overview of the Hudson Bay Marine Ecosystem*. Canadian Technical Report of Fisheries and Aquatic Sciences no. 2586, 2005.

Stirling, Ian, and Andrew E. Derocher. "Effects of Climate Warming on Polar Bears: A Review of the Evidence." *Global Change Biology* 18 (2012): 2694–2706.

Stokes, Donald, and Lillian Stokes. *Beginner's Guide to Shorebirds*. New York: Little, Brown, 2001.

Stone, Witmer. *Bird Studies at Old Cape May: An Ornithology of Coastal New Jersey*. Vol. 2. New York: Dover, 1965.

South Carolina Department of Natural Resources. "Horseshoe Crab Hand Harvest Permit HH14."

Subramanian, Meera. "An Ill Wind." *Nature*, June 21, 2012, 310–11.

Summers, R. W., L. G. Underhill, and M. Waltner. "The Dispersion of Red Knots *Calidris Canutus* in Africa—Is Southern Africa a Buffer for West Africa?" *African Journal of Marine Science* 33, no. 2 (2011): 203–8.

Sutton, Clay. "An Ecological Tragedy on Delaware Bay." *Living Bird* 22, no. 3 (2003): 31–37.

Sutton, George Miksch. "Birds of Southampton Island." *Memoirs of the Carnegie Museum* 12 (part 2, section 2) (1932): 1–275.

———. "The Exploration of Southampton Island, Hudson Bay." *Memoirs of the Carnegie Museum* 12 (part 1, section 1) (1932): 1.

Sutton, Scott V. W., and Radhakrishna Tirumalai. "Activities of the USP Microbiology and Sterility Assurance Expert Committee during the 2005–2010 Revision Cycle." *American Pharmaceutical Review* 14, no. 5 (2011): 12.

Swaddle, John P., and Stavros E. Calos. "Increased Avian Diversity Is Associated with Lower Incidence of Human West Nile Infection: Observation of the Dilution Effect." *PLoS ONE* 3, no. 6 (2008): e2488.

Swann, Benjie Lynn. "A Unique Medical Product (LAL) from the Horseshoe Crab and Monitoring the Delaware Bay Horseshoe Crab Population." In *Limulus in the Limelight*, edited by John T. Tanacredi, 53–62. New York: Kluwer, 2001.

Sweet, William, Chris Zervas, Stephen Gill, and Joseph Park. "Hurricane Sandy Inundation Probabilities Today and Tomorrow." *Bulletin of the American Meteorological Society* 94, no. 9 (n.d.): S17v–S20.

Székely, Csaba, Arjan Palstra, and Kalman Molnar. "Impact of the Swim-Bladder Parasite on the Health and Performance of European Eels." In *Spawning Migration of the European Eel*, edited by Guido van den Thillart, Sylvie Dufour, and J. Cliff Rankin, 201–26. New York: Springer Science and Business Media, 2009.

Szyf, Moshe. "Lamarck Revisited: Epigenetic Inheritance of Ancestral Odor Fear Conditioning." *Nature Neuroscience* 17, no. 1 (2014): 2–4.

"Table Supplies and Economics: What to Buy, When to Buy, and How to Buy Wisely and Well." *Good Housekeeping*, June 11, 1887.

Talmage, Stephanie C., and Christopher J. Gobler. "Effects of Past, Present, and Future Ocean Carbon Dioxide Concentrations on the Growth and Survival of Larval Shellfish." *Proceedings of the National Academy of Sciences* 107, no. 40 (2010): 17246–51.

Tebaldi, Claudia, Benjamin H. Strauss, and Chris E. Zervas. "Modelling Sea Level Rise Impacts on Storm Surges along US Coasts." *Environmental Research Letters*, March 1, 2012, 014032.

Thibault, Janet. *Assessing Status and Use of Red Knots in South Carolina: Project Report, October 2011–October 2013*. Charleston: South Carolina Department of Natural Resources, 2013.

Thibault, Janet, and Martin Levisen. *Red Knot Prey Availability: Project Report, March 2012–March 2013*. Charleston: South Carolina Department of Natural Resources, 2013.

Thomas, Lately. *Delmonico's: A Century of Splendor*. Boston: Houghton Mifflin, 1967.

Thomas, Lewis. *The Lives of a Cell*. New York: Penguin, 1978.

Thompson, Max. "Record of the Red Knot in Texas." *Wilson Bulletin* 70, no. 2 (1958): 197.

Thoreau, Henry David. *Cape Cod*. New York: Penguin, 1987.

Townsend, Charles Wendell. *Birds of Essex County*. Cambridge: Nuttall Ornithological Club, 1905.

Trull, Peter. "Shorebirds and Noodles." *American Birds*, June 1983.

Tsipoura, Nellie, and Joanna Burger. "Shorebird Diet during Spring Migration Stopover on Delaware Bay." *Condor* 101, no. 3 (1999): 635–44.

Tuck, James A. *Ancient People of Port au Choix: The Excavation of an Archaic Indian Cemetery in Newfoundland*. St. John's: Institute of Social and Economic Research, Memorial University of Newfoundland, 1976.

Tufford, Daniel L. *State of Knowledge: South Carolina Coastal Wetland Impoundments.* Charleston: South Carolina Sea Grant Consortium, 2005.

Tunnell, John W., Jr. "The Environment." In *The Laguna Madre of Texas and Tamaulipas,* edited by John W. Tunnell Jr. and Frank W. Judd, 73–84. College Station: Texas A&M University Press, 2002.

———— "Geography, Climate, and Hydrography." In *The Laguna Madre of Texas and Tamaulipas,* edited by John W. Tunnell Jr. and Frank W. Judd, 7–27. College Station: Texas A&M University Press, 2002.

Tuten, James H. *Lowcountry Time and Tide.* Columbia: University of South Carolina Press, 2010.

Ulrich, Glenn F., Christian M. Jones, W. B. Driggers, J. Marcus Drymon, D. Oakley, and C. Riley. "Habitat Utilization, Relative Abundance, and Seasonality of Sharks in the Estuarine and Nearshore Waters of South Carolina." *American Fisheries Society Symposium* 50, no. 125 (2007).

Urner, Charles A., and Robert W. Storer. "The Distribution and Abundance of Shorebirds on the North and Central New Jersey Coast, 1928–1938." *Auk* 66, no. 2 (1949): 177–94.

U.S. Centers for Disease Control and Prevention. "CDC Provides Estimate of Americans Diagnosed with Lyme Disease Each Year," August 19, 2013. http://www.cdc.gov/media/releases/2013/po819-lyme-disease.html.

U.S. Department of Energy. *20% Wind Energy by 2030: Increasing Wind Energy's Contribution to U.S. Electricity Supply,* July 2008. http://www.nrel.gov/docs/fy08osti/41869.pdf.

U.S. Department of the Interior. "Secretary Jewell Announces $102 Million in Coastal Resilience Grants to Help Atlantic Communities Protect Themselves from Future Storms." Press release, June 16, 2014.

U.S. Fish and Wildlife Service. *Budget Justifications and Performance Information: Fiscal Year 2014.* U.S. Fish and Wildlife Service, Department of the Interior.

————. *Eskimo Curlew (Numenius Borealis). 5-Year Review: Summary and Evaluation.* Fairbanks: U.S. Fish and Wildlife Service, 2011.

————. *Piping Plover (Charadrius Melodus) 5-Year Review: Summary and Evaluation.* U.S. Fish and Wildlife Service Migratory Bird Publication R9–03/02. Arlington, Va., 2009.

————. "Proposed Threatened Status for the Rufa Red Knot (*Calidris Canutus Rufa*)." *Federal Register,* September 30, 2013, 60024–98.

————. "Rufa Red Knot Ecology and Abundance: Supplement to Endangered and Threatened Wildlife and Plants; Proposed Threatened Status for the Rufa Red Knot (*Calidris Canutus Rufa*)." Docket no. FWS-R5-ES-2013-0097; RIN 1018-AY17. *Federal Register,* September 30, 2013, 60023–60098.

————. "U.S. Fish and Wildlife to Restore Bay Beaches." USFWS Northeast Region press release, April 4, 2014.

U.S. Fish and Wildlife Service Shorebird Technical Committee. *Delaware Bay Shorebird–Horseshoe Crab Assessment Report and Peer Review.* U.S. Fish and Wildlife Service Migratory Bird Publication R9–03/02. Arlington, Va., 2003.

绝境

U.S. Food and Drug Administration. *Bad Bug Book: Foodborne Pathogenic Microorganisms and Natural Toxins*. 2nd ed., 2012.

———. *Guidance for Industry: Pyrogen and Endotoxins Testing: Questions and Answers*, June 2012.

Van Colen, Carl, Elisabeth Debusschere, Ulrike Braeckman, Dirk Van Gansbeke, and Magda Vincx. "The Early Life History of the Clam *Macoma Balthica* in a High CO2 World." *PLoS ONE* 7, no. 9 (2012): e44655.

Van Gils, Jan A., Phil F. Battley, Theunis Piersma, and Rudi Drent. "Reinterpretation of Gizzard Sizes of Red Knots World-wide Emphasises Overriding Importance of Prey Quality at Migratory Stopover Sites." *Proceedings of the Royal Society B: Biological Sciences*, December 22, 2005, 2609–18.

Van Roy, Peter, Patrick J. Orr, Joseph P. Botting, Lucy A. Muir, Jakob Vinther, Bertrand Lefebvre, Khadija el Hariri, and Derek E. G. Briggs. "Ordovician Faunas of Burgess Shale Type." *Nature* 465, no. 7295 (2010): 215–18.

Vaughan, Richard. *In Search of Arctic Birds*. London: T & A. D. Poyser, 1992.

Vézina, François, Tony D. Williams, Theunis Piersma, and R. I. Guy Morrison. "Phenotypic Compromises in a Long-Distance Migrant during the Transition from Migration to Reproduction in the High Arctic." *Functional Ecology* 26, no. 2 (2012): 500–512.

Vyn, Gerrit. "Spoon-Billed Sandpiper: Multimedia Resources." Cornell Lab of Ornithology (2011). http://www.birds.cornell.edu/Page.aspx?pid=2528.

Wakefield, Kirsten. *Saving the Horseshoe Crab: Designing a More Sustainable Bait for Regional Eel and Conch Fisheries*. Newark: Delaware Sea Grant, 2013.

Waldbusser, George G., Elizabeth L. Brunner, Brian A. Haley, Burke Hales, Christopher J. Langdon, and Frederick G. Prahl. "A Developmental and Energetic Basis Linking Larval Oyster Shell Formation to Acidification Sensitivity." *Geophysical Research Letters* 40, no. 10 (2013): 2171–76.

Waldbusser, George G., and Joseph E. Salisbury. "Ocean Acidification in the Coastal Zone from an Organism's Perspective: Multiple System Parameters, Frequency Domains, and Habitats." *Annual Review of Marine Science* 6 (2014): 221–47.

Walsh, J. J., C. R. Tomas, K. A. Steidinger, J. M. Lenes, F. R. Chen, R. H. Weisberg, L. Zheng, J. H. Landsberg, G. A. Vargo, and C. A. Heil. "Imprudent Fishing Harvests and Consequent Trophic Cascades on the West Florida Shelf over the Last Half Century: A Harbinger of Increased Human Deaths from Paralytic Shellfish Poisoning along the Southeastern United States, in Response to Oligotrophication?" *Continental Shelf Research* 31, no. 9 (2011): 891–911.

Wang, Zhaohui Aleck, Rik Wanninkhof, Wei-Jun Cai, Robert H. Byrne, Hu Xinping, Tsung-Hung Peng, and Wei-Jen Huang. "The Marine Inorganic Carbon System along the Gulf of Mexico and Atlantic Coasts of the United States: Insights from a Transregional Coastal Carbon Study." *Limnology and Oceanography* 58, no. 1 (2013): 325–42.

Watts, Bryan D. *Wind and Waterbirds: Establishing Sustainable Mortality Limits within the Atlantic Flyway*. Center for Conservation Biology Technical Report Series,

CCBTR–05–10. Williamsburg: College of William and Mary / Virginia Commonwealth University, 2010.

Watts, B. D., F. M. Smith, T. Keyes, E. K. Mojica, J. Rausch, B. Truitt, and B. Winn. "Whimbrel Tracking in the Americas." wildlifetracking.org/whimbrels.

Watts, Bryan D., and Barry R. Truitt. "Decline of Whimbrels within a Mid-Atlantic Staging Area (1994–2009)." *Waterbirds* 34, no. 3 (2011): 347–51.

Wayne, Arthur Trezevant. *Birds of South Carolina*. Charleston: Charleston Museum, 1910.

Weber, Louise M., and Susan M. Haig. "Shorebird Use of South Carolina Managed and Natural Coastal Wetlands." *Journal of Wildlife Management* 60, no. 1 (1996): 73.

Wellnhofer, Peter. *Archaeopteryx: The Icon of Evolution*. Translated by Frank Haase. Munich: F. Pfeil, 2009.

Wenny, Daniel G., Travis L. Devault, Matthew D. Johnson, Dave Kelly, Çağan H. Şekercioğlu, Diana F. Tomback, and Christopher J. Whelan. "The Need to Quantify Ecosystem Services Provided by Birds." *Auk* 128, no. 1 (2011): 1–14.

West-Eberhard, Mary Jane. "Developmental Plasticity and the Origin of Species Differences." *Proceedings of the National Academy of Sciences of the United States of America* 102, supplement 1 (2005): 6543–49.

Wetlands International. "*Calidris Canutus*." *Waterbird Population Estimates*, 2013. wpe.wetlands.org.

Wetmore, Alexander. *Our Migrant Shorebirds in Southern South America*. U.S. Dept. of Agriculture Technical Bulletin 26. Washington, D.C.: U.S. Government Printing Office, 1927.

Whelan, Christopher J., Daniel G. Wenny, and Robert J. Marquis. "Ecosystem Services Provided by Birds." *Annals of the New York Academy of Sciences* 1134, no. 1 (2008): 25–60.

Wheye, Darryl, and Donald Kennedy. *Humans, Nature, and Birds*. New Haven: Yale University Press, 2008.

WHSRN. "Chaplin Old Wives Reed Lakes," 2009. http://www.whsrn.org/site-profile/chaplin-old-wives-reed-lakes.

Wildfowl and Wetlands Trust. "Saving the Spoon-Billed Sandpiper," 2014. http://www.saving-spoon-billed-sandpiper.com/.

Williams, Glyndwr, ed. *Andrew Graham's Observations on Hudson's Bay, 1767–91*. London: Hudson's Bay Record Society, 1969.

Williams, S. Jeffress, Kurt Dodd, and Kathleen Gohn. "Coasts in Crisis." U.S. Geological Survey Circular, 1997. http://pubs.usgs.gov/circ/c1075/hog.html.

Wilson, Alexander. *The Life and Letters of Alexander Wilson*. Edited by Clark Hunter. Memoirs, vol. 154. Philadelphia: American Philosophical Society, 1983.

Wilson, Alexander. *Wilson's American Ornithology: With Notes by Jardine; to Which Is Added a Synopsis of American Birds, Including Those Described by Bonaparte, Audubon, Nuttall, and Richardson*. Edited by T. M. Brewer. Boston: Otis, Broaders, 1840.

绝境

Wilson, E. G., K. L. Miller, D. Allison, and M. Magliocca. *Why Healthy Oceans Need Sea Turtles*. Oceana, 2010.

Wilson, N. C., and D. McRae. *Seasonal and Geographical Distribution of Birds for Selected Sites in Ontario's Hudson Bay Lowland*. Toronto: Ontario Ministry of Natural Resources, 1993.

Woodin, Marc C., and Thomas C. Michot. "Redhead (*Aythya Americana*)." Edited by A. Poole and F. Gill. *The Birds of North America Online*, 2002.

Yang, Hong-Yan, Bing Chen, Mark Barter, Theunis Piersma, Chun-Fa Zhou, Feng-Shan Li, and Zheng-Wang Zhang. "Impacts of Tidal Land Reclamation in Bohai Bay, China: Ongoing Losses of Critical Yellow Sea Waterbird Staging and Wintering Sites." *Bird Conservation International* 21, no. 3 (2011): 241–59.

Young, Graham A., David M. Rudkin, Edward P. Dobrzanski, Sean P. Robson, and Godfrey S. Nowlan. "Exceptionally Preserved Late Ordovician Biotas from Manitoba, Canada." *Geology* 35, no. 10 (2007): 883–86.

Zhang, Xinzhi, Martin I. Meltzer, César A. Peña, Annette B. Hopkins, Lane Wroth, and Alan D. Fix. "Economic Impact of Lyme Disease." *Emerging Infectious Diseases* 12, no. 4 (2006): 653–60.

Zimmer, Carl. "The Price Tag on Nature's Defenses." *New York Times*, June 10, 2014, D3.

Zimmer, Kevin J. *A Birder's Guide to North Dakota*. Denver: L & P, 1979.

Zobel, R. D. "Memorandum of Decision: *Associates of Cape Cod, Inc. and Jay Harrington v. Bruce Babbitt*." U.S. District Court, District of Massachusetts, May 22, 2001.

Zöckler, Christoph, Tony Htin Hla, Nigel Clark, Evgeny Syroechkovskiy, Nicolay Yakushev, Suchart Daengphayon, and Rob Robinson. "Hunting in Myanmar Is Probably the Main Cause of the Decline of the Spoon-Billed Sandpiper *Calidris Pygmeus*." *Wader Study Group Bulletin* 117, no. 1 (2010): 1–8.

Zöckler, C., R. Lanctot, and E. Syroechkovsky. "Waders (Shorebirds)." *Arctic Report Card: Update for 2012*, February 2013. www.arctic. noaa.gov/reportcard/waders. html.

致谢

感谢加拿大野生动物管理局和加拿大环境部的国家野生动物研究中心、柯蒂斯和伊迪丝·芒森基金会、诺克罗斯野生动物基金会、海洋基金会和韦尔兹利学院的埃尔维拉·斯蒂文斯旅行奖学金，让我的红腹滨鹬之行和本书得以面世。有相当多的朋友慷慨地与我分享他们的友善、时间和智慧。他们的想法、研究和付出为这本书提供了创作灵感和结构大纲。我已尽可能精准合理地反映了他们所做的工作：如果所述有误，应归咎于我的失误。

来自马诺米特保护科学中心的查尔斯·邓肯为我引荐了迁徙路线上的红腹滨鹬研究者。《红腹滨鹬的飞行》（*Flight of the Red Knot*）这本书的作者布赖恩·哈林顿、盖伊·莫里森和拉里·奈尔斯毫无保留地和我分享了他们所做的工作。在红腹滨鹬的越冬地火地岛，对以下各位付出的时间和观点，我衷心感激：卡门·埃斯波兹、鲍里斯·斯维塔尼克，以及来自智利国家石油公司的里卡多·马图斯、里卡多·奥莱亚、迭戈·卢娜·克维多、罗伊·汉恩、爱德华·欧文斯。在阿根廷的里奥加耶戈斯：西尔维娅·费拉里、卡洛斯·阿尔布雷乌。在阿根廷的拉斯格路塔斯和西圣安东尼奥：帕特里夏·冈萨雷斯、米尔塔·卡瓦哈尔；利兹·阿塞夫、西尔瓦娜·萨维奇；安娜贝尔·查韦斯、亚宁娜·利洛、加布里埃拉·曼西拉、瓜达卢普·萨尔蒂、卢洽娜·切卡奇·萨维奇；吉麦娜·莫拉、阿米拉·曼达多；安娜伊·瓦尔维尔德、奥拉西奥·加西亚、伊那拉夫昆基金会、"飞越南纬40度"游客中心。在阿根廷的罗卡将军城：坎迪·洛伦特、玛丽亚·贝伦·佩雷斯、埃米·苏亚雷斯。

在得克萨斯州：戴维·纽斯泰德、托尼·阿莫斯、比利·桑迪弗、安斯·温德姆、保罗·津巴；韦斯·滕内尔、金·威瑟斯；吉姆·布莱克本、罗恩·奥滕；凯利·富勒、肖恩·斯莫尔伍德；唐娜·谢弗；露丝·凯利。沿大草原的中部迁徙路线：谢利·格拉托－特雷弗、斯科特·威尔逊；道格·巴克伦、乔·格里斯鲍斯基、劳伦斯·伊格尔、丹·斯文根、杰夫·帕尔默、马克思·汤姆森。在佛罗里达州：多里斯·利里和帕特·利里；罗恩·史密斯；林恩·克瑙夫、鲍勃·格林鲍姆。在佐治亚州：蒂莫西·凯斯、布拉德·温；温迪·保尔森、斯西亚·亨德里克斯、邦尼·希尔顿、阿比·斯特林、小圣西蒙斯岛的团队。在南卡罗来纳州：费利西娅·桑德斯、阿尔·西格斯；萨拉·道西、内森·迪亚斯、威廉·德里杰斯、阿伦·吉文、迪安·哈利高尔、吉姆·乔丹、克雷格·勒·沙克、杰米·雷德、皮特·理查兹、迈克尔·斯莱特里；厄尼·威格斯、埃伦·所罗门和理查德·温德姆。

关于鲎：吉姆·库珀、约翰·杜伯萨克、芭芭拉·爱德华兹、杰里·高尔特、吉尔·舒尔茨、丹尼尔·约克尔；珍妮·博伊兰、拉里·德兰西、布拉德·弗洛伊德、马克·博顿、格伦·高夫里、约翰·塔纳克利迪；埃里克·哈勒曼、艾伦·伯根森、玛莉贝丝·扬克；吉克·林·丁；

康纳·P.麦高恩、戴维·史密斯；威廉·麦考密克、罗伯特·梅洛、拉达克里什纳·蒂鲁马莱；凯伦·津克·麦卡洛；汤姆·诺维斯基。在弗吉尼亚州：弗莱彻·史密斯、巴里·特鲁伊特、布赖恩·沃茨。在特拉华州和新泽西州：凯文·卡拉茨、理查德·韦伯、奈杰尔·克拉克；阿曼达·戴伊、戴维·米兹拉希、苏珊·卡拉汉姆、戴维·惠勒；戴维·斯托克尼希特、安吉拉·麦克思特德、斯科特·克劳斯、佩吉曼·鲁哈尼；威廉·斯威特；麦克·哈拉米斯；苏珊和约翰·卡利南、巴里·坎普、威利特·科森·坎普、弗朗西丝·坎普·汉森、皮特·邓恩、贝齐·哈斯金、玛乔丽·纳尔逊、约翰·尼古拉斯和洛林·尼古拉斯、帕特·萨顿和克莱·萨顿；桑德拉·阿克塞尔松、杰米·汉德、卡罗尔·马蒂西克·拉里茨、唐娜·索菲、克里斯托弗·惠特尼。在马萨诸塞州：凯特·亚奎多、斯蒂芬妮·科克、罗宾·莱伯雷、巴德·奥利维拉；鲍勃·普雷斯科特；玛丽-珍·詹姆斯-皮里；科伦·库根；凯瑟琳·海因茨。

关于哈得孙湾的鲎和红腹滨鹬：黛博拉·比勒、戴维·科里根、罗布·芬桑木、安迪·费恩、戴维·拉德金、格雷厄姆·扬、彼得·范罗伊。关于滨鹬的表观遗传学和适应性：特尼斯·皮尔斯马、麦克·斯金纳。关于我们为何需要鸟类：安迪·格林、道格拉斯·麦考利。

在北极地区：格兰特·吉尔克里斯特、保罗·史密斯，加拿大环境部的国家野生动物研究中心；阿兰娜·凯塔鲁克-普里米奥、娜奥米·曼·英特维尔德、米根·麦克洛斯基、乔赛亚·纳库拉克、卡拉·妮·沃德；亚米·布莱克、弗兰基·琼-加农、霍利·埃南、迈克·詹森，绒鸭营地；肯·亚伯拉罕、詹姆斯·利夫罗尔；安东尼·加斯顿、凯尔·埃利奥特、山姆·艾弗森、卡瑞恩·罗德；达里尔·爱德华兹、韩秀玲、珍妮·劳施。

红腹滨鹬南飞途中，在詹姆斯湾：克里斯蒂安·弗里斯和加拿大野生动物管理局、马克·佩克；珍妮弗·古利特、迈克·伯勒尔和肯·伯勒尔；琼·艾恩、芭芭拉·查尔顿、安德鲁·基夫尼、伊恩·斯特迪、乔希·范德穆伦。在明根群岛：伊夫·奥布里、史蒂夫·盖茨、皮埃罗·瓦利恩考特、阿梅莉·罗比拉德、伊利亚·科瓦那。在苏里南：阿里·斯潘斯。关于鸻鹬类、红腹滨鹬以及勺嘴鹬的种群数量趋势：布拉德·安德烈斯。关于塍鹬：罗伯特·吉尔。关于数据记录器、新型无线电发射器、卫星追踪器：罗恩·波特和马修·丹尼尔；菲尔·泰勒和安·麦凯勒；保罗·豪伊。

唐·肯尼迪为更广泛的话题提供了深刻的见解和清晰的思路。麻省理工学院以很多方式持续支持我的工作。访问学者这一身份让我得以开展完成这本书所需的大量研究。感谢哈佛比较动物学博物馆的恩斯特迈尔图书馆的玛丽·希尔斯和怀德纳的弗雷德·布尔彻斯特德，他们帮我找到了许多宝贵的资料。感谢玛丽亚·西尔维娅·罗德格里和芭芭拉·凯利为我做翻译，包括信件、网络电话沟通和在阿根廷的实地翻译，她们付出的时间远多于我们预想所需的时间，如果没有她们我一定已经走丢了。感谢希尔万·拉钱斯和温迪·金农无私的文字编辑工作。

我还想衷心感谢以下各位的热情支持：温迪·斯特罗思曼和劳伦·麦克劳德这两位代理人、比尔·纳尔逊、迈克尔·迪乔治、约翰·马兹卢夫、高级执行编辑约翰·汤姆森·布莱克和他的团队，包括苏珊·莱蒂、南希·奥维多维茨和罗宾·杜布朗，你们在本书出版过程中无比用心。感谢负责发行的利兹·帕尔顿，他让全世界见到了这本书。

韦恩·彼得森带我了解科德角的鸻鹬类，而克里斯·莱西在我有关于鸟类的任何问题时随时愿意提供帮助。罗伯特·布克斯鲍姆利用周末时间怀着友善和耐心，在普拉姆岛和格洛斯特教我如何找到鸟。德里克·布朗和阿普里尔·普里塔·曼加涅洛在海湾里也曾给予我这样的指导。戴安娜·佩克很多年前带我去了埃塞克斯湾，提供了第一艘船。自此，每一季，唐·帕森斯都慷慨地分享他的码头。感谢温蒂·威廉姆斯和玛格丽特·奎因，你们的支持是无价的。还有苏珊·特罗扬、埃尔茜·莱文和哈尔·博斯坦，谢谢你们。

感谢艾比、苏珊娜以及丹，谢谢你们对书稿逐字逐句的仔细阅读和敏锐的洞察力。每当我灵感枯竭时，是你们重新赋予我力量。丹，你是最佳伴侣，直到永远。在你无法被撼动的乐观主义精神的支持下，一切皆有可能。

译名对照表

Abraham, Ken 肯·亚伯拉罕

aerial surveys 飞行调查

AIV（Avian Influenza Virus）禽流感病毒

Albrieu, Carlos 卡洛斯·阿尔布雷乌

Alcazaba, Simon de 西蒙·德·阿尔卡萨巴

Altamaha River islands（Georgia）奥尔塔马霍河（佐治亚州）

Ambiente Sur（conservation organization）安比恩特苏尔（保护组织）

American Bird Conservancy 美国鸟类保护协会

Amos, Tony 托尼·阿莫斯

Anderson, Robert 罗伯特·安德森

Anguillicola crassus 粗厚鳔线虫（一种寄生于鳗鲡的鳔内的线虫）

Archaeopteryx 始祖鸟属

Arctic terns 北极燕鸥

ARK（Animal Rehabilitation Keep）动物康复所

armyworms 夜蛾幼虫

Arnett, Edward 爱德华·阿内特

Asian shore crabs 肉球近方蟹

Atlantic States Marine Fisheries Commission（ASMFC）大西洋海洋渔业委员会

Aubry, Yves 伊夫·奥布里

Audlanat, Amaulik 阿莫里克·奥德拉纳

Audubon, John James 约翰·詹姆斯·奥杜邦

avian flu 禽流感

Bahía Lomas（Chile）洛马斯湾（智利）

bald eagles 白头海雕

banding 环志

Bang, Frederick 弗雷德里克·班

Barlow, Robert 罗伯特·巴洛

Barnowsky, Anthony 安东尼·巴诺斯基

Barrett, S. Hall　S. 霍尔·巴雷特

Baxter（pharmaceutical company）巴克斯特（医药公司）

beach erosion 海岸侵蚀

Clark, Nigel 奈杰尔·克拉克

climate change 气候变化

Cobb's Island（Virginia）科博岛（弗吉尼亚州）

Comer, George 乔治·科默

Cooke, Wells W. 韦尔斯·W. 库克

Coolidge, Herman 赫尔曼·库利奇

Cooper, James F. 詹姆斯·F. 库珀

cormorants 鸬鹚

Corner, James 詹姆斯·科纳

Costanza, Robert 罗伯特·科斯坦萨

counting 统计（鸟群）数量

Crawshay, Richard 理查德·克劳谢

Cunningham, Robert Oliver 罗伯特·奥利弗·坎宁安

Cvitanic, Boris 鲍里斯·斯维塔尼克

Darwin, Charles 查尔斯·达尔文

data loggers（geolocators）数据记录器（地理定位器）

Delaware Bay 特拉华湾

Devillers, Pierre 皮埃尔·德维拉斯

Dey, Amanda 阿曼达·戴伊

Dias, Nathan 内森·迪亚斯

dementia 痴呆症

diclofenac 双氯芬酸

DiGiorgio, Michael 迈克尔·迪乔治

Ding, Jeak Ling 丁吉玲

Dixon, Thomas, Jr. 小托马斯·狄克逊

Donnelley, Gaylord 盖洛德·唐纳利

dowitchers 半蹼鹬

Drayton, Michael 迈克尔·德雷顿

Dubczak, John 约翰·杜伯萨克

Duck Stamps 雁鸭邮票

Ducks Unlimited 野鸭保护组织

du Feu, Richard 理查德·迪弗

dunlins 黑腹滨鹬

Dunne, Pete 皮特·邓恩

eBird（electronic database）eBird（电子数据库）

Edwards, Barbara 芭芭拉·爱德华兹

Edwards, Darryl 达里尔·爱德华兹

eels 鳗鲡

Eicherly, Frank, IV 弗兰克·艾歇利四世

eiders 绒鸭

Ekblaw, W. Elmer W. 埃尔默·埃克布劳

Empresa Nacional del Petróleo（ENAP）智利国家石油公司

endangered birds 濒危鸟类

endangered sea animals 濒危海洋动物

Endangered Species Act《濒危物种法案》

Endo, Akira 阿基拉·恩多

endotoxins 内毒素

epigenetics 表观遗传学

Eskimo curlew 极北杓鹬

Espoz, Carmen 卡门·埃斯波兹

evolution 演化

extinction 灭绝

Feilden, Henry Wemyss 亨利·威姆

斯·费尔登

Fell's Cave (Chile) 费尔洞穴 (智利)

Ferrari, Silvia 西尔维娅·费拉里

Fishing Creek 菲兴克里克河

FitzRoy, Robert 罗伯特·菲茨罗伊

flatworms, parasitic 寄生性扁虫

Fleckenstein, Henry 亨利·弗莱肯施泰因

Fleischman, Max 马克思·弗莱施曼

Fleming, Alexander 亚历山大·弗莱明

Forbush, Edward Howe 爱德华·豪·福布什

fowl cholera 禽霍乱

Fowler, Henry W. 亨利·W. 福勒

French Guiana 法属圭亚那

Friis, Christian 克里斯蒂安·弗里斯

Gamboa, Pedro Sarmiento de 佩德罗·萨尔米恩托·德·甘博亚

Garciá, Horacio 奥拉西奥·加西亚

Gaston, Anthony 安东尼·加斯顿

Gates, Steve 史蒂夫·盖茨

Gault, Jerry 杰里·高尔特

Gault, Robert 罗伯特·高尔特

Gault Seafood 高尔特海鲜公司

Gauvry, Glenn 格伦·高夫里

Gibbs, Harold N. 哈罗德·N. 吉布斯

Gilchrist, Grant 格兰特·吉尔克里斯特

Gill, Robert 罗伯特·吉尔

Given, Aaron 阿伦·吉文

global warming 全球变暖

godwits 塍鹬

González, Patricia 帕特里夏·冈萨雷斯

Goulet, Jeanette 珍妮特·古利特

Graham, Andrew 安德鲁·格雷厄姆

great auks 大海雀

great knots 大滨鹬

Greely, Adolphus 阿道弗斯·格里利

Green, Andy 安迪·格林

Group d'Étude et Protection les Oiseaux en Guyane 圭亚那鸟类研究和保护小组

guano 鸟粪

Guianas 圭亚那

Gulf of Mexico 墨西哥湾

habitat stresses 栖息地压力

Hafiz (Persian poet) 哈菲兹 (波斯诗人)

Hall, Minna B. 明娜·B. 霍尔

Hand, J. P. J. P. 汉德

Hand, Walker 沃克·汉德

Hann, Roy 罗伊·汉恩

Hansen, Frances Camp 弗朗西丝·坎普·汉森

Hapgood, Warren 沃伦·哈普古德

Haramis, Michael 迈克尔·哈拉米斯

Harrington, Brian 布赖恩·哈林顿

Harbor Island 哈伯岛

Hart, Henry Chichester 亨利·奇切斯特·哈特

Hartline, H. Keffer H. 凯弗·哈特兰

Haskin, Betsy 贝齐·哈斯金

Hemenway, Harriet Lawrence 哈丽雅特·劳伦斯·海明威

Herrera, Andrés 安德烈斯·赫雷拉

Ho, Bow 何波

honeyguides 黑喉响蜜䴕

hooded grebes 阿根廷鹏䴘

Hope, Clifford Ernst 克利福德·厄恩斯特·霍普

Hojea, Cortés 科尔特斯·霍耶

horseshoe crabs 鲎

Hudson, Henry 亨利·哈得孙

Hudson Bay 哈得孙湾

Hunt, Harrison 哈里森·亨特

hurricanes 飓风

Hutchins, Thomas 托马斯·哈钦斯

Iaquinto, Kate 凯特·亚奎多

Igl, Lawrence 劳伦斯·伊格尔

Inalafquen（foundation） 伊那拉夫昆基金会

In Search of Arctic Birds（Vaughan）《寻找北极鸟类》（沃恩著）

insect pests 害虫

International Union for the Conservation of Nature （IUCN） 世界自然保护联盟

intravenous（IV）therapy 静脉注射治疗

Inuit 因纽特人

invasive species 入侵种

Iron, Jean 琼·艾恩

ivory-billed woodpeckers 象牙嘴啄木鸟

jaegers 贼鸥

James Bay（Canada） 詹姆斯湾（加拿大）

Johnson, A. W. A. W. 约翰逊

Kalosz, Kevin 凯文·卡洛兹

Karenia brevis 短凯伦藻

Kataluk-Primeau, Alannah 阿兰娜·凯塔鲁克－普里米奥

Keaveney, Andrew 安德鲁·基夫尼

Keyes, Timothy 蒂莫西·凯斯

Kiawah Island（S.C.） 基亚瓦岛（南卡罗来纳州）

King, Philip Parker 菲利普·帕克·金

Kitchell, William 威廉·基切尔

Klvana, Ilya 伊利亚·科瓦那

Koch, Robert 罗伯特·科克

Lacey Act 《莱西法案》

Ladrillero, Juan Fernández 胡安·费尔南德斯·拉德里耶罗

Laguna Atascosa National Wildlife Refuge（Texas） 野生动物保护区（得克萨斯州）

Laguna Madre （Texas/Mexico） 马德雷湖（得克萨斯州/墨西哥）

LAL endotoxin test 鲎试剂内毒素检测

Lamarck, Jean-Baptiste 让－巴普蒂斯特·拉马克

Mora, Gimena 吉麦娜·莫拉
Morrison, Guy 盖伊·莫里森
Mount St. Helen's 圣海伦山
Mowatt, Farley 法利·莫厄特
mussels 贻贝
Mustang Island 马斯坦岛
Myanmar 缅甸
Myers, J. P. J. P. 迈尔斯

Nakoolak, Josiah 乔赛亚·纳库拉克
Narragansett Bay 纳拉甘西特湾
Nascopie 纳斯柯比号
Nature Conservancy 大自然保护协会
Nelson, Marjory 玛乔丽·纳尔逊
Nelson, Theodora 西奥多拉·纳尔逊
Nelson, Thurlow C. 瑟洛·C.纳尔逊
Nelson River 纳尔逊河
neonicotinoids 新烟碱（一种杀虫剂）
Nevill, George 乔治·内维尔
Newfoundland（Canada）纽芬兰（加
　拿大）
Newstead, David 戴维·纽斯泰德
Night Flight（Saint-Exupéry）《夜航》
　（圣－埃克苏佩里著）
Niles, Larry 拉里·奈尔斯
Nogueira, José 乔斯·诺盖拉
nutmeg 肉豆蔻

ocean acidification 海洋酸化
Ocracoke （N.C.） 奥克拉科克（南
　卡罗来纳州）
oil spills 石油泄漏

Oliveira, Bud 巴德·奥利维拉
Ord, George 乔治·奥德
overfishing 过度捕捞
Oyarzún, Oscar 奥斯卡·奥亚祖恩
oysters 牡蛎

Padre Island （Texas） 帕德里岛（得
　克萨斯州）
Pali Aike volcano 帕利艾克火山（智
　利）
Palmyra Atoll 巴尔米拉环礁
Parmelee, David 戴维·帕米利
Parry, Sir William 威廉·帕里爵士
passenger pigeons 旅鸽
Paulson, Wendy 温迪·保尔森
Peck, Mark 马克·佩克
pelicans 鹈鹕
peregrine falcons 游隼
Pérez, María Belén 玛丽亚·贝伦·佩
　雷斯
pesticides 杀虫剂
phalarope 瓣蹼鹬
pharmaceuticals 药物
Piersma, Theunis 特尼斯·皮尔斯马
Pimentel, David 戴维·皮门特尔
Pimm, Stuart 斯图尔特·皮姆
piping plovers 笛鸻
Pittaway, Ron 罗恩·皮塔维
plovers 鸻
polar bears 北极熊
Porter, Ron 罗恩·波特
Potter, Julian K. 朱利安·K.波特

prairie pothole lakes 草原壶穴湖泊

pufferfish 河豚

puffins 海鹦

Quill Lakes（Saskatchewan）奎尔湖（加拿大萨斯喀彻温省）

rabbit test（药品的）兔子测试

radioactive tracers 无线电追踪器

Rancho Nuevo（Mexico）新兰乔（墨西哥）

Rare（conservation organization）瑞尔国际保护组织

Rathbun, Richard 理查德·拉思本

Rausch, Jennie 珍妮·劳施

red-cockaded woodpeckers 红顶啄木鸟

red-footed boobies 红脚鲣鸟

redheads（ducks）美洲潜鸭

red knots 红腹滨鹬

    albino knots 白化的红腹滨鹬

    breeding grounds 繁殖地

    chicks 雏鸟

    decline of 数量下降

    diet of 食物

    genetic history and lineages of 遗传谱系

    juvenile 幼鸟

    nesting sites of 巢址

    plumage 羽毛

    tracking 追踪

    wintering sites 越冬地

  red tides 赤潮

rFC（recombinant Factor C）重组因子 C

rheas 美洲鸵

Richardson, Sir John 约翰·理查森爵士

Ridgway, Robert 罗伯特·里奇韦

Río Gallegos, Argentina 里奥加耶戈斯（阿根廷）

Río Grande, Argentina 里奥格兰德（阿根廷）

Robillard, Amélie 阿梅莉·罗比拉德

Rochepault, Yann 扬·罗切鲍尔特

Rode, Karyn 卡瑞恩·罗德

Roosevelt, Robert B. 罗伯特·B. 罗斯福

Ross, Ken 肯·罗斯

ruddy turnstones 翻石鹬

Rudkin, David 戴维·拉德金

Sabine, Edward 爱德华·萨拜因

Sabine's gulls 萨氏鸥

Saint-Exupéry, Antoine de 安东尼·德·圣－埃克苏佩里

Salemme, Mónica 莫妮卡·塞勒姆

San Antonio Oeste, Argentina 西圣安东尼奥（阿根廷）

Sand County Almanac（Leopold）《沙乡年鉴》（利奥波德著）

sanderlings 三趾滨鹬

Sanders, Felicia 费利西娅·桑德斯

Sandifer, Billy 比利·桑迪弗

sandpipers 滨鹬

Saskatchewan 萨斯喀彻温省（加拿大）

Sawicky, Silvana 西尔瓦娜·萨维奇

Schauensee, Rodolphe Meyer de 鲁道夫·迈耶·德肖恩西

seabirds 海鸟

sea turtles 海龟

Segars, Al 阿尔·西格斯

Seibert, Florence B. 弗洛伦斯·B. 塞伯特

Seibert, Jim and Joan 吉姆·塞伯特和琼·塞伯特（夫妇）

semipalmated sandpipers 半蹼滨鹬

shad 鲥鱼

shorebirds, migratory 迁徙的鸻鹬类

Shortt, Terence Michael 特伦斯·迈克尔·肖特

Sibley, David 戴维·西布莉

Slocum, Joshua 乔舒亚·斯洛克姆

Smallwood, Shawn 肖恩·斯莫尔伍德

Smith, Hugh M. 休·M. 史密斯

Smith, Paul 保罗·史密斯

snow geese 雪雁

snowy egrets 雪鹭

Solnhoven, Bavaria 索尔恩霍芬（巴伐利亚）

Solomon, Ellen 埃伦·所罗门

Southampton Island （Canada） 南安普敦岛（加拿大）

Spaans, Arie 阿里·斯潘斯

Sperry, Charles C. 查尔斯·C. 斯佩里

spoon-billed sandpipers 勺嘴鹬

Sprunt, Alexander 亚历山大·斯普朗特

Stallknecht, David 戴维·斯托克尼希特

Staten Island （New York） 斯塔滕岛（纽约）

steamer ducks 船鸭

Stone, Witmer 威特默·斯通

Sturdee, Ian 伊恩·斯特迪

sturgeon 鲟鱼

Suarez, Emi 埃米·苏亚雷斯

Suriname 苏里南共和国

Surtsey （island） 叙尔特塞岛

Sutton, Clay and Pat 克莱·萨顿和帕特·萨顿（夫妇）

Sutton, George Miksch 乔治·米克施·萨顿

Svingen, Dan 丹·斯文根

synthetic drugs 合成药物

Tamaulipas crow 墨西哥乌鸦

Tanacredi, John 约翰·塔纳克利迪

Targett, Nancy 南希·塔吉特

Taylor, Phil 菲尔·泰勒

Tellez, Laura 劳拉·特列斯

Terschuren, J. J. 特施伍伦

Thibault, Janet 珍妮特·蒂博

thick-billed murres 厚嘴崖海鸦

Thomas, Lewis 刘易斯·托马斯

Thoreau, Henry David 亨利·戴维·梭罗

Tierra del Fuego 火地岛

Tinkham, H. W. H.W. 廷卡姆

Torres del Paine National Park（Chile） 托雷斯·德·佩恩国家公园（智利）

图书在版编目（CIP）数据

绝境：滨鹬与鲎的史诗旅程 /（美）黛博拉·克莱
默著；施雨洁译 .—北京：商务印书馆，2020
（自然文库）
ISBN 978-7-100-18519-6

Ⅰ. ①绝… Ⅱ. ①黛… ②施… Ⅲ. ①鸟类—迁徙—
普及读物 Ⅳ. ① Q959.708-49

中国版本图书馆 CIP 数据核字（2020）第 094019 号

自然文库
绝境
滨鹬与鲎的史诗旅程
〔美〕黛博拉·克莱默　著

施雨洁　译
杨子悠　校

商 务 印 书 馆 出 版
（北京王府井大街36号　邮政编码100710）
商 务 印 书 馆 发 行
北京新华印刷有限公司印刷
ISBN 978－7－100－18519－6

2020 年 8 月第 1 版　　　开本 710×1000　1/16
2020 年 8 月北京第 1 次印刷　　印张 22¼
定价：68.00 元